U0243714

Word/Excel 2016
商务办公实战

杰诚文化
编著

从新手到高手

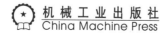

机械工业出版社
China Machine Press

图书在版编目（CIP）数据

Word/Excel 2016商务办公实战从新手到高手 / 杰诚文化编著. —北京：机械工业出版社，2017.4

ISBN 978-7-111-56443-0

Ⅰ. ①W… Ⅱ. ①杰… Ⅲ. ①文字处理系统②表处理软件 Ⅳ. ①TP391.1

中国版本图书馆CIP数据核字（2017）第065438号

本书以 Office 2016 为软件平台，以实现高效办公为出发点，采用"任务驱动式"的编写思路，通过从商务办公场景中提炼出的大量典型实例，系统而全面地讲解了 Word 和 Excel 两大组件在商务办公中的应用。

全书共 13 章，可分为 4 个部分。第 1 章为基础部分，主要讲解 Word 和 Excel 的基础操作。第 2 ~ 7 章为 Word 部分，内容包括文本的录入与编辑、文档格式设置、图文混排、表格制作、样式的应用、文档审阅与保护、文档布局设置与打印等。第 8 ~ 12 章为 Excel 部分，内容包括数据的录入、编辑与格式设置、数据的排序、筛选与汇总，公式与函数的应用，图表的制作，数据透视表的应用，数据的审阅与保护等。第 13 章为综合应用，通过 Word 和 Excel 的协作完成员工综合能力考核表的制作。

本书结构编排合理、图文并茂、实例丰富，不仅适合初涉职场的新人从零开始自学 Office 操作，而且适合有一定基础的商务办公人士掌握更多实用技能，还可作为大中专院校、社会培训机构或企业入职培训的教材。

Word/Excel 2016商务办公实战从新手到高手

出版发行：机械工业出版社（北京市西城区百万庄大街22号　邮政编码：100037）

责任编辑：杨　倩

印　　刷：北京天颖印刷有限公司　　　　　　版　　次：2017年5月第1版第1次印刷

开　　本：170mm×242mm　1/16　　　　　印　　张：15.5

书　　号：ISBN 978-7-111-56443-0　　　　定　　价：39.80元

PREFACE

前 言

现代商务办公人员常常要与大量文档、报表、图表打交道，办公自动化软件就成了他们的好帮手，微软公司推出的 Office 软件套装则是其中的佼佼者，使用 Office 中的 Word 和 Excel 两大组件可以高效地完成文本和数据的处理，制作出专业、美观的文档、报表和图表。本书即以 Office 2016 为软件平台，以实现高效办公为出发点，全面介绍 Word 和 Excel 在商务办公中的应用。

◎ 内容结构

全书共 13 章，可分为 4 个部分。

第 1 章为基础部分，主要讲解 Word 和 Excel 的基础操作。

第 2 ～ 7 章为 Word 部分，内容包括文本的录入与编辑、文档格式设置、图文混排、表格制作、样式的应用、文档审阅与保护、文档布局设置与打印等。

第 8 ～ 12 章为 Excel 部分，内容包括数据的录入、编辑与格式设置，数据的排序、筛选与汇总，公式与函数的应用，图表的制作，数据透视表的应用，数据的审阅与保护等。

第 13 章为综合应用，通过 Word 和 Excel 的协作完成员工综合能力考核表的制作。

◎ 编写特色

★ 内容全面，紧贴实际：本书涵盖了两大组件在实际工作中最常用的功能，通过从商务办公场景中提炼出的大量典型实例进行"任务驱动式"讲解，并用详尽、通俗的文字配以屏幕截图，直观、清晰地展示操作效果，易于理解和掌握。

★ 边学边练，自学无忧：办公软件的学习重在实践。本书配套的云空间资料完整收录了书中全部实例的原始文件和最终文件，读者按照书中的讲解，结合实例文件动手操作，学习效果立竿见影。

◎ 读者对象

本书面向 Office 初级和中级用户，不仅适合初涉职场的新人从零开始自学 Office 操作，而且适合有一定基础的商务办公人士掌握更多实用技能，还可作为大中专院校、社会培训机构或企业入职培训的教材。

由于编者水平有限，在编写本书的过程中难免有不足之处，恳请广大读者指正批评，除了扫描二维码添加订阅号获取资讯以外，也可加入 QQ 群 158906658 与我们交流。

编者

2017 年 3 月

如何获取云空间资料

一、扫描关注微信公众号

在手机微信的"发现"页面中点击"扫一扫"功能，如左下图所示，页面立即切换至"二维码/条码"界面，将手机对准右下图中的二维码，即可扫描关注我们的微信公众号。

二、获取资料下载地址和密码

关注公众号后，回复本书书号的后 6 位数字"564430"，公众号就会自动发送云空间资料的下载地址和相应密码。

三、打开资料下载页面

方法 1：在计算机的网页浏览器地址栏中输入获取的下载地址（输入时注意区分大小写），按 Enter 键即可打开资料下载页面。

方法 2：在计算机的网页浏览器地址栏中输入"wx.qq.com"，按 Enter 键后打开微信网页版的登录界面。按照登录界面的操作提示，使用手机微信的"扫一扫"功能扫描登录界面中的二维码，然后在手机微信中点击"登录"按钮，浏览器中将自动登录微信网页版。在微信网页版中单击左上角的"阅读"按钮，如右图所示，然后在下方的消息列表中找到并单击刚才公众号发送的消息，在右侧便可看到下载地址和相应密码。将下载地址复制、粘贴到网页浏览器的地址栏中，按 Enter 键即可打开资料下载页面。

四、输入密码并下载资料

在资料下载页面的"请输入提取密码："下方的文本框中输入下载地址附带的密码（输入时注意区分大小写），再单击"提取文件"按钮，在新打开的页面中单击右上角的"下载"按钮，在弹出的菜单中选择"普通下载"选项，即可将云空间资料下载到计算机中。下载的资料如为压缩包，可使用 7-Zip、WinRAR 等解压软件解压。

CONTENTS 目 录

第3章　使用 Word 制作图文混排的文档

第4章　使用 Word 制作带表格的文档

第 5 章　使用 Word 制作长文本文档

第 6 章　使用 Word 审阅和保护文档

第 7 章　使用 Word 布局与打印文档

第 8 章 使用 Excel 制作数据表格

第 9 章 使用 Excel 处理数据

第 10 章　使用 Excel 进行数据计算

第 11 章　使用 Excel 制作图形化的表格

第 12 章　使用 Excel 审阅和保护数据

第 13 章　制作员工综合能力考核表

第1章
熟悉Word/Excel 2016基础操作

Microsoft Office 是用户最多、功能最强大的办公软件套装，其组件在办公中使用最为广泛的是 Word 和 Excel。Word 主要用于对文字的处理，而 Excel 主要用于对表格中数据的处理。掌握这两者将给日常办公带来很多方便。本章先从 Word/Excel 2016 的基础操作讲起。

1.1 认识Word/Excel 2016用户界面

首先来认识 Word/Excel 2016 的全新界面，了解各部分的名称和作用。Office 2016 以一种清楚且有组织的方式罗列工具，还提供了直观的实时预览、预定义的样式库等可大大提高效率的功能。

1.1.1 认识Word 2016用户界面

下面来介绍 Word 2016 各部分的名称和功能。Word 2016 的界面如图 1-1 所示。其中各部分的名称和功能见表 1-1。

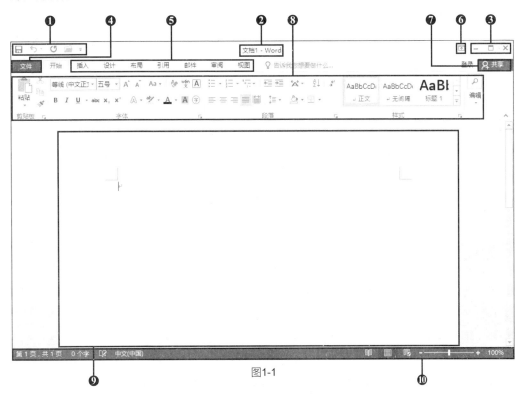

图1-1

表1-1

编号	名称	作用
❶	快速访问工具栏	用于放置一些常用工具，在默认的情况下包括保存、撤销、恢复三个工具按钮，也可以根据需要进行自定义
❷	标题栏	显示文档的名称和类型
❸	窗口控制按钮	用于进行当前窗口的最小化、最大化和关闭
❹	"文件"按钮	用于打开文件菜单
❺	选项标签	用于进行功能区之间的切换
❻	"功能区显示选项"按钮	用于设置功能区的显示方式，隐藏功能区的按钮在功能区右下角
❼	共享按钮	用于分享文档
❽	功能组	用于放置编辑文档时所用的功能
❾	编辑区	用于显示文档内容或对文档文字、图片、图形、表格等对象进行编辑
❿	状态栏	用于显示当前文档的页数、状态、视图方式、显示比例等内容

1.1.2 认识Excel 2016用户界面

接下来认识 Excel 2016 的界面，Excel 2016 的界面如图 1-2 所示。其中各部分的名称和功能见表 1-2。

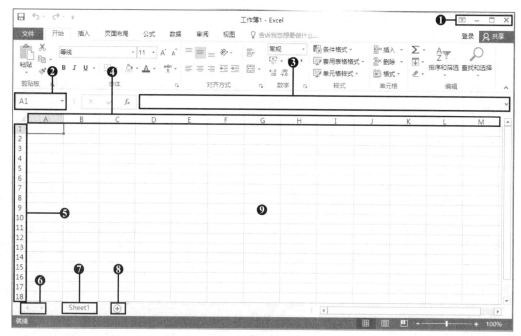

图1-2

表1-2

编号	名称	作用
❶	窗口控制按钮	用于进行当前工作簿窗口的最大化、最小化和关闭
❷	名称框	用于显示或定义所选择单元格或者单元格区域的名称
❸	编辑栏	用于显示或编辑所选择单元格中的内容
❹	列标题	用于对工作表中的列以A、B、C……的形式进行编号
❺	行标题	用于对工作表中的行以1、2、3……的形式进行编号

编号	名称	作用
❻	翻页按钮	用于向后或向前查看当前工作簿中的工作表标签
❼	工作表标签	显示当前工作簿中的工作表名称，程序在默认的情况下将标签的标题显示为Sheet1、Sheet2、Sheet3……
❽	新工作表按钮	用于插入新的工作表，单击该按钮即可完成操作
❾	工作区	在Excel的工作区中，每个单元格都以虚拟的网格线进行界定，用于对表格内容进行编辑

教你一招 了解Word与Excel的视图方式

Word 2016 提供了页面视图、Web 版式视图、大纲视图、阅读视图和草稿视图 5 种视图方式，Excel 2016 提供了普通视图、页面布局、分页预览、自定义视图 4 种视图方式。可以根据需要，用这些视图方式显示文档内容或表格数据。不同的视图方式有其特殊的作用和特点。

要切换到不同视图下，可以直接在"视图"选项卡下的"视图"或"工作簿视图"组中选择要查看的视图方式。

（1）Word 2016 的视图方式的作用与特点：

页面视图：Word 文档的默认视图方式。在此视图方式下，页面能够显示出标尺、插入的页眉和页码等内容。页面视图还能够起到预览文档的作用，即在窗口中看到的文档与最终的打印效果一样。有很多操作都必须在页面视图方式中完成，如插入文本框、绘制图形、插入艺术字等图形对象的操作。

Web 版式视图：使用此视图方式可使联机阅读更为方便。如果要在 Word 中创建和编辑 Web 文档，则必须使用它。

大纲视图：在大纲视图方式中，可以折叠文档，只查看文档的主标题，也可以展开文档，查看全部内容。因此，在大纲视图下可以方便地查看大型文档的结构，并且可以通过拖动标题来移动、复制或重新组织文档。

阅读视图：在阅读视图中，将会隐藏除"阅读版式"和"审阅"工具以外的所有命令，便于用户阅读。

草稿视图：此视图方式可将文档以草稿形式显示，以便快速编辑文本。在此视图中，不会显示某些文档元素，如页眉和页脚。

（2）Excel 2016 的视图方式的作用与特点：

普通视图：普通视图是 Excel 的默认视图方式，主要用于执行数据的输入与筛选、制作图表和设置格式等操作。

页面布局：使用此视图方式，可以看到该工作簿中所有电子表格的打印预览效果，也可以进行数据的编辑。

分页预览：使用此视图方式，可以知道哪些数据在哪页，在该视图方式下，也可以对单元格中的数据进行编辑。

自定义视图：将一组显示和打印设置保存为自定义视图。保存当前视图后，可从可用自定义视图列表中选择该视图，将其应用于其他表格中。

1.2 新建文档

创建新文档的方法有多种，下面介绍常用的三种方法。

1.2.1 利用快捷菜单新建文档

不用启动 Word 2016 程序，直接在要保存新建文档的文件夹中新建一个空白文档，然后进行重命名即可。

步骤01 单击"Microsoft Word文档"命令。定位需要新建文档的位置，❶右击空白处，❷在弹出的快捷菜单中单击"新建>Microsoft Word文档"命令，如图1-3所示。

步骤02 重命名新建的文档。此时，在定位的文件夹下新建了一个名为"新建Microsoft Word文档"的文档，如图1-4所示。用户可以根据自己的需要重命名该文档。

图1-3　　　　　　　　　　　　　　　图1-4

1.2.2 通过视图窗口新建文档

如果在已经打开的文档中对文章编辑完毕，需要重新创建一个空白文档来编辑另外一篇文章，可采用以下操作。

步骤01 单击"新建"命令。在已经编辑完毕的Word文档中单击"文件"按钮，在弹出的菜单中单击"新建"命令，如图1-5所示。

步骤02 选择新建空白文档。在"新建"选项面板中单击"空白文档"缩略图，如图1-6所示。

步骤03 新建的空白文档。此时，系统自动新建一个空白文档，如图1-7所示。

图1-5　　　　　　　　　　图1-6　　　　　　　　　　图1-7

> 💡 **提示：用快捷键快速新建空白文档**
>
> 在 Word 2016 窗口中按快捷键【Ctrl+N】，可快速新建一个空白文档。

1.2.3 根据模板新建文档

Word 2016 提供了多种类型的文档模板,若想节省编辑文档的时间,可使用模板新建文档,此时新建的文档含有预先设置好的内容和格式,只需根据实际情况更改或添加部分内容即可完成文档的编辑。

原始文件:无

最终文件:下载资源\实例文件\第 1 章\最终文件\新建模板文档 .docx

步骤01 单击"新建"命令。启动Word 2016程序,单击"文件"按钮,在弹出的菜单中单击"新建"命令,如图1-8所示。

步骤02 选择模板。在"新建"选项面板下,单击"报告(基本设计)"缩略图,如图1-9所示。

图1-8   图1-9

步骤03 预览模板。在弹出的窗口中单击"创建"按钮,如图1-10所示。

步骤04 根据模板新建的文档。系统将根据模板新建文档,如图1-11所示。

步骤05 更改模板内容。根据模板中的提示,可将内容更改为自己需要的内容,更改后效果如图1-12所示。

图1-10

图1-11

图1-12

💡 **提示:搜索模板**

系统自带的模板毕竟有限,若需要更多的模板,可在"新建"选项面板中的"搜索联机模板"搜索框内搜索自己需要的模板。

教你一招 让Word 2016在启动时自动新建空白文档

默认情况下，Word 2016 启动时会显示 BackStage 视图界面。若要让 Word 2016 在启动时自动新建一个空白文档，需更改相应选项，具体方法为：启动 Word 2016 程序后，单击“文件”按钮，在展开的菜单中单击“选项”命令，打开“Word 选项”对话框。在“常规”选项卡下的“启动选项”选项组中，取消勾选“此应用程序启动时显示开始屏幕”复选框，单击“确定”按钮即可。

1.3 保存与重命名文档

对文档编辑完毕后，为了便于以后查看和修改，可以将文档保存到计算机中。保存文档的方法也很多，若是第一次保存可以直接将文档保存在原位置，若要对已经保存过的文档更改保存位置或名称，可以选择另存为。

1.3.1 保存文档

编辑完文档后，对文档进行保存，有三种情况：第一种是还没有对文档进行过保存；第二种是保存过的文档在编辑后，需要重新进行保存；第三种是保存过的文档经过编辑后，继续保存在原文件中。下面就介绍这三种保存方法。

原始文件： 无

最终文件： 下载资源\实例文件\第 1 章\最终文件\重要通知 .docx、重要通知 1.docx

▸方法一：对还没有进行过保存的文档进行保存

步骤01 **单击“保存”命令。**在已经编辑完毕的文档中单击“文件”按钮，在弹出的菜单中单击“保存”命令，如图1-13所示。

图1-13

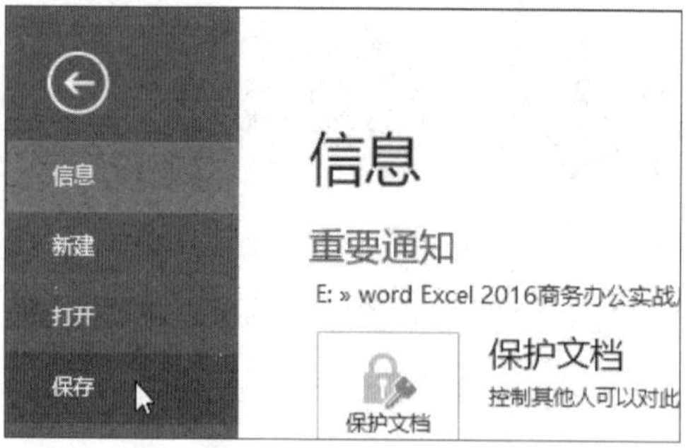

步骤02 **单击“浏览”按钮。**在“另存为”选项面板中单击“浏览”按钮，如图1-14所示。

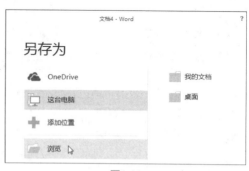

图1-14

步骤03 **设置“另存为”对话框。**弹出“另存为”对话框，❶首先定位到需要保存的文件夹中，❷然后在“文件名”文本框中输入“重要通知”，如图1-15所示，最后单击“保存”按钮。

步骤04 **保存后标题栏名称更换。**返回文档中，此时文档被保存且名称更换为了“重要通知”，如图1-16所示。

图1-15

图1-16

►方法二：重新保存一个新的文档

步骤01 单击"另存为"命令。在已经编辑完毕的文档中单击"文件"按钮后，在弹出的菜单中单击"另存为"命令，如图1-17所示。

步骤02 单击"浏览"按钮。在"另存为"选项面板中单击"浏览"按钮，如图1-18所示。

图1-17

图1-18

步骤03 设置"另存为"对话框。弹出"另存为"对话框，首先定位到需要保存的文件夹中，然后在"文件名"文本框中输入"重要通知1"，如图1-19所示，最后单击"保存"按钮。

步骤04 保存后标题栏名称更换。返回文档中，此时文档被保存且名称更换为了"重要通知1"，如图1-20所示。

图1-19

图1-20

▷方法三：保存在已经保存过的文档中

单击快速访问工具栏上的"保存"按钮，即可进行保存，如图 1-21 所示。

图1-21

1.3.2　对文档进行重命名

若对于保存的文档名称不满意，又不想通过 Word 2016 将文档另存为具有新名称的另一个文档，可以直接在 Windows 资源管理器中对文档进行重命名。

原始文件：下载资源 \ 实例文件 \ 第 1 章 \ 最终文件 \ 重要通知 .docx
最终文件：下载资源 \ 实例文件 \ 第 1 章 \ 最终文件 \ 紧急通知 .docx

步骤01　单击"重命名"命令。❶在Windows资源管理器中找到并右击要重命名的文档，❷在弹出的快捷菜单中单击"重命名"命令，如图1-22所示。

步骤02　进入名称可编辑状态。此时文档的名称呈可编辑状态，如图1-23所示。

步骤03　输入新名称。输入文档新名称"紧急通知"，输入完毕后按【Enter】键确认输入，重命名成功，如图1-24所示。

图1-22

图1-23

图1-24

更改文档自动保存的时间间隔

为了防止突然断电或死机等情况造成的文件丢失，Word 提供了自动保存文档的功能，默认情况下每隔 10 分钟对文档进行自动保存，可根据自己的需求更改自动保存的间隔时间。

❶启动 Word 2016，单击"文件"按钮，在弹出的菜单中单击"选项"命令，如图 1-25 所示。❷弹出"Word 选项"对话框，单击"保存"选项。❸在"保存文档"选项组中设置"保存自动恢复信息时间间隔"，如设置为"5"分钟，如图 1-26 所示。

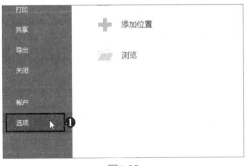

图1-25

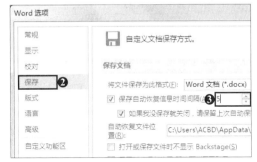

图1-26

1.4 关闭文档

当文档编辑完毕并保存后，即可关闭文档。关闭文档的方法有多种，下面分别进行讲解。

▷**方法一：通过窗口控制按钮关闭文档**

此方法是最常用也是最简单的，直接单击 Word 窗口控制按钮中的"关闭"按钮即可，如图 1-27 所示。

▷**方法二：通过"关闭"命令关闭文档**

单击"文件"按钮，在弹出的菜单中单击"关闭"命令，即可关闭文档，如图 1-28 所示。

图1-27

图1-28

▷**方法三：通过任务栏关闭指定文档**

❶鼠标指针悬停在任务栏中的 Word 图标上，❷在上方将显示已打开的文档的缩略图，将鼠标指针放在要关闭的文档的缩略图上，单击右上角的"关闭"按钮，如图 1-29 所示。

▷**方法四：通过任务栏关闭所有文档**

❶右击任务栏中的 Word 图标，❷在弹出的快捷菜单中单击"关闭窗口"命令，如图 1-30 所示。

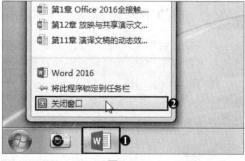

图1-29

图1-30

> **提示：关闭时提示保存文档**
>
> 若修改文档后没有保存就关闭文档，将弹出提示框，提示是否需要保存对文档的修改。

1.5 编辑选项卡与快速访问工具栏

在 Office 2016 中，选项卡和快速访问工具栏中的命令都是可以自定义的。可以根据自己的习惯创建自己常用的选项卡，也可将常用命令放置在快速访问工具栏中。

1.5.1 创建自己常用的选项卡

如果觉得 Word 2016 提供的默认选项卡过多，可以只显示自己常用的选项卡，也可以新建选项卡，将常用命令放置在该选项卡中。

步骤01 单击"选项"命令。启动Word 2016程序，单击"文件"按钮后，在弹出的菜单中单击"选项"命令，如图1-31所示。

步骤02 切换至"自定义功能区"选项卡。弹出"Word选项"对话框，单击"自定义功能区"选项卡，如图1-32所示。

步骤03 取消勾选不常用的选项卡复选框。在"自定义功能区"选项卡下的"主选项卡"列表框中勾选的项目即为显示的选项卡，若不想显示某个选项卡，可取消勾选其前面的复选框。例如，这里取消勾选"插入""设计""布局""引用"和"邮件"复选框，如图1-33所示。

图1-31

图1-32

图1-33

步骤04 查看保留的选项卡。单击"确定"按钮，返回窗口中，此时可以看到功能区中只保留了"开始""审阅"和"视图"三个标签，如图1-34所示。

步骤05 新建选项卡。除了系统默认的选项卡外，还可以新建选项卡，将常用命令添加到该选项卡下。在"Word选项"对话框的"自定义功能区"选项卡下单击"新建选项卡"按钮，如图1-35所示。

图1-34

图1-35

步骤06 重命名新建选项卡。此时在"主选项卡"列表框中自动新建一个选项卡，可以对新建的选项卡进行重命名，❶选中新建的选项卡，❷单击"重命名"按钮，如图1-36所示。

步骤07 输入显示名称。弹出"重命名"对话框，❶在"显示名称"文本框中输入"常用命令"，❷再单击"确定"按钮，如图1-37所示。

图1-36

图1-37

步骤08 重命名后的新建选项卡。返回"Word选项"对话框中，可以看到新建的选项卡名称更改为了"常用命令"，如图1-38所示。这里还没有向其中添加任何命令，在下一小节中将具体介绍新建组以及在组中添加常用命令的方法。

步骤09 查看新建的选项卡。单击"确定"按钮，返回窗口中，此时在"开始"标签后面新增了一个"常用命令"标签，单击该标签，即可切换至"常用命令"选项卡，如图1-39所示。

图1-38　　　　　　　　　　　　　　　　图1-39

1.5.2　自定义功能组

在新建的选项卡中可以新建组，将常用的命令或习惯使用的命令都添加到组中，操作起来既快捷又方便。

步骤01　新建组。打开"Word选项"对话框，❶在"自定义功能区"选项卡下的"主选项卡"列表框中选择上一小节中新建的选项卡"常用命令"，❷单击"新建组"按钮，如图1-40所示。

步骤02　重命名组。❶选中新建的组，❷单击"重命名"按钮，如图1-41所示。

步骤03　设置组名称。弹出"重命名"对话框，❶在"显示名称"文本框中输入"字体设置命令"，❷单击"确定"按钮，如图1-42所示。

图1-40

图1-41

图1-42

步骤04　在组中添加命令。返回"Word选项"对话框，❶可看到更改组名后的效果，❷设置"从下列位置选择命令"为"常用命令"，❸在列表框中选择"字体设置"命令，❹单击"添加"按钮，如图1-43所示。

步骤05　添加到组中的命令。此时，"字体设置"命令成功添加到了"字体设置命令"组中，如图1-44所示。

图1-43

图1-44

步骤06 添加其他的命令到新建组中。重复步骤04和步骤05，将其他常用的字体命令添加到"字体设置命令"组中，添加完毕后效果如图1-45所示。

图1-45

步骤07 查看自定义组。单击"确定"按钮，返回窗口中，在"常用命令"选项卡下可以看到新增加的"字体设置命令"组，该组中显示了添加的字体命令，如图1-46所示。

图1-46

> **提示：删除新建的选项卡和组**
>
> 若对于新建的选项卡或组不满意，希望将其删除，可在"主选项卡"列表框中右击需要删除的选项卡名称或组名称，在弹出的快捷菜单中单击"删除"命令即可。

1.5.3 自定义快速访问工具栏

除了将常用命令放置在新建组中外，还可以将经常使用的命令添加到快速访问工具栏中，单击即可执行这些操作，既方便又快捷。

步骤01 选择要添加到工具栏中的命令。❶单击快速访问工具栏中的快翻按钮，❷在展开的下拉列表中选择要添加到工具栏中的常用命令，例如选择"快速打印"命令，如图1-47所示。

图1-47

步骤02 查看新添加的命令按钮。此时，"快速打印"按钮显示在了快速访问工具栏中，如图1-48所示。

图1-48

步骤03 选择更多的命令。若展开的下拉列表中的命令不能满足用户的需求，可单击"其他命令"选项，如图1-49所示。

步骤04 选择要添加的命令。弹出"Word选项"对话框，在"快速访问工具栏"选项卡下左侧的列表框中选择要添加的命令，❶例如，选择"打开"命令，❷然后单击"添加"按钮，如图1-50所示。

图1-49

图1-50

步骤05 添加成功。此时，所选择的"打开"命令被添加到了右侧的列表框中，如图1-51所示。

步骤06 查看添加的更多命令。单击"确定"按钮，返回窗口中，在快速访问工具栏中可以看到新添加的"打开"按钮，如图1-52所示。

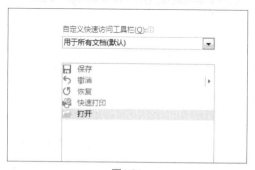

图1-51

图1-52

提示：快速完成快速访问工具栏中命令按钮的添加与删除

右击功能区中的命令按钮，在弹出的快捷菜单中单击"添加到快速访问工具栏"命令，即可将该按钮快速添加到快速访问工具栏。

若要删除快速访问工具栏中的按钮，可右击该按钮，在弹出的快捷菜单中单击"从快速访问工具栏删除"命令即可。

1.6 调整文档的显示比例

在 Word 或 Excel 中可以通过单击缩放按钮来改变文档的显示比例，就是对显示区域进行放大或缩小，从而适应不同的排版和编辑需求。下面就以调整 Word 文档的显示比例为例进行介绍。

原始文件： 下载资源＼实例文件＼第1章＼原始文件＼重要通知.docx
最终文件： 无

步骤01 原始显示比例效果。打开原始文件，默认情况下，显示比例为100%，效果如图1-53所示。

步骤02 放大显示比例。单击状态栏右侧的"放大"按钮，一次放大10%，连续单击3次，即可放大到130%，如图1-54所示。

我公司将于 2016 年 5 月 12 日起
对所有货物征收单证费为 RMB 115
元每票提单。原天津及青岛地区实行
的每票提单征收 RMB 100 元的单证
费亦于同日起调整费率如上。
共 2 页 104 个字
100%

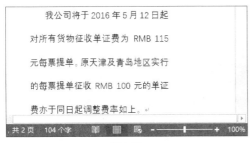

图1-53

我公司将于 2016 年 5 月 12 日起
对所有货物征收单证费为 RMB 115
元每票提单。原天津及青岛地区实行
130%

图1-54

步骤03 缩小显示比例。单击状态栏右侧的“缩小”按钮，单击一次缩小10%，连续单击6次，即可从130%缩小至70%显示比例，此时文档的效果如图1-55所示。若想自定义比例，可单击“视图”选项卡下的“显示比例”按钮，在弹出的对话框中进行设置即可。

特此通知。
诸多不便，敬请原谅。
70%

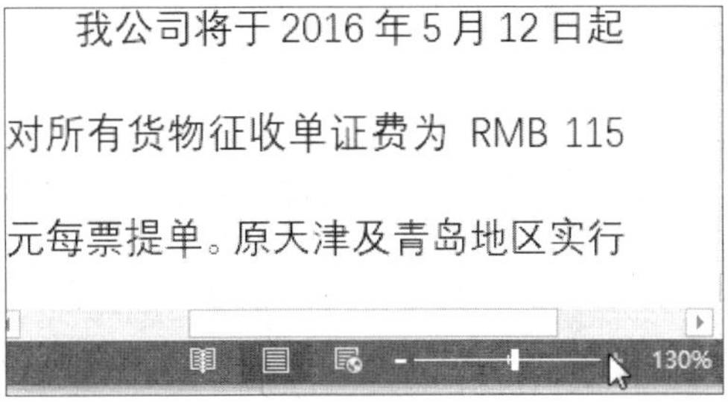

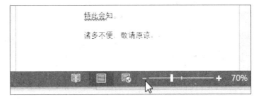

图1-55

实例演练 更改Office 2016组件的主题颜色

本章首先介绍了Word/Excel 2016的界面，随后讲解了新建、保存和重命名文档以及编辑选项卡与快速访问工具栏等基础操作。接下来以更改Word 2016的界面主题为例，加深读者对本章知识的印象。

步骤01 单击“选项”命令。单击“文件”按钮后，在弹出的菜单中单击“选项”命令，如图1-56所示。

步骤02 选择主题颜色。弹出“Word选项”对话框，在“常规”选项卡下，设置“Office主题”为“深灰色”，如图1-57所示。

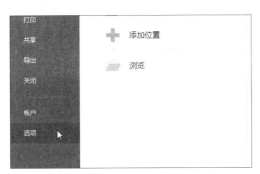

打印
共享
导出
关闭
帐户
选项
添加位置
浏览

图1-56

Word 选项
常规
显示
校对
保存
版式
语言
高级
Office 主题(T):
白色
彩色
深灰色
白色
启动选项

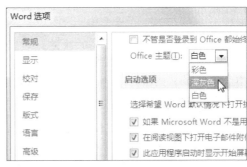

图1-57

步骤03 显示更改主题后的效果。更改为“深灰色”主题后，单击“确定”按钮，返回窗口中，此时可以看到Word 2016的界面颜色风格被更改为深灰色，如图1-58所示。更改Word 2016的配色方案后，启动Excel 2016，将自动应用与Word 2016相同的配色方案。

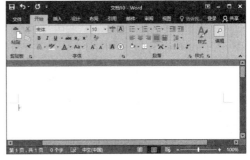

图1-58

第2章
使用Word制作普通的文本文档

Word 2016 的文本处理功能相当强大，可以输入、查找文本，在发现文本有错误时还可以进行修改，通过设置文本和段落的格式可以使文档更加美观。本章将通过一些典型实例来讲解 Word 2016 的文本输入、编辑与美化操作。

2.1　制作办公室管理制度

企业为了使办公管理及文化建设提升到一个新层次，一般都需要制定办公室管理制度。本节将介绍如何在 Word 2016 中录入办公室管理制度，包括文字、特殊符号、日期、时间及其他文本内容等。在输入的过程中，为了简化操作，可以对相同的内容进行复制与粘贴。

2.1.1　为文档输入文本

Word 默认的输入法为英文输入法，可直接输入英文，输入的文字显示在光标处。另外 Word 也支持多种中文输入法，如果要输入中文，必须切换到中文输入法状态。

原始文件: 无
最终文件: 下载资源 \ 实例文件 \ 第 2 章 \ 最终文件 \ 办公室管理制度 .docx

步骤01 开始输入文档标题。新建一个空白文档，将其保存并命名为"办公室管理制度"，将输入法切换至常用的中文输入状态，在光标处输入中文"办公室"，如图2-1所示。

步骤02 完成标题输入。按下空格键后，"办公室"三个字被输入到Word文档中，继续输入"管理制度"，此时可以看到光标将跟随输入的文字移动，如图2-2所示。

步骤03 换行。标题输入完毕后，即可换行输入正文内容，按【Enter】键，光标自动跳入下一行中，如图2-3所示。

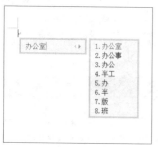

图2-1

图2-2

图2-3

步骤04 输入第二行内容。在第二行按照输入标题的方法，继续输入正文内容，输入完毕后效果如图2-4所示。

步骤05 输入时自动换行。当输入的内容过多，输入到行末时，将自动跳入到第二行，而不用手动换行，如图2-5所示。

26

步骤06 输入完整的办公室制度。按照前面所述的方法，将办公室管理制度的内容输入完毕，效果如图2-6所示。

办公室管理制度
第一章　总则

图2-4

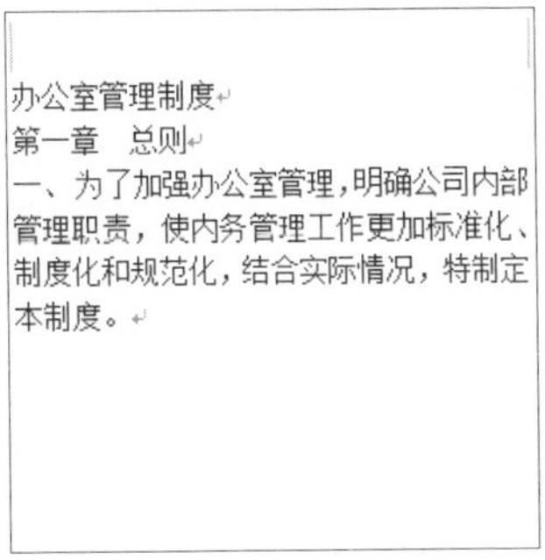

办公室管理制度
第一章　总则
一、为了加强办公室管理,明确公司内部管理职责,使内务管理工作更加标准化、制度化和规范化,结合实际情况,特制定本制度。

图2-5

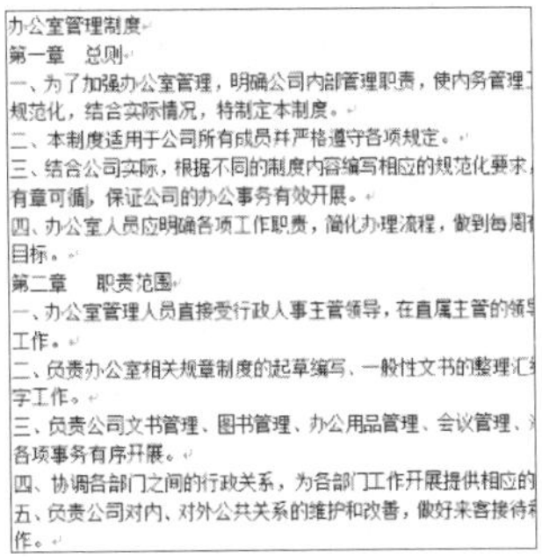

办公室管理制度
第一章　总则
一、为了加强办公室管理,明确公司内部管理职责,使内务管理工作规范化,结合实际情况,特制定本制度。
二、本制度适用于公司所有成员并严格遵守各项规定。
三、结合公司实际,根据不同的制度内容编写相应的规范化要求,有章可循,保证公司的办公事务有效开展。
四、办公室人员应明确各项工作职责,简化办理流程,做到每周有计划目标。
第二章　职责范围
一、办公室管理人员直接受行政人事主管领导,在直属主管的领导下工作。
二、负责办公室相关规章制度的起草编写,一般性文书的整理工作。
三、负责公司文书管理、图书管理、办公用品管理、会议管理,使各项事务有序开展。
四、协调各部门之间的行政关系,为各部门工作开展提供相应的...
五、负责公司对内、对外公共关系的维护和改善,做好来客接待工作。

图2-6

2.1.2　选择文本

在修改文本之前，首先要选择文本。选择文本是进行文档编辑的基本操作，可利用鼠标或键盘进行选择。按选择文本的多少可分为选择任意数量的文本、选择一行或多行文本、选择一段文本、选择不连续的文本和选择整篇文档。

原始文件：下载资源＼实例文件＼第2章＼原始文件＼办公室管理制度.docx
最终文件：无

1 选择任意数量的文本

▷方法一：通过鼠标拖动选择

在要选择文本的开始位置按住鼠标左键不放并拖动，到文本结束处释放鼠标，如图2-7所示。

▷方法二：使用鼠标和【Shift】键选择

❶在文本的开始位置前定位光标，❷按住【Shift】键不放，单击文本末尾位置，可选择文本开始位置与末尾位置之间的内容，如图2-8所示。

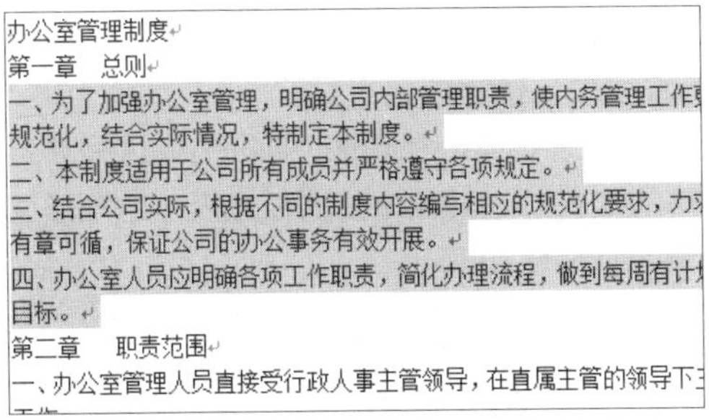

办公室管理制度
第一章　总则
一、为了加强办公室管理,明确公司内部管理职责,使内务管理工作规范化,结合实际情况,特制定本制度。
二、本制度适用于公司所有成员并严格遵守各项规定。
三、结合公司实际,根据不同的制度内容编写相应的规范化要求,力有章可循,保证公司的办公事务有效开展。
四、办公室人员应明确各项工作职责,简化办理流程,做到每周有计划目标。
第二章　职责范围
一、办公室管理人员直接受行政人事主管领导,在直属主管的领导下

图2-7

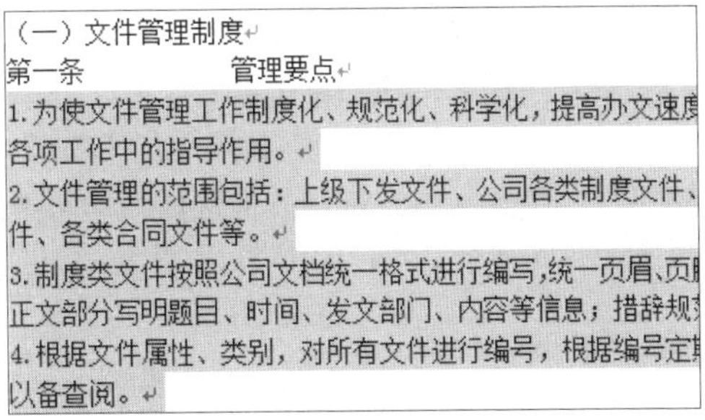

（一）文件管理制度
第一条　　　　　　管理要点
1.为使文件管理工作制度化、规范化、科学化,提高办文速度各项工作中的指导作用。
2.文件管理的范围包括:上级下发文件、公司各类制度文件、件、各类合同文件等。
3.制度类文件按照公司文档统一格式进行编写,统一页眉、页正文部分写明题目、时间、发文部门、内容等信息;措辞规
4.根据文件属性、类别,对所有文件进行编号,根据编号定以备查阅。

图2-8

2 选择一行或多行文本

要选择一行或多行文本，可将鼠标指针移到左侧的空白区域，当其变为 ⁄⁄ 形状时，根据需要进行选择。

▷方法一：选择一行文本

将鼠标指针移到段落左侧的空白区域，当其变为 ⤢ 形状时单击鼠标，即可选择整行文本，如图2-9所示。

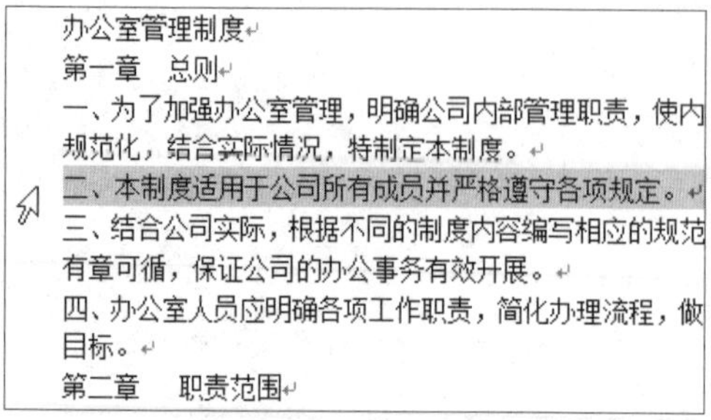

图2-9

▷方法二：选择多行文本

将鼠标指针移到段落左侧的空白区域，当其变成 ⤢ 形状后，按住鼠标左键不放，并向下拖动到目标位置处释放鼠标左键，即可选择多行文本，如图2-10所示。

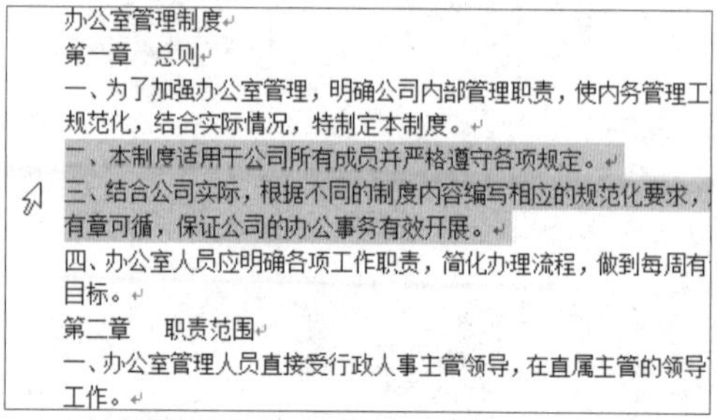

图2-10

3 选择一段文本

将鼠标指针移到段落左侧的空白区域，当其变成 ⤢ 形状时双击鼠标左键，即可选中一段文本，如图2-11所示。

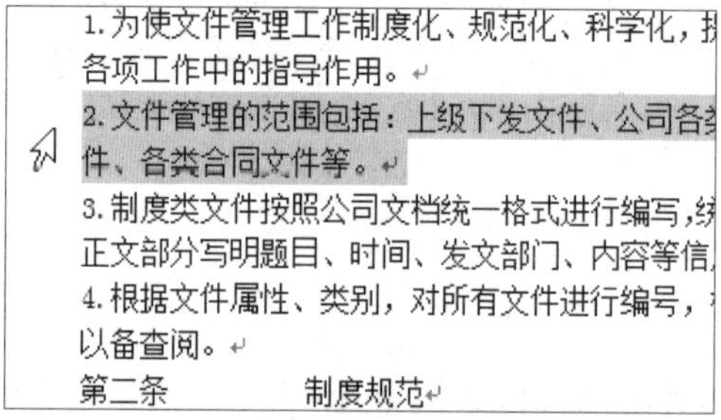

图2-11

> **提示：选择一段文本的其他方法**
>
> 选择一段文本还有两种方法：第一种是在段首按住鼠标左键不放，并拖动鼠标到段末后释放鼠标左键；第二种是在段落中任意位置连续单击鼠标 3 次。

4 选择不连续的文本

▷方法一：选择不相邻的文本

❶选择一个文本区域，❷再按住【Ctrl】键不放，用鼠标拖动选择其他区域，即可选择不相邻的多个文本，如图2-12所示。

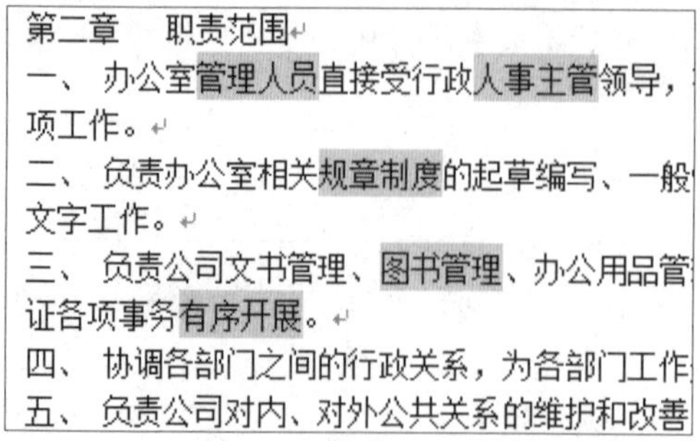

图2-12

▷方法二：选择矩形区域

按住【Alt】键不放，可在文本区拖动选择从定位处到其他位置的任意大小的矩形区域，如图2-13所示。

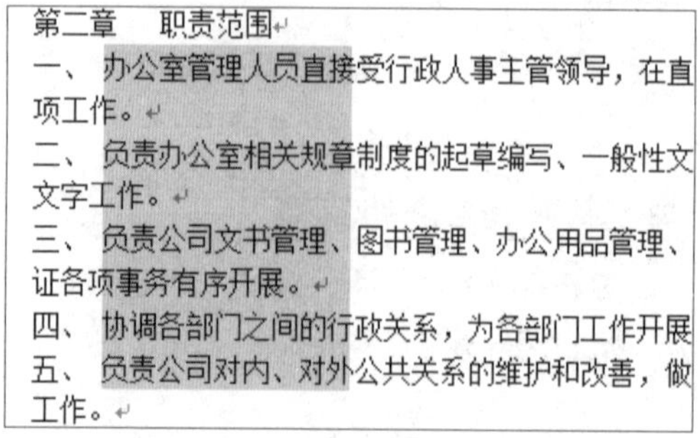

图2-13

5 选择整篇文档

按【Ctrl+A】组合键可快速选择整篇文档，如图2-14所示。

图2-14

💡 **提示：选择整篇文档的其他方法**

选择整篇文档还有两种方法：第一种是将鼠标指针移到文档左侧的空白区域，当其变成 🔍 形状时，连续单击3次即可；第二种是按住【Ctrl】键不放，在文档左侧的空白区域中单击鼠标即可。

2.1.3 复制与粘贴文本

在文本编辑过程中，如果要用到前面输入过的内容，只需对前面的内容进行复制，再粘贴到目标位置即可。

原始文件： 下载资源＼实例文件＼第2章＼原始文件＼办公室管理制度.docx
最终文件： 下载资源＼实例文件＼第2章＼最终文件＼办公室管理制度1.docx

步骤01 单击"复制"按钮。打开原始文件，❶选择要复制的文本，❷然后在"开始"选项卡下单击"剪贴板"组中的"复制"按钮，如图2-15所示。

步骤02 选择粘贴方式。❶将光标定位在要粘贴的位置，❷然后在"开始"选项卡下单击"粘贴"下方的下三角按钮，❸在展开的下拉列表中选择粘贴方式。若要保留原来文本的格式，可选择"保留源格式"方式，如图2-16所示。若只想复制原文本，不想复制其格式，则选择"只保留文本"方式。

步骤03 粘贴后的效果。此时，可以看到在文档中粘贴了步骤01中选择的内容，效果如图2-17所示。

图2-15

图2-16

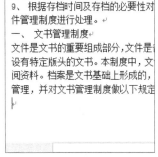

图2-17

若要复制的文本与粘贴处距离比较近，可以采用拖放的方法复制文本。选定要复制的文本，按住【Ctrl】键，用鼠标拖动选定的文本到需要的位置，如图2-18所示。

还可以采用快捷键来复制与粘贴文本。选择要复制的文本后，按下【Ctrl+C】组合键复制文本，然后将光标定位到要粘贴文本的位置，按下【Ctrl+V】组合键即可粘贴文本。

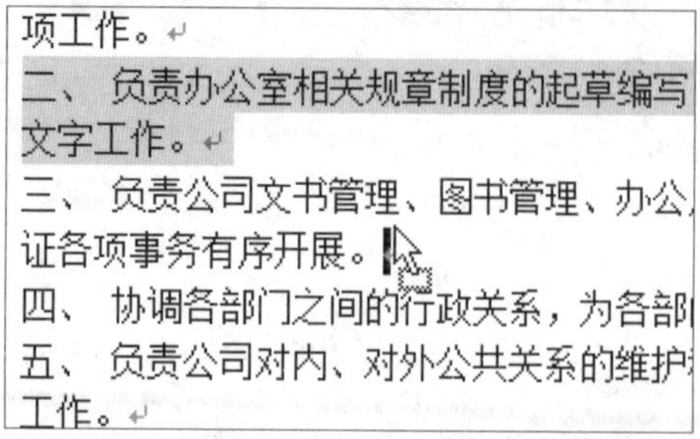

项工作。
二、　负责办公室相关规章制度的起草编写文字工作。
三、　负责公司文书管理、图书管理、办公证各项事务有序开展。
四、　协调各部门之间的行政关系，为各部
五、　负责公司对内、对外公共关系的维护工作。

图2-18

2.1.4　移动文本

用户可以将文本从文档中的一个位置移动到另一个位置，移动文本时，Word 将该文本从原位置删除，然后插入到新位置。

原始文件：下载资源 \ 实例文件 \ 第 2 章 \ 原始文件 \ 办公室管理制度 .docx
最终文件：下载资源 \ 实例文件 \ 第 2 章 \ 最终文件 \ 办公室管理制度 2.docx

步骤01 单击"剪切"按钮。打开原始文件，❶选择要移动的文本，❷然后在"开始"选项卡下单击"剪切"按钮，如图2-19所示。

步骤02 选择粘贴方式。❶将光标定位在要移动到的位置，❷然后在"开始"选项卡下单击"粘贴"下方的下三角按钮，❸在展开的下拉列表中选择"保留源格式"方式，如图2-20所示。

步骤03 移动后的效果。此时可以看到步骤01中选择的文本被移动到了步骤02中选择的位置，如图2-21所示。

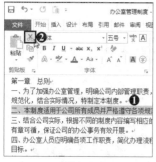

图2-19　　　　　　　图2-20

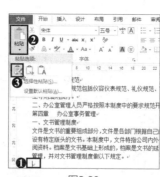

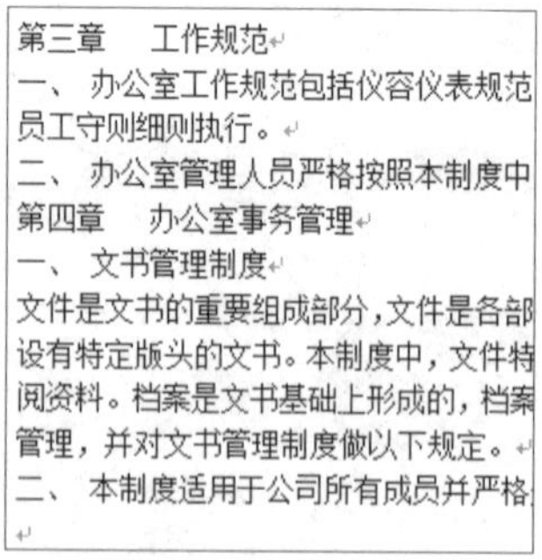

图2-21

若要移动的文本与目标位置距离较近，可以采用拖放的方法移动文本：选定要移动的文本，用鼠标拖动选定的文本到目标位置后松开鼠标即可。

还可以采用快捷键移动文本：选择要移动的文本后，按【Ctrl+X】组合键剪切文本，然后将光标定位在目标位置，按【Ctrl+V】组合键粘贴文本即可。

2.1.5 为文档插入日期

在 Word 2016 中，如果想要让插入的日期和时间可以在每次打开文档时自动更新，可以使用 Word 中的插入日期和时间功能。

原始文件: 下载资源\实例文件\第 2 章\原始文件\办公室管理制度 .docx
最终文件: 下载资源\实例文件\第 2 章\最终文件\办公室管理制度 3.docx

步骤01 单击"日期和时间"按钮。打开原始文件，在文档末尾添加落款，❶然后将光标定位在要插入日期的位置，❷在"插入"选项卡下单击"日期和时间"按钮，如图2-22所示。

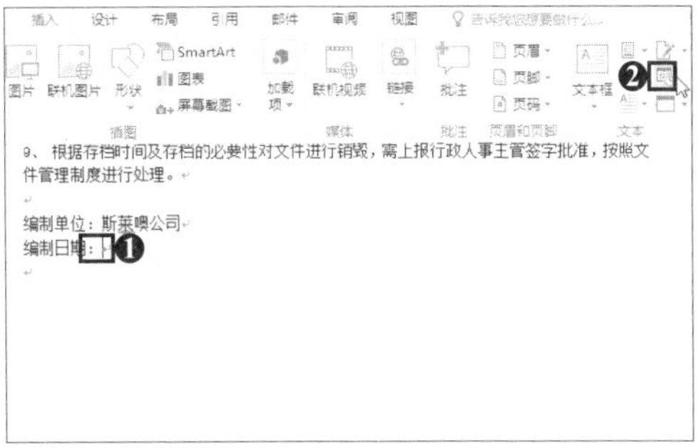

步骤02 选择要插入的日期格式。弹出"日期和时间"对话框，❶设置"语言"为"中文（中国）"，❷在"可用格式"列表框中选择日期和时间的格式，如图2-23所示。

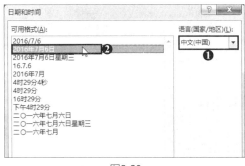

图2-22

图2-23

步骤03 添加日期和时间的效果。单击"确定"按钮，返回文档中，添加的日期效果如图2-24所示。

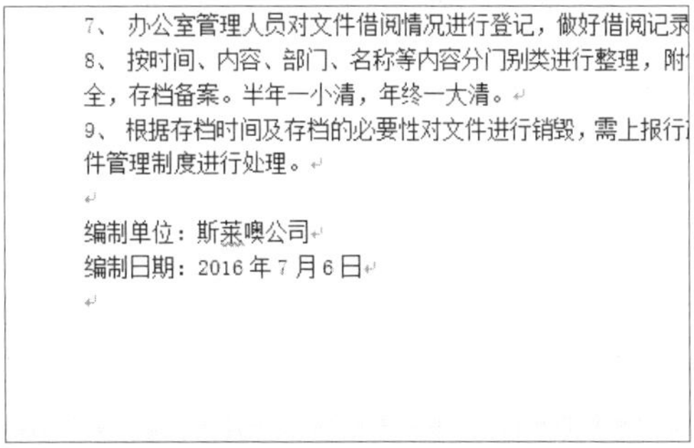

图2-24

插入和改写文本

插入文本：将鼠标指针移到需要插入文本内容的位置，当其变成 I 形状时，单击鼠标，在光标的位置即可输入新的内容。在这种状态下输入文字后，光标后的内容将自动向右移动，如图 2-25 所示。

改写文本：默认情况下文档处于插入状态，要将其切换至改写状态，可在键盘上按【Insert】键。在改写状态下输入文字后，光标后的文本不会向后移动，而是自动被输入的文本替换，如图 2-26 所示。

图2-25   图2-26

2.2 制作员工请假管理制度

为规范考勤制度，公司需要制定请假制度，包括请假的程序和标准等内容。在 Word 2016 中将制度内容输入完毕后，为便于员工阅读，还需要针对不同内容分别设置文本格式，如为标题设置醒目的字体和字号、对重要内容进行突出显示等。本节将运用 Word 2016 为"公司请假制度"文档设置文本格式。

 原始文件：下载资源 \ 实例文件 \ 第 2 章 \ 原始文件 \ 公司请假制度 .docx
最终文件：下载资源 \ 实例文件 \ 第 2 章 \ 最终文件 \ 公司请假制度 .docx

2.2.1 设置标题的字体格式

首先讲解如何为文本设置最基本的字体、字号和颜色，这是更改文本格式时效果最直观的几个选项。下面就以在"字体"组中设置标题为例进行介绍。

步骤01 选择要设置的标题文本。打开原始文件，选择要设置的标题文本，如图2-27所示。

步骤02 选择字体。❶单击"开始"选项下"字体"右侧的下三角按钮，❷在展开的下拉列表中选择字体"隶书"，如图2-28所示。

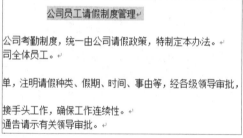

图2-27

图2-28

步骤03 选择字号。❶单击"字体"组中的"字号"右侧的下三角按钮，❷在展开的下拉列表中选择字号，如选择"二号"，如图2-29所示。

步骤04 选择字体颜色。❶单击"字体颜色"右侧的下三角按钮，❷在展开的下拉列表中选择字体颜色，如选择"标准色>深红"，如图2-30所示。

步骤05 查看设置效果。经过以上几步对标题字体、字号和颜色的设置，得到的效果如图2-31所示。

图2-29

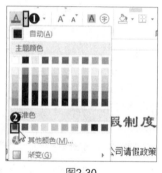

图2-30

图2-31

使用浮动工具栏：在 Word 2016 中选择文本时，文本的右上角会显示一个工具栏，即浮动工具栏，在该工具栏中同样可设置字体、字号和字体颜色，如图 2-32 所示。

使用"字体"对话框：选中要设置的文本，单击"字体"组右下角的对话框启动器 ，弹出"字体"对话框，在"字体"选项卡下同样可以设置字体、字号和字体颜色，如图 2-33 所示。

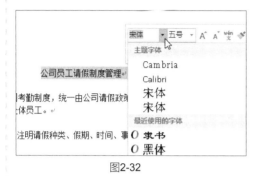

图2-32

图2-33

2.2.2 突出显示重要内容

对于文档中需要阅读者注意的重点内容，可以将其突出显示。在 Word 中可以采用两种方式突出显示重点：一是为重点内容添加下划线，二是对次重点内容进行加粗。

1 为重点内容添加下划线

为重点内容添加下划线可以突出重点内容，可选择的下划线类型有单下划线、双下划线、粗线等。

步骤01 选择要添加下划线的文本。继续上小节中的操作，首先选择要添加下划线的重点文本，这里按住【Ctrl】键选择各章的标题，如图2-34所示。

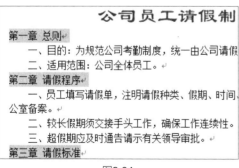

图2-34

步骤02 选择下划线类型。❶在"开始"选项卡下单击"下划线"右侧的下三角按钮，❷在展开的下拉列表中选择下划线类型，如选择"双下划线"，如图2-35所示。

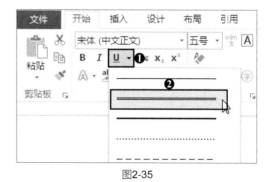

图2-35

步骤03 选择下划线的颜色。❶再次单击"下划线"右侧的下三角按钮，❷在展开的下拉列表中指向"下划线颜色"选项，❸再在展开的列表中选择下划线颜色，如选择"标准色>红色"，如图2-36所示。

步骤04 查看添加的下划线效果。为章标题添加下划线的效果如图2-37所示。

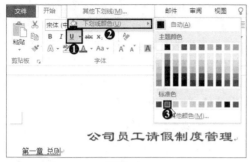

图2-36

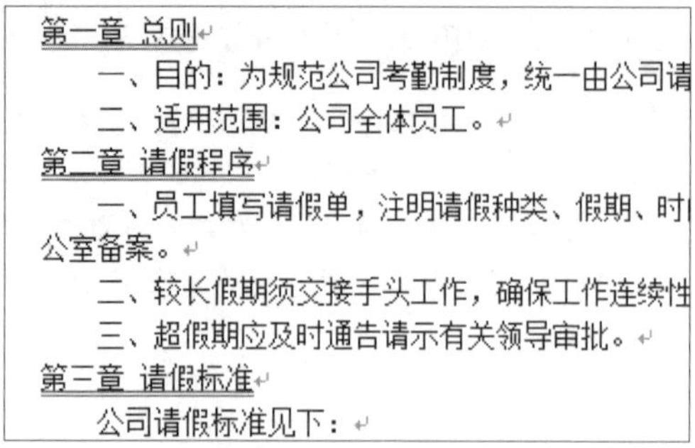

图2-37

2 对次重点内容进行加粗

为次重点内容加粗也是一种突出显示的方法，下面讲解具体的操作方法。

步骤01 执行加粗操作。继续上例操作，❶选择要加粗的文本，❷在"开始"选项卡下的"字体"组中单击"加粗"按钮，如图2-38所示。

步骤02 加粗后的效果。此时选择的文本字体变粗，效果如图2-39所示。

步骤03 加粗其他文本。继续选择其他需要加粗的内容，单击"加粗"按钮进行加粗，最后的效果如图2-40所示。

图2-38

图2-39

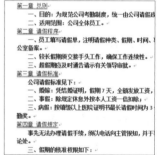

图2-40

> 💡 **提示：通过添加底纹和边框突出重点**
>
> 还可以通过为文本添加底纹和边框来突出重点。若要添加底纹，首先选择要添加底纹的文本，然后在"开始"选项卡下单击"字体"组中的"字符底纹"按钮即可；要添加边框，可单击"字符边框"按钮。

2.2.3　制作带圈字符

在某些情况下，可能需要为一些文字或数字加上一个圈，以突出其意义。在 Word 2016 中，可为单个汉字或最多两位数字加圈，且提供了四种加圈样式。

步骤01 单击"加圈字符"按钮。继续上小节中的操作，❶将光标定位在需要添加带圈字符处，❷在"开始"选项卡下单击"字体"组中的"带圈字符"按钮，如图2-41所示。

步骤02 设置带圈字符。弹出"带圈字符"对话框，❶在"文字"文本框中输入文字或数字，例如输入"1"，❷在"圈号"列表框中选择圈的样式，❸最后在"样式"组中选择带圈的样式，这里选择"增大圈号"样式，如图2-42所示。设置完毕后单击"确定"按钮。

步骤03 添加带圈字符的效果。此时在光标处插入了带圈字符，删除带圈字符后的"1."。用相同的方法为其他文本插入带圈字符并删除不需要的文本，如图2-43所示。

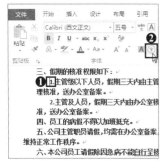

图2-41

图2-42

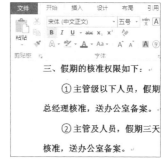

图2-43

> **提示：通过"符号"对话框添加带圈数字**
>
> 如果要添加的带圈数字在 11 以下，即 1 ～ 10 的带圈数字，可在"插入"选项卡下的"符号"组中单击"符号"按钮，在展开的下拉列表中单击"其他符号"选项，将弹出"符号"对话框，在该对话框中即可选择插入 1 ～ 10 的带圈数字。

2.2.4 设置字符缩放比例和间距

字符缩放指的是缩放字符的横向大小，字符间距指的是文档中相邻字符之间的距离。通常系统会按通用标准自动设置，也可以根据需要手动进行调整。

步骤01 单击"字体"组对话框启动器。继续上小节中的操作，❶选择标题文本，❷在"开始"选项卡下单击"字体"组的对话框启动器，如图2-44所示。

步骤02 设置缩放比例和间距。弹出"字体"对话框，❶切换至"高级"选项卡下，❷设置"缩放"比例为"150%"，❸设置"间距"为"加宽"，❹再在后面的"磅值"文本框中输入加宽的距离为"0.7磅"，如图2-45所示。

步骤03 设置缩放比例和字符间距后的效果。设置完毕后单击"确定"按钮，返回文档中，此时得到的标题间距加大，并且字符缩放比例放大，效果如图2-46所示。

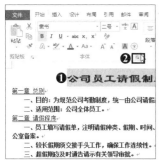

图2-44

图2-45

图2-46

2.3 制作公司放假通知

在国家规定的假期来临之前，公司都会发布一份书面的放假通知，在通知中注明放假的具体日期和上班的日期。对于刚录入到文档中的通知，默认的对齐方式为两端对齐，可以根据实际需要为段落设置对齐方式、段间距、行间距和缩进方式等。

原始文件：下载资源＼实例文件＼第2章＼原始文件＼公司放假通知.docx
最终文件：下载资源＼实例文件＼第2章＼最终文件＼公司放假通知.docx

2.3.1 设置段落对齐方式

对齐方式是指段落中各行文本之间的相对位置，主要包括左对齐、右对齐、居中对齐、两端对齐和分散对齐。

步骤01 选择要调整对齐方式的文本。打开原始文件，选择要调整对齐方式的文本，这里选择标题文本，如图2-47所示。

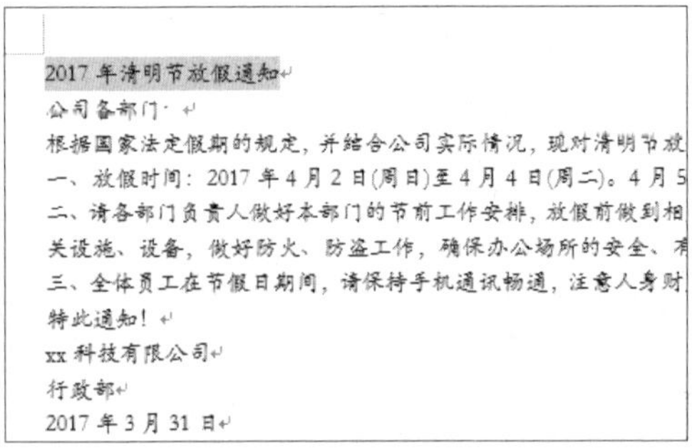

步骤02 选择居中对齐方式。在"开始"选项卡下的"段落"组中选择对齐方式，默认为"两端对齐"。这里单击选择"居中"对齐方式，如图2-48所示。

图2-47

图2-48

步骤03 居中对齐的效果。此时可以看到标题文本位于页面中间，如图2-49所示。

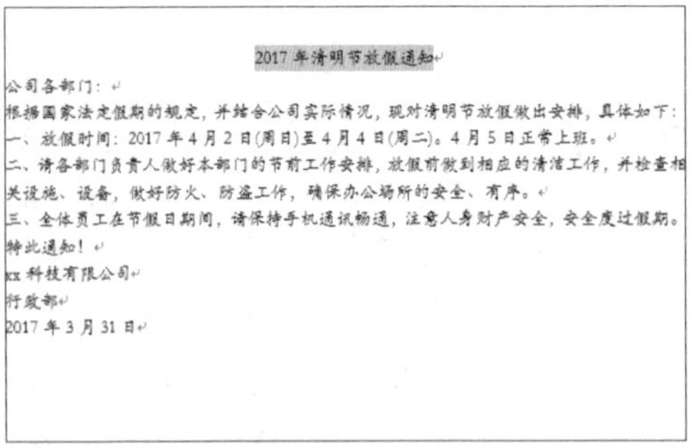

步骤04 设置分散对齐方式。❶接着选择文档中的"特此通知！"，❷单击"段落"组中的"分散对齐"按钮，如图2-50所示。

图2-49

图2-50

步骤05 设置文字的宽度。弹出"调整宽度"对话框，默认宽度为5字符，❶这里在"新文字宽度"文本框中输入"10字符"，❷输入完毕后单击"确定"按钮，如图2-51所示。

步骤06 调整宽度的效果。返回文档中，此时可以看到"特此通知！"调整分散对齐宽度后的效果，如图2-52所示。

二、请各部门负责人做好本部门的节前工作安排，放假前做到相应的
关设施、设备，做好防火、防盗工作，确保办公场所的安全、有序。
三、全体员工在节假日期间，请保持手机通讯畅通，注意人身财产安
特此通知！

调整宽度

当前文字宽度： 5 字符　（1.85 厘米）

新文字宽度(T)： 10 ❶

确定 ❷　取消

删除(R)

xx 科技有限公司
行政部
2017 年 3 月

图2-51

2017 年清明节放假通知

公司各部门：
根据国家法定假期的规定，并结合公司实际情况，现对清明节放
一、放假时间：2017 年 4 月 2 日(周日)至 4 月 4 日(周二)。4 月 5
二、请各部门负责人做好本部门的节前工作安排，放假前做到相
关设施、设备，做好防火、防盗工作，确保办公场所的安全、有
三、全体员工在节假日期间，请保持手机通讯畅通，注意人身财
特 此 通 知 ！
xx 科技有限公司
行政部
2017 年 3 月 31 日

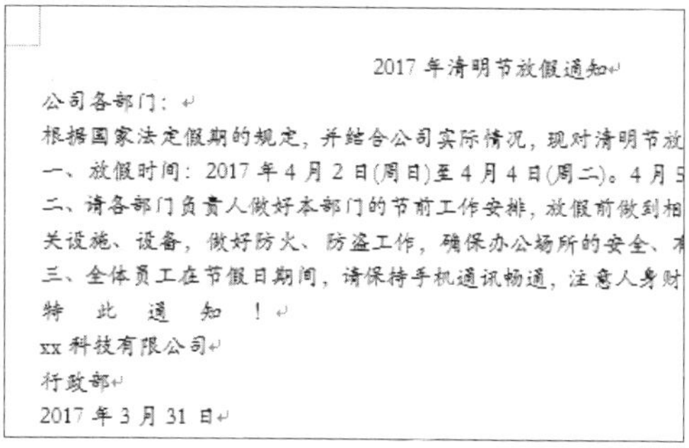

图2-52

步骤07 设置文本右对齐。❶接下来选择落款文本，❷单击"段落"组中的"右对齐"按钮，如图2-53所示。

步骤08 右对齐的效果。此时可以看到落款文本靠右对齐，效果如图2-54所示。

图2-53

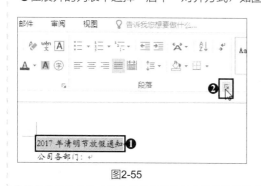

图2-54

💡 **提示：设置段落对齐方式的其他方法**

使用"段落"对话框：❶选中要设置的文本，❷单击"段落"组的对话框启动器，如图 2-55 所示。弹出"段落"对话框，❸单击"缩进和间距"选项卡下的"对齐方式"右侧的下三角按钮，❹在展开的列表中选择"居中"对齐方式，如图 2-56 所示。

图2-55

图2-56

2.3.2 设置首行缩进

段落缩进包括左缩进、右缩进、首行缩进、悬挂缩进等。其中首行缩进是指一段文本中第一行的首字相对于第二行的首字向右缩进一定距离，中文文档普遍采用首行缩进方式，一般是缩进两个字符的距离。

步骤01 单击"段落"组的对话框启动器。继续上小节中的操作，❶选择要设置首行缩进的文本内容，❷在"开始"选项卡下单击对话框启动器，如图2-57所示。

步骤02 选择缩进方式。弹出"段落"对话框，❶在"缩进和间距"选项卡下单击"特殊格式"右侧的下三角按钮，❷在展开的列表中单击"首行缩进"选项，如图2-58所示。

步骤03 首行缩进后的效果。单击"确定"按钮，返回文档中，此时选中的正文内容的首字的起始位置向右缩进了两个字符，效果如图2-59所示。

图2-57

图2-58

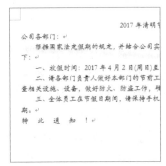
图2-59

2.3.3 调整段落间距

　　段落格式的间距包括段前间距、段后间距和行间距。其中段前间距是指本段落与前一个段落之间的距离，段后间距是指本段落与后一个段落之间的距离，而行间距是指段落中行与行之间的距离。

步骤01 单击"段落"组的对话框启动器。继续上小节中的操作，❶选择需要设置的文档内容，❷在"开始"选项卡下单击"段落"组的对话框启动器，如图2-60所示。

步骤02 设置段前段后间距和行距。弹出"段落"对话框，在"缩进和间距"选项卡下的"间距"选项组中可设置段落间距。❶设置"段前"和"段后"均为"0.5行"，❷单击"行距"右侧的下三角按钮，❸在展开的列表中单击"1.5倍行距"，如图2-61所示。

步骤03 调整段落间距后的效果。单击"确定"按钮，返回文档中，可以看到此时选中段落的行与行之间距离增大，与前后两个段落的距离也变大了，效果如图2-62所示。

图2-60

图2-61

图2-62

隐藏段落标记

如果觉得文档中的段落标记"↵"影响视觉效果，可以将其隐藏起来，待需要时再显示出来。隐藏段落标记的方法为：打开"Word 选项"对话框，❶切换至"显示"选项卡下，❷取消勾选"段落标记"复选框，如图 2-63 所示。单击"确定"按钮返回文档中，即可将段落标记隐藏。

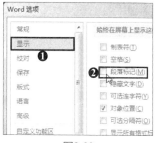

图2-63

2.4 修改员工培训计划书

在 Word 2016 中制作好员工培训计划书后，在审阅时若发现有些内容需要更改，可以通过查找功能找出需更改内容后再做更改，这样比用眼睛逐字逐行查看、寻找要方便快捷得多，而且不易遗漏。如果需更改内容有一定规律且数量较多，还可以使用替换功能进行批量更改。

原始文件： 下载资源 \ 实例文件 \ 第 2 章 \ 原始文件 \ 员工培训计划书 .docx
最终文件： 下载资源 \ 实例文件 \ 第 2 章 \ 最终文件 \ 员工培训计划书 .docx

2.4.1 查找文本内容

使用查找文本功能，可以在当前文档中搜索指定的文本内容，以确定该文本内容是否存在于当前文档中，并将光标定位到该文本的位置。在 Word 2016 中，查找文本的操作可以通过"导航"任务窗格来完成。

步骤01 单击"查找"选项。打开原始文件，❶在"开始"选项卡下"编辑"组中单击"查找"右侧的下三角按钮，❷在展开的下拉列表中单击"查找"选项，如图2-64所示。

步骤02 输入查找关键字。弹出"导航"任务窗格，在"搜索文档"文本框中输入"创新"，此时系统会自动在文档中搜索含有该文本的内容，如图2-65所示。

步骤03 定位查找内容。在"导航"任务窗格中选中要查看的搜索结果，❶例如，选中第3个搜索结果，❷此时会自动跳转到文档中对应的位置，如图2-66所示。

图2-64   图2-65   图2-66

💡 提示：使用快捷键打开"导航"任务窗格

按【Ctrl+F】组合键，同样可以打开"导航"任务窗格对文档内容进行搜索。

2.4.2 查找文本格式

Word 的查找功能除了可以查找文本内容外，还可以查找文本格式，只需设置好要查找文本的字体格式、段落格式或样式等参数，即可搜索出符合要求的文本。

步骤01 启动查找功能。继续上小节中的操作，❶在"开始"选项卡下的"编辑"组中单击"查找"按钮，❷在展开的列表中单击"高级查找"选项，如图2-67所示。

步骤02 单击"更多"按钮。弹出"查找和替换"对话框，直接单击"更多"按钮，如图2-68所示。

步骤03 选择要设置的格式项目。对话框下方显示出更多的查找内容设置选项，❶单击"格式"按钮，❷在展开的列表中单击"字体"选项，如图2-69所示。

图2-67

图2-68

图2-69

步骤04 设置要查找文本的格式。弹出"查找字体"对话框，❶在"字体"选项卡下设置"中文字体"为"宋体"、"西文字体"为"Verdana"，❷在"字形"列表框中单击"加粗"选项，❸在"字号"列表框中选择字号"10"，如图2-70所示。

步骤05 单击"查找下一处"按钮。单击"确定"按钮，返回"查找和替换"对话框中，此时在"查找内容"下方显示出了设置的查找文本格式，如果无误则单击"查找下一处"按钮，如图2-71所示。

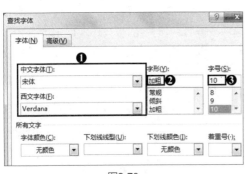

图2-70

图2-71

步骤06 查找到的第一处。经过以上操作，系统会自动在文档中搜索第一处符合要求的文本，并以选中状态显示搜索到的文本，单击"查找下一处"按钮，继续搜索符合要求的文本，如图2-72所示。

步骤07 搜索完毕。搜索完毕后，将弹出如图2-73所示的提示框，提示"已到达文档结尾。是否继续从头搜索？"。如果要继续查找，单击"是"按钮；如果要退出查找，单击"否"按钮。

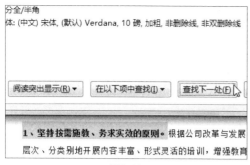

图2-72

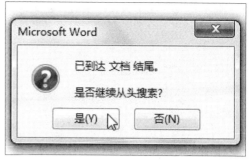

图2-73

2.4.3 替换文本内容

在篇幅较长的文档中，使用替换文本功能，可对特定内容进行快速修改，以节约时间和精力。下面以将员工培训计划书中的"创新"替换为"创造"为例进行讲解。

步骤01 单击"替换"按钮。继续上小节中的操作，在"开始"选项卡下单击"编辑"组中的"替换"按钮，如图2-74所示。

步骤02 输入查找和替换内容。弹出"查找和替换"对话框，❶在"替换"选项卡下的"查找内容"文本框中输入要查找的文本"创新"，❷在"替换为"文本框中输入要替换为的内容，这里输入"创造"，如图2-75所示。最后单击"查找下一处"按钮。

图2-74

图2-75

步骤03 查找并替换文本。❶在文档中搜索出第一处要替换的文本，❷单击"替换"按钮，如图2-76所示。

步骤04 替换后的效果。此时，可以看到搜索出的"创新"已经被成功替换为了"创造"，如图2-77所示。

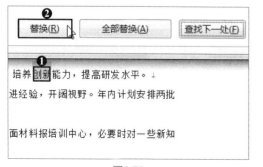

图2-76

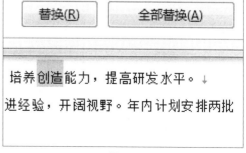

图2-77

步骤05 单击"全部替换"按钮。若要一次性替换文档中所有的"创新"二字，可单击"全部替换"按钮，如图2-78所示。

步骤06 确认替换的数量。系统自动将文档中所有的"创新"二字替换为"创造"，替换完毕后弹出提示框，提示替换了的处数，单击"确定"按钮即可，如图2-79所示。

图2-78　　　　　　　　　　　　　图2-79

2.4.4　替换文本格式

使用查找和替换功能除了可以快速替换文本内容以外，还可以快速替换文本的格式。本小节将对含有同类格式的文本进行格式上的替换，以突出显示这些文本内容。

步骤01 打开"查找和替换"对话框。继续上小节中的操作，使用与上小节相同的方法打开"查找和替换"对话框。在"替换"选项卡下单击"更多"按钮，如图2-80所示。

步骤02 选择要查找的格式项目。将光标定位到"查找内容"文本框中，❶然后单击"格式"按钮，❷在展开的列表中单击"字体"选项，如图2-81所示。

步骤03 设置要查找的字体格式。弹出"查找字体"对话框，在"字体"选项卡下设置"中文字体"为"宋体"、"西文字体"为"Verdana"，在"字形"列表框中单击"加粗"选项，在"字号"列表框中选择字号"10"，如图2-82所示。

图2-80　　　　　　　　　　图2-81　　　　　　　　　　图2-82

步骤04 设置替换的字体格式。单击"确定"按钮返回"查找和替换"对话框中，将光标定位在"替换为"文本框中，单击"格式"按钮，在展开的列表中单击"字体"选项。弹出"替换字体"对话框，❶在"字体"选项卡下设置字体格式为"华文楷体""加粗""五号"，❷设置字体颜色为"标准色>浅蓝"，❸设置下划线类型为"双下划线"，❹设置下划线颜色为"标准色>红色"，如图2-83所示。

步骤05 单击"全部替换"按钮。单击"确定"按钮，返回"查找和替换"对话框，在"查找内容"和"替换为"下方分别显示出了查找和替换的格式，直接单击"全部替换"按钮，如图2-84所示。

图2-83

图2-84

步骤06 提示替换的数量。系统自动对文档中查找到的相符的格式进行替换，替换完毕后将弹出提示框，直接单击"确定"按钮，如图2-85所示。

图2-85

步骤07 替换后的效果。关闭"查找和替换"对话框，返回文档中，此时可以看到文档中的小节标题替换格式后的效果，如图2-86所示。

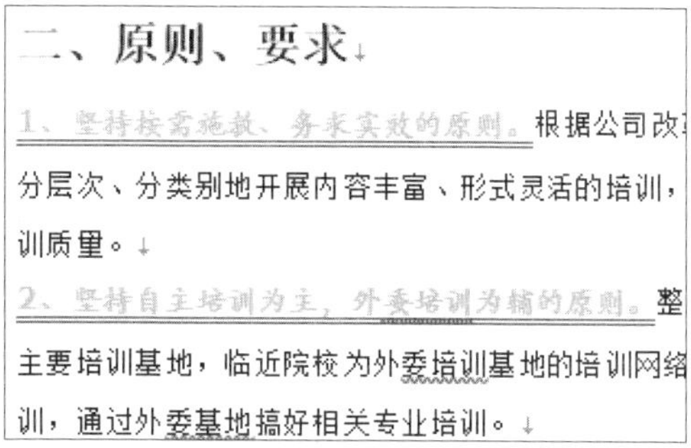

二、原则、要求↓

1、坚持按需施教、务求实效的原则。根据公司改

分层次、分类别地开展内容丰富、形式灵活的培训，

训质量。↓

2、坚持自主培训为主，外委培训为辅的原则。整

主要培训基地，临近院校为外委培训基地的培训网络

训，通过外委基地搞好相关专业培训。↓

图2-86

教你一招 取消设置的查找或替换格式

当设置完要查找或替换的格式后，如果发现设置有误，就需要将错误的格式设置取消后再重新设置。取消设置的查找或替换格式的方法如下。

打开"查找和替换"对话框，此时在"替换"选项卡下可以看到"查找内容"和"替换为"文本框下方都显示出了要查找和替换的格式。若要取消查找的格式，可首先将光标定位在"查找内容"文本框中，再单击"不限定格式"按钮。此时可以看到"查找内容"文本框下方不再显示设置的格式了。同样，若要取消替换的格式，可首先将光标定位在"替换为"文本框中，然后单击"不限定格式"按钮，如图2-87所示，"替换为"文本框下方的替换格式将消失。

图2-87

实例演练 　制作大会通知

　　本章主要介绍了 Word 2016 中输入与编辑文档的方法，如输入文本内容、设置字体格式及段落格式等。为进一步巩固本章所学知识，加深理解和提高应用能力，接下来以制作"大会通知"为例，综合应用本章知识。

原始文件：无
最终文件：下载资源\实例文件\第 2 章\最终文件\大会通知.docx

步骤01 输入通知内容。启动Word 2016，新建空白文档并保存为"大会通知"，在文档中输入通知的具体内容，如图2-88所示。

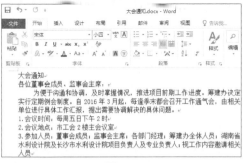

图2-88

步骤03 设置落款右对齐。❶选中落款，❷单击"段落"组中的"右对齐"按钮，如图2-90所示。

图2-90

步骤05 设置首行缩进。弹出"段落"对话框，将"缩进和间距"选项卡中的"特殊格式"设置为"首行缩进"，设置"缩进值"为"2字符"，如图2-92所示。

步骤02 设置标题居中对齐。❶选中标题文本，❷在"开始"选项卡下单击"段落"组中的"居中"按钮，如图2-89所示。

图2-89

步骤04 单击"段落"组的对话框启动器。❶选择通知正文，❷单击"段落"组的对话框启动器，如图2-91所示。

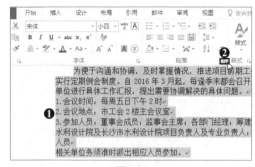

图2-91

步骤06 设置标题的文本格式。选中标题，❶在"开始"选项卡下的"字体"组中设置字体为"华文隶书"，❷单击"字号"右侧的下三角按钮，❸在展开的下拉列表中单击"小初"，如图2-93所示。

图2-92

图2-93

步骤07 为称呼文本加粗。❶选中称呼文本，❷在"开始"选项卡下单击"加粗"按钮，如图2-94所示。

步骤08 设置正文字号。选择除标题外的通知内容，❶在"开始"选项卡下的"字体"组中单击"字号"右侧的下三角按钮，❷在展开的下拉列表中选择"四号"，如图2-95所示。

图2-94

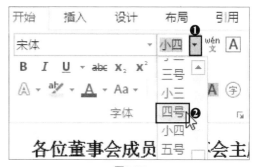

图2-95

步骤09 为标题设置文本效果。❶选中标题，❷单击"文本效果和版式"按钮，❸在展开的库中选择如图2-96所示的样式。

步骤10 最终效果。通过以上步骤，得到的最终效果如图2-97所示。

图2-96

图2-97

第3章
使用Word制作图文混排的文档

图文混排指的是将文字与图片进行混合排列，使文档的排版更加美观、整洁。合理的图文混排往往能使文档更有特色，同时使文档内容更易于理解。

本章将以员工培训计划书、公司宣传海报、招聘简章、企业组织结构图和员工入职流程图为例，对 Word 2016 中封面、图片及图形的插入与格式设置进行介绍。

3.1 完善员工培训计划书

一份完善的培训计划书通常都需要一个符合计划书内容的封面，封面上一般会包含该培训计划的名称、公司名称及制作日期等内容。制作好封面后，再通过直接录入或插入其他文档中的相应文本内容来完成计划书的制作。

原始文件：下载资源 \ 实例文件 \ 第 3 章 \ 原始文件 \ 新员工入职培训计划书 .docx
最终文件：下载资源 \ 实例文件 \ 第 3 章 \ 最终文件 \ 制作培训计划书封面 .docx

3.1.1 为文档插入封面

Word 2016 提供了多个精美的封面样式，用户可以直接选用，然后根据实际情况对其中的相关内容进行更改。

步骤01 选择封面样式。新建一个空白文档，将其保存后命名为"制作培训计划书封面"，❶在"插入"选项卡下的"页面"组中单击"封面"的下三角按钮，❷在展开的列表中选择封面样式，如图3-1所示。

步骤02 查看插入的封面效果。此时所选择的封面样式插入到了文档中，效果如图3-2所示。

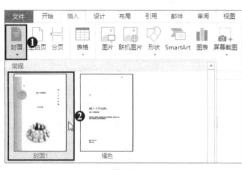

图3-1

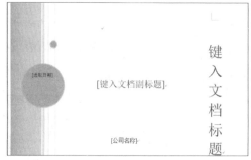

图3-2

步骤03 更改封面标题和公司名称。在封面的底部输入公司名称，右侧输入该计划书的标题，中间位置输入该计划书的副标题，设置文本格式让封面更美观，如图3-3所示。

步骤04 插入日期。❶单击"[选取日期]"右侧的下三角按钮，❷在展开的列表中选择年份和月份，❸最后选择日期，如图3-4所示。即可在封面插入选取的日期。

图3-3

图3-4

3.1.2　设置文本的纵横混排效果

在为计划书插入封面并更改了相应的内容后，可能会发现某些文本的排列效果并不符合实际需要，此时可以使用 Word 2016 的纵横混排功能对相应的文本进行版式设计。

步骤01　选择要横放的文字。继续上小节中的操作，选择要横放的文字，这里选择文档标题中的"2"，如图3-5所示。

图3-5

步骤03　取消勾选"适应行宽"复选框。弹出"纵横混排"对话框，取消勾选"适应行宽"复选框，如图3-7所示。

图3-7

步骤02　单击"纵横混排"选项。❶在"开始"选项卡下单击"段落"组中的"中文版式"按钮，❷在展开的下拉列表中单击"纵横混排"选项，如图3-6所示。

图3-6

步骤04　查看纵横混排的效果。单击"确定"按钮，返回文档中，此时可以看到文档标题中的"2"呈横放效果，形成了纵横混排的效果，如图3-8所示。

图3-8

3.1.3 为文档插入对象内容

在完成了培训计划书的封面制作后，接下来就需要在封面之后录入培训计划书的内容。如果培训计划书的内容已经存在于另一个文档中，则可通过插入对象的方式将文本内容直接插入进来，从而完成培训计划书的制作。

步骤01 切换到"插入"选项卡。继续上小节中的操作，❶将光标定位在封面的下一页中，❷切换到"插入"选项卡，如图3-9所示。

步骤02 单击"文件中的文字"选项。❶在"插入"选项卡下的"文本"组中单击"对象"右侧的下三角按钮，❷在展开的列表中单击"文件中的文字"选项，如图3-10所示。

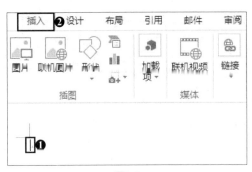

图3-9

图3-10

步骤03 选择要插入的文档。弹出"插入文件"对话框，❶进入要插入文件的路径，❷单击要插入的文件，如"新员工入职培训计划书.docx"，如图3-11所示，最后单击"插入"按钮。

步骤04 插入文档中的计划书。此时所选择文件中的文字被插入到了文档中，效果如图3-12所示。

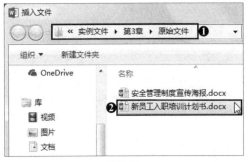

图3-11

图3-12

3.2 制作公司宣传海报

企业如果想要提升品牌形象、拓展品牌认知度和推广市场，除了拥有好的产品，宣传海报也是必不可少的。海报是一种信息传递艺术，是一种大众化的宣传工具，所以海报的设计就必须有相当大的号召力与感染力，更需要调动形象、色彩、构图、形式感等因素形成强烈的视觉效果。为了达到这些目的，掌握 Word 中的文本效果和艺术字功能就很有必要。

3.2.1　使用预设文本效果

　　Word 2016 提供多种预设文本效果，用户可根据实际的设计需求套用这些文本效果。

步骤01　设置标题文本效果。打开原始文件，❶选择要设置的文本内容，❷在"开始"选项卡下的"字体"组中单击"文本效果和版式"右侧的下三角按钮，❸在展开的样式库中选择合适的样式，如图3-13所示。

步骤02　套用预设文本效果后的效果。随后即可看到对选择的文本内容套用了选择的文本效果，如图3-14所示。

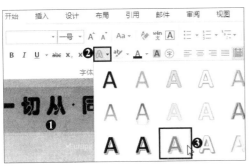

图3-13

图3-14

3.2.2　自定义渐变效果

　　如果对 Word 2016 中的预设效果不满意，可以直接通过"其他渐变"选项自定义文本效果。

步骤01　选中要设置的文本。继续上小节中的操作，选择要设置渐变效果的文本，如图3-15所示。

步骤02　单击"其他渐变"选项。❶在"开始"选项卡下单击"字体颜色"右侧的下三角按钮，❷在展开的列表中指向"渐变"选项，❸再在展开的级联列表中单击"其他渐变"选项，如图3-16所示。

图3-15

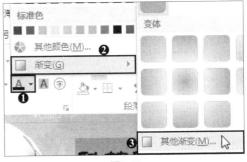

图3-16

步骤03 选择渐变填充方式。弹出"设置形状格式"任务窗格，在"文本填充与轮廓"选项卡下的"文本填充"组下单击"渐变填充"单选按钮，如图3-17所示。

图3-17

步骤05 套用预设渐变样式后的效果。此时可以看到套用了渐变样式后的文本效果，如图3-19所示。

图3-19

步骤07 设置渐变光圈2的颜色。❶选中"渐变光圈"选项组中的第2个光圈，❷单击"颜色"右侧的下三角按钮，❸在展开的列表中单击"深蓝"色，如图3-21所示。

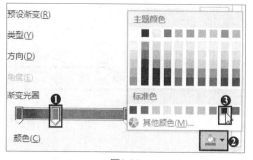

图3-21

步骤04 选择预设的渐变效果。❶单击"预设渐变"右侧的下三角按钮，❷在展开的列表中选择合适的样式，如图3-18所示。

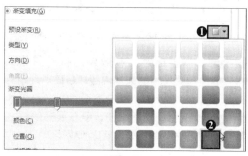

图3-18

步骤06 设置渐变光圈1的颜色。除了套用预设的渐变样式外，也可以自定义渐变效果。❶在"设置形状格式"任务窗格中选中"渐变光圈"选项组中的第1个光圈，❷单击"颜色"右侧的下三角按钮，❸在展开的列表中单击"深红"色，如图3-20所示。

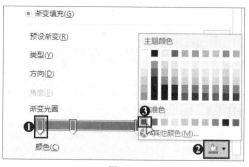

图3-20

步骤08 设置渐变光圈3的颜色，删除渐变光圈4。按照步骤06的方法设置第3个光圈的颜色为"深红"色，❶选择第4个光圈，❷单击"删除渐变光圈"按钮，如图3-22所示。

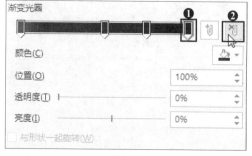

图3-22

步骤09 调整第2个光圈的位置。❶选择光圈2，❷在"位置"文本框中输入"50%"，设置光圈2的位置为"50%"，如图3-23所示。

步骤10 调整第3个光圈的位置。❶选择光圈3，❷在"位置"文本框中输入"100%"，设置光圈3的位置为"100%"，如图3-24所示。

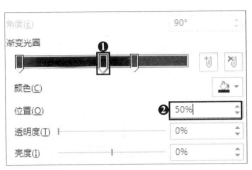

图3-23

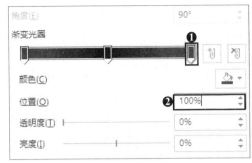

图3-24

💡 **提示：采用拖动的方法调整光圈的位置**

除了直接在"位置"文本框中输入光圈所在位置外，还可以在"渐变光圈"选项组中选择要调整的光圈，按住鼠标左键不放直接进行拖动。

步骤11 选择渐变的类型和方向。接着上一步操作，❶设置渐变的"类型"为"矩形"。❷单击"方向"右侧的下三角按钮，❸在展开的列表中单击"从右下角"，如图3-25所示。

步骤12 自定义渐变的效果。单击窗格右上角的"关闭"按钮，可以看到设置了渐变效果的文字如图3-26所示，用相同的方法为其他内容设置渐变效果。

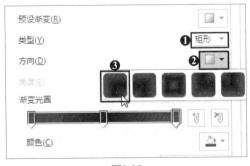

图3-25

图3-26

3.2.3 制作艺术字

在制作宣传海报的过程中，除了可以通过设置文本效果来增强海报的视觉效果，使其更有吸引力外，还可以插入艺术字。但是，对于非艺术专业的人员来说，若要使用专业的图像处理软件来设计艺术字，就有些强人所难了。其实，根本无需为此伤神，Word 已经提供了强大的艺术字设计功能，弹指间即可让海报变得更加漂亮。

1 插入艺术字

艺术字的插入方法比较简单，直接选择要插入的艺术字样式，然后输入艺术字的文本内容即可。

步骤01 切换至"插入"选项卡。继续上小节中的操作,切换至"插入"选项卡,如图3-27所示。

图3-27

步骤02 选择艺术字的样式。❶在"文本"组中单击"艺术字"的下三角按钮,❷在展开的样式库中选择合适的样式,如图3-28所示。

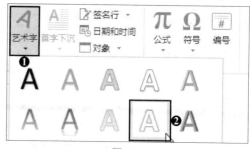

图3-28

步骤03 插入艺术字占位符。此时在文档中插入了一个艺术字占位符,提示"请在此放置您的文字",如图3-29所示。

图3-29

步骤04 编辑艺术字的文字。删除艺术字占位符中原有的提示义本,输入"科技之光　创造未来",适当调整文本的字体和字号,并将占位符移至内容结尾,如图3-30所示。

图3-30

2 设置艺术字的格式

同其他文本内容不同的是,艺术字可以通过"绘图工具-格式"工具进行编辑,方法如下。

步骤01 选择文本填充的颜色。继续上小节中的操作,选择艺术字所在占位符,❶切换至"绘图工具-格式"选项卡,❷在"艺术字样式"组中单击"文本填充"右侧的下三角按钮,❸在展开的列表中选择"蓝色,个性色5",如图3-31所示。

步骤02 选择文本轮廓的颜色。❶单击"文本轮廓"右侧的下三角按钮,❷在展开的列表中选择"白色,背景1",如图3-32所示。

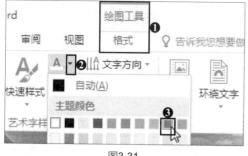

图3-31

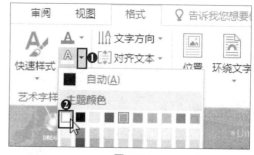

图3-32

步骤03 选择转换的样式。❶单击"文本效果和版式"右侧的下三角按钮，❷在展开的列表中指向"转换"选项，❸在级联列表中选择合适的样式，如图3-33所示。

步骤04 设置艺术字格式后的效果。经过以上对艺术字格式的设置，即可得到如图3-34所示的艺术字效果。

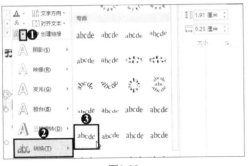

图3-33

图3-34

💡 **提示：设置艺术字占位符的形状样式**

除了可以设置艺术字本身的效果外，还可以设置艺术字所在占位符的形状样式，在"绘图工具 - 格式"选项卡下的"形状样式"组中可选择预设的形状样式，也可以自定义艺术字占位符的填充颜色、轮廓颜色等。

 清除所有格式

当对所套用的预设文本效果不满意时，如果没有保存，可以使用"撤销"操作来恢复原有状态。但如果保存后再重新打开，是无法使用"撤销"操作来恢复原有状态的，此时只有采用清除所有格式的方法。

原始文件： 下载资源＼实例文件＼第3章＼原始文件＼公司宣传海报1.docx
最终文件： 下载资源＼实例文件＼第3章＼最终文件＼公司宣传海报1.docx

打开原始文件，❶选中已经制作好的艺术字文本内容，❷在"开始"选项卡下单击"清除所有格式"按钮，如图3-35所示。❸此时，文本效果被清除，文字恢复初始状态，效果如图3-36所示。

图3-35

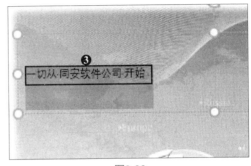

图3-36

3.3 制作招聘简章

为了让应聘者对企业的规模和经营项目有所了解，企业通常会制作一个能够在一定程度上反映企业综合实力、薪酬竞争力的招聘简章。招聘简章的第一要素就是必须要有吸引力，密密麻麻的文字是制作招聘简章最忌讳的。用 Word 制作招聘简章时，可以通过插入图片、调整图片格式和样式等操作让招聘简章更具有吸引力。

原始文件： 下载资源\实例文件\第3章\原始文件\公司招聘简章.docx、
公司.tif、招聘.tif、LOGO.tif
最终文件： 下载资源\实例文件\第3章\最终文件\公司招聘简章.docx

3.3.1 插入计算机中的图片

为了让应聘者能够更直观地了解公司，可在招聘简章中插入公司大楼的图片，以吸引应聘者。

步骤01 选择要插入图片的位置。打开原始文件，将光标定位在要插入图片的位置，这里定位在标题最前面，如图3-37所示。

步骤02 单击"图片"按钮。❶切换到"插入"选项卡下，❷单击"插图"组中的"图片"按钮，如图3-38所示。

图3-37

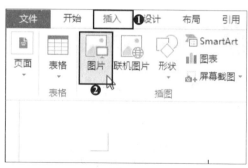

图3-38

步骤03 选择要插入的图片。弹出"插入图片"对话框，❶选择图片的保存路径，❷在该路径下选择要插入的图片，这里选择"公司.tif"，如图3-39所示，最后单击"插入"按钮。

步骤04 插入图片的效果。返回文档中，此时在光标所在处插入了所选择的公司大楼的图片，效果如图3-40所示。

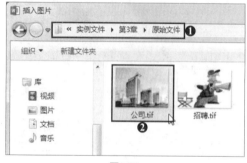

图3-39

图3-40

3.3.2 插入屏幕截图

在制作招聘简章时，除了可以直接插入已有的图片，还可以通过屏幕截图功能截取图片所需部分并插入到文档中。

步骤01 打开图片。双击要打开的图片，可看到打开的图片效果，如图3-41所示。

步骤02 单击"屏幕剪辑"选项。删除上一小节中插入的图片，将光标定位在标题前面，❶在"插入"选项卡下的"插图"组中单击"屏幕截图"右侧的下三角按钮，❷在展开的列表中单击"屏幕剪辑"选项，如图3-42所示。

图3-41

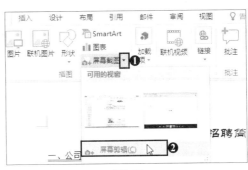

图3-42

步骤03 截取公司大楼图片。系统自动切换至公司大楼图片中，鼠标指针变成十字形状，按住鼠标左键不放在图片上拖动，拖曳过的区域即为截取区域，其他区域为截掉区域，如图3-43所示。

步骤04 截取图片自动插入文档。拖曳至适当的截取位置后释放鼠标左键，此时截取的图片将自动插入到光标所在处，如图3-44所示。

图3-43

图3-44

3.3.3 设置图片的环绕方式

在文档中插入图片后，如果对图片的放置位置不满意，或者是图片与放置位置处的文字不协调，可以更改图片在文字中的环绕方式，使图片与文字内容相呼应。

步骤01 设置图片的位置。继续上小节中的操作，❶选中插入到文档中的公司大楼图片，拖动图片四周的控点将图片调整至合适大小。❷在"图片工具-格式"选项卡下的"排列"组中单击"位置"按钮，❸在展开的列表中选择环绕方式，如单击"中间居中，四周型文字环绕"，如图3-45所示。

步骤02 调整图片的位置。按住鼠标左键不放将图片拖曳至公司简介中，形成图片与文字环绕的形式，效果如图3-46所示。

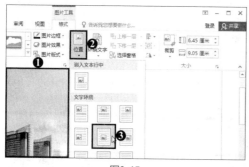

图3-45

图3-46

步骤03 选择图片的环绕方式。选中图片，❶在"图片工具-格式"选项卡下的"排列"组中单击"环绕文字"按钮，❷在展开的列表中单击"穿越型环绕"选项，如图3-47所示。

步骤04 调整图片的大小和位置。移动图片至合适的位置，即可得到如图3-48所示的效果。

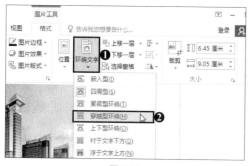

图3-47

图3-48

3.3.4 调整图片颜色

如果插入的图片颜色不符合实际需求，可以直接使用 Word 2016 中的颜色工具调整图片的颜色。

1 调整图片的饱和度

饱和度是颜色的浓度，饱和度越高，图片的色彩就越鲜艳；饱和度越低，图片就越黯淡。在实际工作中，用户可以根据制作的招聘简章设置合适的图片饱和度。

步骤01 选择颜色饱和度。打开原始文件，将"招聘.tif"图片插入到标题的前面，❶选中文档中的公司大楼图片，❷在"图片工具-格式"选项卡下的"调整"组中单击"颜色"按钮，❸在展开的列表中的"颜色饱和度"选项组中选择"饱和度：400%"，如图3-49所示。

步骤02 更改饱和度后图片的效果。此时，可以明显地看到图片的色彩更加鲜艳了，效果如图3-50所示。

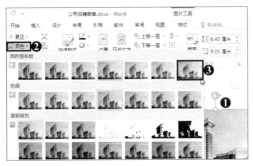

图3-49

图3-50

2 调整图片的色调

除了可以通过调整图片的饱和度来使招聘简章中的图片更符合需求外，还可以调整图片的色调使图片更加美观。

步骤01 选择色调。继续上小节中的操作，选中文档中的公司大楼图片，❶在"图片工具-格式"选项卡下"调整"组中单击"颜色"按钮，❷在展开的列表中的"色调"选项组中选择如图3-51所示的色调样式。

步骤02 更改色调后图片的效果。更改色调后得到的图片效果如图3-52所示。此时很明显地看出图片偏蓝色，这是因为降低了色调的原因。

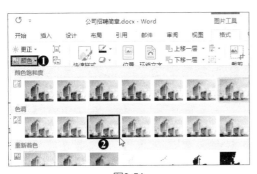

图3-51

图3-52

3 对图片进行重新着色

如不满意招聘简章中插入的图片颜色，可以快速为图片设置 Word 内置的风格效果，如灰度或褐色样式等。

步骤01 选择重新着色方案。继续上小节中的操作，选中文档中插入的"招聘"图片，❶在"图片工具-格式"选项卡下的"调整"组中单击"颜色"按钮，❷在展开的列表中的"重新着色"选项组中选择 "灰度"样式，如图3-53所示。

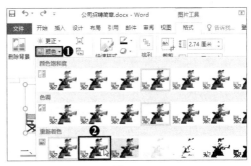

图3-53

步骤02 重新着色后的效果。此时，文档中的图片颜色变成灰色，效果如图3-54所示。

图3-54

💡 **提示：更改颜色的透明度**

为了强调主体部分，可以将图片的颜色更改为透明，方法为：选中图片，在"图片工具 - 格式"选项卡下的"调整"组中单击"颜色"按钮，在展开的列表中单击"设置透明色"选项即可。

3.3.5 为图片设置艺术效果

为了让招聘简章更具有吸引力，用户还可以为图片设置 Word 中提供的艺术效果。该艺术效果能使图片看上去更像草图、绘图或绘画。但是需注意的是，一次只能将一种艺术效果应用于一张图片上，当想要应用另外一种艺术效果时，系统会自动删除以前应用的艺术效果。

步骤01 选择艺术效果。继续上小节中的操作，选中公司大楼图片，❶在"图片工具-格式"选项卡下的"调整"组中单击"艺术效果"按钮，❷在展开的列表中选择"发光散射"效果，如图3-55所示。

步骤02 应用艺术效果后的图片效果。此时很明显地看到公司大楼图片的变化，效果如图3-56所示。

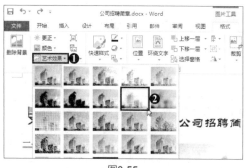

图3-55

图3-56

3.3.6 设置图片样式

为了增加招聘简章中插入图片的感染力，用户还可以为图片套用 Word 中预设的图片样式。

步骤01 选择预设图片样式。继续上小节中的操作，❶选中文档中的公司大楼图片，切换到"图片工具-格式"选项卡下，❷单击"图片样式"组中的快翻按钮，如图3-57所示。

步骤02 选择样式。在展开的样式库中选择合适的样式，如图3-58所示。

图3-57

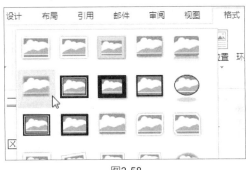

图3-58

步骤03 应用样式后的图片效果。套用了上一步中所选择的图片样式后，得到的公司办公大楼图片效果如图3-59所示。此时的图片周边看起来更加模糊，增加了一种朦胧美。

步骤04 为图片添加边框。除了应用预设图片样式外，还可以自定义图片样式。选择卡通人物图片，❶在"图片工具-格式"选项卡下"图片样式"组中单击"图片边框"右侧的下三角按钮，❷在展开的列表中选择边框的颜色，单击"金色，个性色4"，如图3-60所示。

图3-59

图3-60

步骤05 选择线条样式。❶单击"图片边框"右侧的下三角按钮，❷在展开的列表中指向"虚线"选项，❸再在级联列表中选择线条样式，例如选择"划线-点"样式，如图3-61所示。

步骤06 选择图片效果。❶单击"图片效果"按钮，❷在展开的列表中单击"映像"选项，❸再在级联列表中选择"紧密映象，接触"效果，如图3-62所示。

步骤07 自定义图片样式后的效果。经过以上设置，得到的图片效果如图3-63所示。

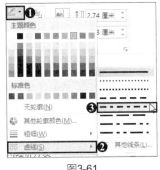

图3-61

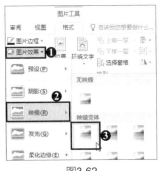

图3-62

图3-63

3.3.7 删除图片背景

为了强调或突出图片的主题，或消除杂乱的细节，用户可以消除图片的背景。下面以删除公司大楼图片的背景为例进行详细的介绍。

步骤01 插入公司LOGO。继续上小节中的操作，按照3.3.1小节中插入图片的方法，在招聘简章标题的末尾插入"LOGO.tif"图片。❶选中公司LOGO图片，❷切换到"图片工具-格式"选项卡下，如图3-64所示。

步骤02 单击"删除背景"按钮。在"调整"组中单击"删除背景"按钮，如图3-65所示。

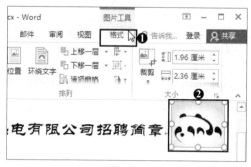

图3-64

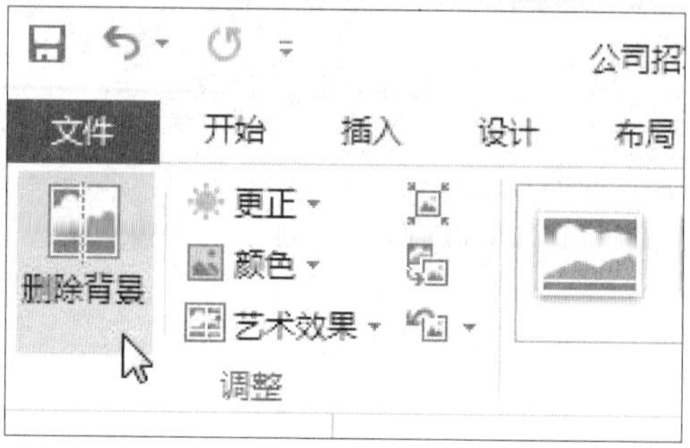

图3-66

图3-65

步骤03 调整要删除的背景区域。此时LOGO图片周围出现紫红色的区域，拖动图片周围的八个控点，调整要删除的背景区域，如图3-66所示。

步骤04 标记需要保留的区域。在"背景消除"选项卡下的"优化"组中单击"标记要保留的区域"按钮，如图3-67所示。

图3-67

步骤05 调整要保留的背景区域。选择LOGO图片需要保留的位置，如图3-68所示。最后单击"保留更改"按钮。

图3-68

步骤06 删除背景后的效果。当删除区域调整完毕后，单击图片外的任意区域，即可看到LOGO图片的背景被删除了，效果如图3-69所示。

图3-69

教你一招 压缩图片大小

在 Word 文档、网站或电子邮件中共享图片时，图片的大小和尺寸会对其有所影响。例如用生成较大文件的数码相机拍摄的照片文件放到 Word 文档中会增大文件的大小，使 Word 文档难以处理。缩小图片则会使图片在网站上加载更快，更适合浏览器窗口。

将文件压缩为较小的 JPG 格式，同时可以更改文件大小和图片尺寸，Microsoft Office Picture Manager 会在指定图片的适用方式后自动确定压缩量，图片的纵横比将始终保持不变。下面就来介绍如何压缩图片。

❶选中文档中要压缩的图片，❷在"图片工具 - 格式"选项卡下的"调整"组中单击"压缩图片"按钮，如图 3-70 所示。❸弹出"压缩图片"对话框，在"压缩选项"选项组中勾选"仅应用于此图片"和"删除图片的剪裁区域"复选框，❹在"目标输出"选项组中选择该文档的适用范围，单击"电子邮件：尽可能缩小文档以便共享"单选按钮，如图 3-71 所示。最后单击"确定"按钮，图片即压缩完毕。

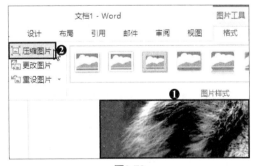

图3-70

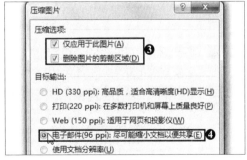

图3-71

3.4 制作企业组织结构图

为了能够形象地反映企业内部的各个机构及岗位上下左右相互之间的关系，公司可制作组织结构图。组织结构图是最常见的表现雇员、职称和群体关系的一种图表，要想制作该图表，可直接使用 Word 中的 SmartArt 图形功能来完成。

原始文件： 下载资源＼实例文件＼第 3 章＼原始文件＼公司招聘简章 .docx
最终文件： 下载资源＼实例文件＼第 3 章＼最终文件＼添加组织结构图 .docx

3.4.1　插入SmartArt图形

SmartArt 图形不仅能够轻松而简洁地表达出文档中的文字信息，还能有效地将这些信息传递出来。在 Word 中，用户可以根据文档内容选择不同表达方式的 SmartArt 图形，如流程图、层次结构图等。

步骤01 单击SmartArt按钮。打开原始文件，❶在招聘简章末尾新添加一个项目"公司架构图"，将光标定位在其下方，❷在"插入"选项卡下的"插图"组中单击"SmartArt"按钮，如图3-72所示。

步骤02 选择SmartArt图形的类型。弹出"选择SmartArt图形"对话框，❶在左侧列表框中单击"层次结构"，❷在中间的列表框中选择"姓名和职务组织结构图"类型，如图3-73所示。

步骤03 插入到文档中的SmartArt图形。单击"确定"按钮，返回文档中，此时在光标所在处自动插入了选择的组织结构图，如图3-74所示。

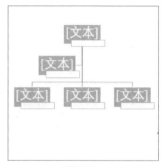

图3-72　　　　　　　　　　　　图3-73　　　　　　　　　　　　图3-74

3.4.2　为图形输入文本

在文档中插入 SmartArt 图形后，还只是一个模型，并没有真正地表达出公司的架构，为了得到信息的表达效果，还需要在 SmartArt 图形的每个形状中输入公司的部门及分布情况。

步骤01 将光标定位在要输入文本的形状中。继续上小节中的操作，单击要输入文本的形状，将光标定位在形状中，如图3-76所示。

步骤02 输入职称。直接输入公司的最高职称，这里输入"董事会"，如图3-43所示。

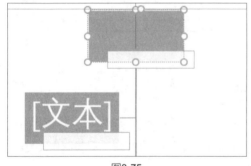
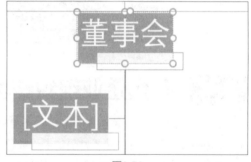

图3-75　　　　　　　　　　　　　　　　　　　　图3-76

步骤03 在"文本窗格"中定位光标。也可以通过"文本窗格"来输入文本。在"SmartArt工具-设计"选项卡"创建图形"组中单击"文本窗格"按钮，单击打开的"文本窗格"中要输入文本的位置，即可将光标定位在此处，如图3-77所示。

步骤04 在"文本窗格"中输入内容。在"文本"窗格中输入公司架构图中的内容，输入完毕后效果如图3-78所示。

步骤05 文本输入完毕后的SmartArt图形。关闭"文本窗格"，此时可以看到文档中SmartArt图形的每个形状中已经填充上了文本，效果如图3-79所示。

图3-77

图3-78

图3-79

3.4.3 为图形添加形状

默认的 SmartArt 组织结构图中，提供的形状数量可能不能满足用户的实际需求，此时，可根据需要在不同的位置添加形状，并在形状中输入对应的文本内容。

步骤01 采用快捷命令添加形状。继续上小节中的操作，❶右击要添加形状的位置，即"网络部"所在形状，❷在弹出的快捷菜单中指向"添加形状"命令，❸在展开的级联列表中单击"在后面添加形状"选项，如图3-80所示，即可看到在"网络部"右侧新增加了一个空白的形状。

步骤02 通过选项卡命令添加形状。❶选中"销售部"所在形状，❷在"SmartArt工具-设计"选项卡下的"创建图形"组中单击"添加形状"右侧的下三角按钮，❸在展开的下拉列表中单击"在下方添加形状"选项，如图3-81所示。

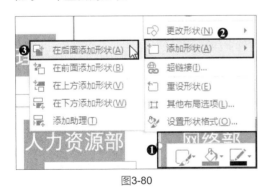
图3-80

图3-81

步骤03 继续添加形状。参照步骤02进行设置，在新添加的图形下方再添加一个形状，添加完毕后效果如图3-82所示。

步骤04 单击"编辑文字"命令。接下来为新添加的形状添加文本。❶右击新添加的形状，❷在弹出的快捷菜单中单击"编辑文字"命令，如图3-82所示。

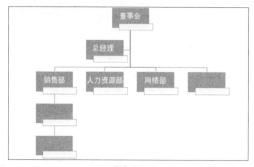

图3-82

图3-83

步骤05 为新添加的形状输入文本。此时光标定位在了新添加的形状中，输入相关的部门的名称"生产部"，如图3-84所示。

步骤06 为其他新添加的形状输入文本。参照步骤04进行设置，将光标定位到其他两个新添加形状中，输入"营销部"和"策划部"，如图3-85所示。

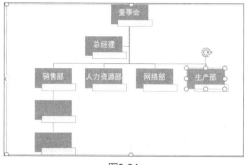

图3-84

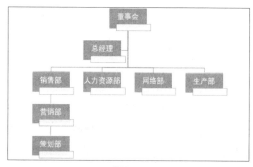

图3-85

3.4.4 更改图形的样式和颜色

如果对于默认插入的 SmartArt 图形颜色和样式不满意，可以在"SmartArt 工具 - 设计"中选择喜欢的样式和颜色。

步骤01 切换到"SmartArt-设计"选项卡。继续上小节中的操作，选中SmartArt图形，❶切换到"SmartArt工具-设计"选项卡，❷单击"SmartArt样式"组中的快翻按钮，如图3-86所示。

步骤02 选择SmartArt样式。在展开的样式库中的"三维"组中单击"砖块场景"样式，如图3-87所示。

图3-86

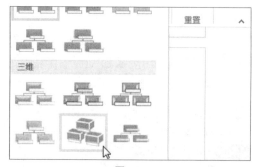

图3-87

步骤03 套用SmartArt样式后的效果。套用了上一步中选择的SmartArt样式后得到的效果如图3-88所示。

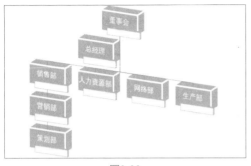

图3-88

步骤04 更改配色方案。选中SmartArt图形，❶切换至"SmartArt工具-设计"选项卡，❷在"SmartArt样式"组中单击"更改颜色"下三角按钮，如图3-89所示。

图3-89

步骤05 选择配色方案。在展开的样式库中选择"彩色"组中的"彩色范围-个性色4至5"，如图3-90所示。

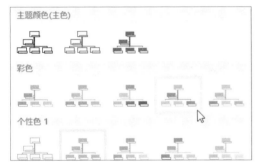

图3-90

步骤06 套用配色方案后的效果。套用了上一步中选择的配色方案后，SmartArt图形效果如图3-91所示。

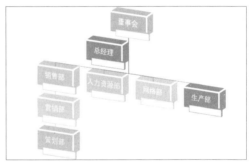

图3-91

3.4.5 更改图形中的形状

在实际工作中，为了突出组织结构图中的最高职位或者是特殊职位，可将对应的形状更改为比较特殊的形状，以与其他职位做出区分。

步骤01 选中要更改的形状。继续上小节中的操作，❶在组织结构图中选中最高部门"董事会"所在的形状，❷切换到"SmartArt工具-格式"选项卡，如图3-92所示。

图3-92

步骤02 选择要更改为的形状。❶在"形状"组中单击"更改形状"右侧的下三角按钮，❷在展开的列表中单击"基本形状"选项组中的"椭圆"形状，如图3-93所示。

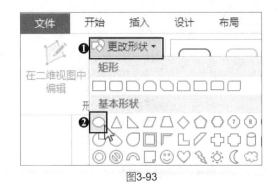

图3-93

步骤03 增大形状。为了突出该形状，可以将该形状增大，在"形状"组中连续单击"增大"按钮，即可将"董事会"所在的形状不断增大，如图3-94所示。

步骤04 更改形状后的效果。此时可以看到"董事会"所在的形状更改为了椭圆形，并且比其他形状大，效果如图3-95所示。

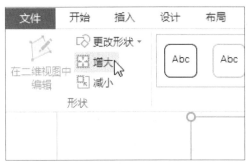

图3-94

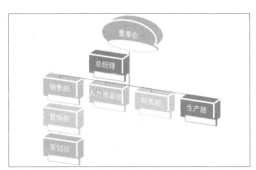

图3-95

3.4.6 设置图形中各形状的样式

在 SmartArt 的设计过程中，除了可以直接套用 SmartArt 图形样式，还可以单独手动更改某个图形的形状样式。

步骤01 更改二级形状的形状样式。继续上小节中的操作，按住【Ctrl】键同时选择二级形状，在"SmartArt工具-格式"选项卡下单击"形状样式"组中的快翻按钮，在展开的样式库中选择合适的样式，如图3-96所示。

步骤02 套用形状样式后的效果。参照步骤01设置三级形状样式后，得到的效果如图3-97所示。

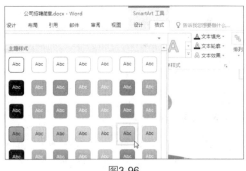

图3-96

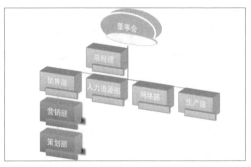

图3-97

步骤03 选择形状的填充色。除了套用预设的形状样式外，也可以自己设置形状的填充色、轮廓和形状效果。按住【Ctrl】键同时选择第一级形状，❶在"SmartArt工具-格式"选项卡下单击"形状填充"右侧的下三角按钮，❷在展开的列表中选择"标准色>深红"，如图3-98所示。

步骤04 选择形状轮廓的颜色。❶单击"形状轮廓"右侧的下三角按钮，❷在展开的列表中单击"标准色>深红"，如图3-99所示。

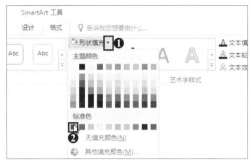

图3-98

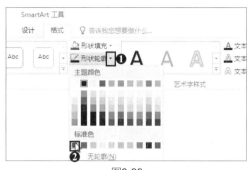

图3-99

步骤05 选择形状效果。❶单击"形状效果"右侧的下三角按钮，❷在展开的列表中单击"棱台"选项，❸在级联列表中单击"柔圆"，如图3-100所示。

步骤06 自定义形状样式的效果。设置字体后，参照步骤05设置二级、三级和四级形状的形状效果，如图3-101所示。

图3-100

图3-101

> 💡 **提示：为 SmartArt 图形中的形状设置艺术字效果**
>
> 在 Word 2016 中可以为 SmartArt 图形中各形状套用不同的艺术字样式，选择要套用艺术字样式的形状，在"SmartArt 工具 - 格式"选项卡下单击"艺术字样式"组中的快翻按钮，在展开的库中选择要套用的样式即可。

3.4.7 设置图形背景

除了可以更改图形样式来使 SmartArt 图形更加美观外，还可以设置图形的背景样式和颜色来突出显示组织结构图。

步骤01 单击"形状样式"组的对话框启动器。继续上小节中的操作，选中SmartArt图形，在"SmartArt工具-格式"选项卡下单击"形状样式"组中的对话框启动器，如图3-102所示。

步骤02 选择形状的填充色。弹出"设置形状格式"任务窗格，❶在"填充"选项组中单击

"纯色填充"单选按钮，❷单击"颜色"右侧的下三角按钮，❸在展开的列表中选择合适的填充颜色，如图3-103所示。

图3-102

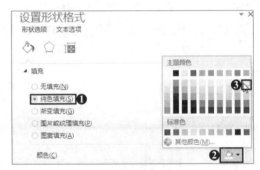

图3-103

步骤03 选择线条的颜色和宽度。❶在"线条"选项组下单击"实线"单选按钮，❷设置"颜色"为"绿色"，❸在"宽度"文本框中输入"1.5磅"，如图3-104所示。

步骤04 设置图形背景的效果。单击"关闭"按钮，返回文档中，此时的SmartArt图形背景效果如图3-105所示。

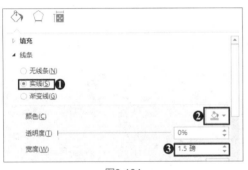

图3-104

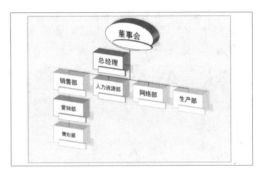

图3-105

> 🔆 **提示：为形状升降级**
>
> 当SmartArt图形设置完毕后，才发现某个形状中的部门或职位级别填充错误，此时可以选择该形状，在"SmartArt工具-设计"选项卡下单击"创建图形"组中的"升级"或"降级"按钮来调整形状的级别。

教你一招 将图片直接转换为SmartArt图形

在Word 2016中，除了可以将文档信息转换为SmartArt图形的样式进行表达外，还可以将图片直接转换为SmartArt图形。

选中图片，❶在"图片工具-格式"选项卡下的"图片样式"组中单击"图片版式"右侧的下三角按钮，❷在展开的样式库中选择要转换为的SmartArt图形类型，选择如图3-106所示样式。此时图片自动转换为SmartArt图形，❸可以在其中输入对图片的说明，输入"公司大楼"，如图3-107所示。并可以任意更改其大小和位置。

图3-106

图3-107

　　无论是什么公司，员工在入职时都要经历一定的程序，而为了对新员工的入职程序进行规范，确保入职有序进行，提高工作效率，公司可制作员工入职流程图。由于不同公司的流程有一定的差别，所以 SmartArt 图形就不一定适用了，此时可以在 Word 中插入形状来实现员工入职流程图的制作。

原始文件：下载资源＼实例文件＼第 3 章＼原始文件＼员工入职流程图 .docx
最终文件：下载资源＼实例文件＼第 3 章＼最终文件＼员工入职流程图 .docx

3.5.1 插入形状图形

　　在 Word 中，可以手动绘制出各种形状，如矩形、直线、椭圆、箭头等。在实际的工作中，用户可选择不同的形状进行流程图的制作。

步骤01 选择要绘制的形状。打开原始文件，❶在"插入"选项卡下的"插图"组中单击"形状"按钮，❷在展开的列表中选中"矩形"选项组中的"矩形"形状，如图3-108所示。

步骤02 绘制矩形。此时鼠标指针变成了十字形，按住鼠标左键不放，在文档的空白处拖动，拖曳过的区域即会出现一个矩形，如图3-109所示。

步骤03 绘制的矩形。拖曳到适当的大小后释放鼠标左键，此时在文档中即可看到绘制的矩形，如图3-110所示。

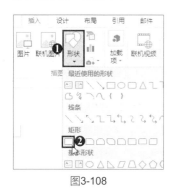

图3-108

图3-109

图3-110

步骤04 绘制箭头。按照步骤01～03的方法，在"形状"下拉列表中选择"箭头"，在矩形下方绘制出一个向下的箭头，如图3-111所示。

步骤05 复制形状。若接下来要绘制的形状与前面绘制的形状相同，只需复制前面的形状即可。按住【Ctrl】键拖动矩形至箭头的下方，如图3-112所示。

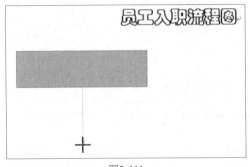

图3-111

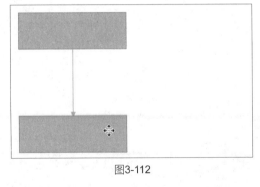

图3-112

步骤06 更改形状的大小。拖曳至适当位置后释放鼠标左键，若复制的形状大小不合适，还可以拖动形状四周的控点更改其大小，如图3-113所示。

步骤07 完成入职流程图所有形状的绘制。按照上述方法，继续绘制和复制形状，最终得到入职流程图要绘制的所有形状和排列方式，如图3-114所示。

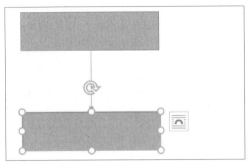

图3-113

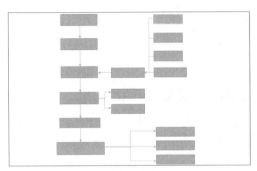

图3-114

> 💡 **提示：绘制长宽等比的形状图形**
>
> 　　在"形状"列表中，可以发现没有圆形和正方形，所以想要绘制这两种形状，就必须通过椭圆和矩形来实现。在列表中选择椭圆或者矩形形状后，按住【Shift】键，同时拖动鼠标，即可绘制圆形和正方形。

3.5.2 更改图形形状

　　在对绘制的形状不满意时，可以根据需求更改图形的形状，具体的操作方法如下。

步骤01 切换到目标选项卡。继续上小节中的操作，选中入职流程图中的第一个形状，切换到"绘图工具-格式"选项卡，如图3-115所示。

步骤02 选择更改为的形状。❶单击"编辑形状"按钮，❷在展开的列表中单击"更改形状"选项，❸在展开的级联列表中单击"圆角矩形"，如图3-116所示。

步骤03 更改形状后的效果。此时可以看到第一个图形的形状已经发生了改变，如图3-117所示，参照步骤01～03为其他图形更改形状。

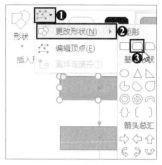

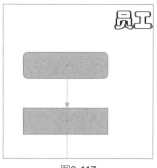

| 图3-115 | 图3-116 | 图3-117 |

步骤04 单击"编辑顶点"选项。选中入职流程图中的最后一个形状，❶在"绘图工具-格式"选项卡下单击"编辑形状"按钮，❷在展开的下拉列表中单击"编辑顶点"选项，如图3-118所示。

步骤05 更改形状。此时矩形周围出现4个控点，按住鼠标左键不放，拖动任意一个控点即可更改矩形的形状，如图3-119所示。

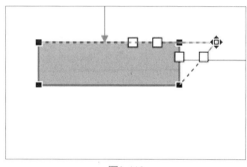

| 图3-118 | 图3-119 |

步骤06 编辑其他顶点。拖曳至适当位置后释放鼠标左键，用同样的方法拖动其他控点更改形状，如图3-120所示。

步骤07 退出编辑顶点状态。单击文档任意空白处，退出顶点编辑状态，此时得到的形状效果如图3-121所示。

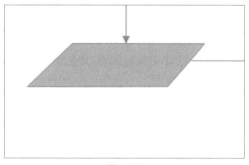

| 图3-120 | 图3-121 |

3.5.3　在形状中输入文字

形状绘制并更改完毕后，要想让形状表达出入职的流程情况，就必须在各个形状中添加不同的文本。

步骤01 单击"编辑文字"命令。继续上小节中的操作，❶右击第一个形状，❷在弹出的快捷菜单中单击"编辑文字"命令，如图3-122所示。

步骤02 将光标定位到形状中。此时，可以看到光标定位到了第一个形状中，如图3-123所示。

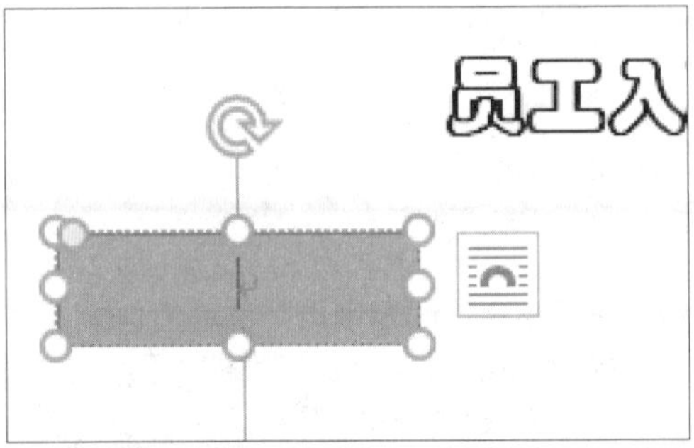

图3-122

图3-123

步骤03 在形状中输入文字。在形状中输入员工入职的第一步，输入完毕后效果如图3-124所示。

步骤04 更改形状中文本的字体。对于形状中需要特别突出的文字，可以为其添加特殊效果，这里将"3天培训考察期"加粗并添加双下划线，效果如图3-125所示。

图3-124

图3-125

步骤05 为其他形状添加文字。调整字体、字号、字体颜色后，重复上面的步骤，为其他形状添加文字，如图3-126和图3-127所示。

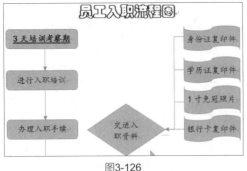

图3-126

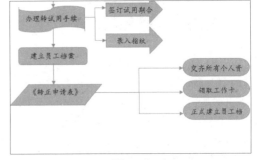

图3-127

3.5.4 使用预设形状样式

Word中提供了各种形状样式，用户可直接为各个形状套用合适的样式，使流程图更加美观。

步骤01 单击"形状样式"组中的快翻按钮。继续上小节中的操作，❶选中流程图的第一步形状，❷在"绘图工具-格式"选项卡下单击"形状样式"组中的快翻按钮，如图3-128所示。

步骤02 选择形状样式。在展开的样式库中选择如图3-129所示的样式。

步骤03 套用样式后的效果。套用了上一步中选择的形状样式后，得到的效果如图3-130所示。

图3-128

图3-129

图3-130

步骤04 选择箭头样式。若要设置流程图中箭头的样式，同样先选中箭头，在"绘图工具-格式"选项卡下单击"形状样式"组中的快翻按钮，在展开的库中选择要套用的样式，如图3-131所示。

步骤05 为其他形状套用样式。按照前面介绍的方法，选择其他形状，为其套用合适的形状样式，并更改形状样式的颜色和设置形状效果，得到的最终效果如图3-132所示。

图3-131

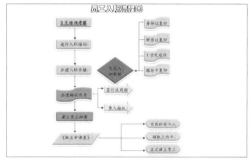

图3-132

提示：为多个形状套用样式

若需要为多个形状应用相同的样式，可按住【Ctrl】键同时单击多个形状，即可选中要设置的形状，然后在"形状样式"库中选择要套用的样式即可。

3.5.5 自定义设置形状样式

如果对于系统预设的形状样式不满意，用户还可以自定义设置形状的填充颜色、轮廓样式及形状效果等。

步骤01 单击"形状样式"组的对话框启动器。继续上小节中的操作，❶选中要设置格式的多个形状，❷在"绘图工具-格式"选项卡下单击"形状样式"组中的对话框启动器，如图3-133所示。

步骤02 选择填充方式。弹出"设置形状格式"窗格，❶切换到"填充与线条"选项卡，❷单击"填充"选项，❸在展开的列表中单击"图案填充"单选按钮，如图3-134所示。

图3-133

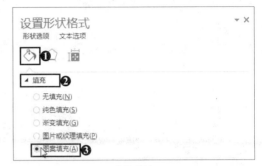

图3-134

步骤03 设置填充图案的前景色和背景色。❶在"图案"下的列表框中选择合适的图案，❷设置图案的"前景"和"背景"色，如图3-135所示。

步骤04 选择线条颜色。❶切换至"线条"选项组下，❷在展开的列表中单击"实线"单选按钮，❸单击"颜色"右侧的下三角按钮，❹在展开的列表中选择如图3-136所示的颜色。

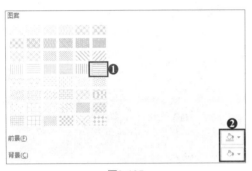

图3-135

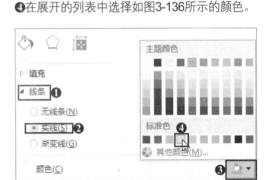

图3-136

步骤05 单击"三维格式"选项。❶切换至"效果"选项卡下，❷单击"三维格式"选项，如图3-137所示。

步骤06 选择三维格式。❶在展开的列表中单击"顶部棱台"右侧的下三角按钮，❷在展开的样式库中选择"圆"，如图3-138所示。

步骤07 自定义形状格式的效果。设置完毕后单击"关闭"按钮，返回文档中，此时可以看到自定义设置的形状效果，如图3-139所示。

图3-137

图3-138

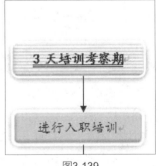

图3-139

3.5.6 组合形状

在制作好入职流程图后，为了避免在统一调整流程图中的形状位置、尺寸、线条和填充效果时，不小心遗漏了某个形状，可将流程图中的形状组成一个图形单元进行编辑操作。

步骤01 选择要组合的形状。继续上小节中的操作，对流程图的细节进行优化，调整形状大小，让其中的文字显示完整，然后按住【Ctrl】键同时选择流程图中的所有形状，如图3-140所示。

步骤02 单击"组合"选项。❶在"绘图工具-格式"选项卡下的"排列"组中单击"组合"右侧的下三角按钮，❷在展开的列表中单击"组合"选项，如图3-141所示。

步骤03 移动组合后的形状。此时所有选中的形状形成了一个整体，当移动形状时，将作为整体移动，如图3-142所示。

图3-140

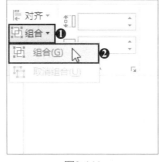
图3-141

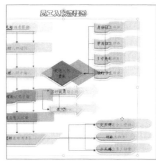
图3-142

> **💡 提示：取消组合形状**
>
> 若需对单独的某个形状进行移动或者是其他的编辑和设置，就需要将组合的形状取消组合，取消组合的方法很简单，直接单击"组合"右侧的下三角按钮，在展开的列表中单击"取消组合"选项即可。

实例演练 制作公司部门简介

为进一步巩固本章所学知识，加深对图片、SmartArt图形以及形状的插入和格式设置等功能的理解，接下来以制作公司部门简介为例，综合性地对这些知识进行讲解。

原始文件： 下载资源＼实例文件＼第3章＼原始文件＼部门简介.docx、办公区.tif
最终文件： 下载资源＼实例文件＼第3章＼最终文件＼部门简介.docx

步骤01 单击"图片"选项。打开原始文件，在"插入"选项卡下的"插图"组中单击"图片"按钮，如图3-143所示。

步骤02 选择要插入的图片。弹出"插入图片"对话框，❶找到图片的保存位置，❷双击要插入的图片，如"办公区.tif"，如图3-144所示。

图3-143

图3-144

步骤03 更改图片的环绕方式。选中插入到文档中的图片，❶在"图片工具-格式"选项卡下的"排列"组中单击"环绕文字"按钮，❷在展开的列表中单击"穿越型环绕"，如图3-145所示。

步骤04 调整图片的位置和大小。通过图片的外侧控点，缩小图片，然后拖曳至"工程部"介绍的左下角处，效果如图3-146所示。

图3-145

图3-146

步骤05 选择图片的艺术效果。❶在"图片工具-格式"选项卡下的"调整"组中单击"艺术效果"右侧的下三角按钮，❷在展开的样式库中选择"影印"效果，如图3-147所示。

步骤06 选择图片版式。❶在"图片工具-格式"选项卡下的"图片样式"组中单击"图片版式"右侧的下三角按钮，❷在展开的样式库中选择如图3-148所示的版式。

图3-147

图3-148

步骤07 输入图片的说明文字。将图片的版式更改为选择的类型后，图片上方出现文本框，此时可以将文本框手动拖到图片下方，然后在该文本框中输入图片的说明文字，这里输入"雅致的办公区"，如图3-149所示。

步骤08 更改SmartArt图形的颜色。此时的图片已经更改为了SmartArt图形，选中图片，

❶在"SmartArt工具-设计"选项卡下的"SmartArt样式"组中单击"更改颜色"按钮，❷在展开的样式库中选择如图3-150所示的配色方案。

图3-149

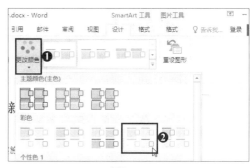

图3-150

步骤09 选择SmartArt样式。单击"SmartArt样式"组中的快翻按钮，在展开的库中选择如图3-151所示的样式。

步骤10 插入图片的最终效果。将图片下方文本框中的文本字体格式更改为"华文琥珀"，得到的最终效果如图3-152所示。

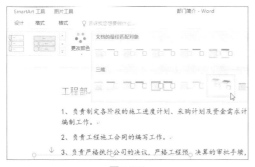

图3-151

图3-152

读书笔记

第4章
使用Word制作带表格的文档

表格是按照项目进行划分的格子，由一行或多行单元格组成，通过表格能够清晰、简明地表现数据，以便快速引用和分析数据。本章将结合 Word 2016 中的相关知识，介绍如何使用 Word 创建表格来记录增补人员信息和管理车辆信息，使用户在平常的工作汇报中将文字表述和 Word 表格相结合，做到用数据说话。

4.1 制作人员增补申请表

随着公司业务量的增加，现有的人员将无法满足正常运营的需求，下级业务部门就要向上级管理部门申请增补员工。为了便于上级管理部门了解需增补的岗位和相应理由，可以使用 Word 组件中的表格功能制作人员增补申请表。

原始文件: 下载资源\实例文件\第 4 章\原始文件\人员增补申请表.docx
最终文件: 下载资源\实例文件\第 4 章\最终文件\人员增补申请表.docx

4.1.1 插入表格

在 Word 中创建表格的方法有很多，最常用的方法有以下两种：第一种是在预设格式的表格模板库中选择插入表格（使用此方法最多能插入 10 列 8 行的表格），第二种是使用"插入表格"对话框插入表格。

➤方法一：使用表格模板插入表格

步骤01 选择要插入表格的行数和列数。打开原始文件，❶将光标定位在要插入表格的位置，❷在"插入"选项卡下的"表格"组中单击"表格"的下三角按钮，❸在展开的列表中移动鼠标，选定要插入的表格范围后单击鼠标，如图4-1所示。

步骤02 创建的表格。此时在文档中创建了一个5列6行的表格，如图4-2所示。

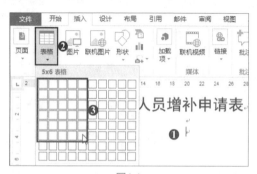

图4-1

图4-2

▷方法二：使用"插入表格"对话框插入表格

步骤01 单击"插入表格"选项。打开原始文件，将光标定位在文档中要插入表格的位置，❶在"插入"选项卡下的"表格"组中单击"表格"的下三角按钮，❷在展开的列表中单击"插入表格"选项，如图4-3所示。

步骤02 设置插入表格的行列数。弹出"插入表格"对话框，在"列数"和"行数"文本框中分别输入"5"和"6"，如图4-4所示，最后单击"确定"按钮。

步骤03 插入的表格。返回文档，此时在文档中插入了一个5列6行的表格，如图4-5所示。

图4-3

图4-4

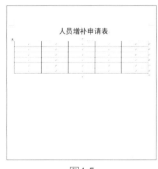

图4-5

4.1.2　在表格中输入文本内容

　　插入了合适的表格后，还需要在表格中输入文本内容，即人员增补申请表的具体内容。

步骤01 将光标定位在单元格中。继续上小节中的操作，将光标定位在要输入文本内容的单元格中，这里将光标定位在左上角第一个单元格中，如图4-6所示。

步骤02 输入文本内容。在定位的单元格中输入"申请部门"，如图4-7所示。

步骤03 输入表格的其他文本内容。采用相同的方法，在表格的第一行中输入完整的列标题，输入完成后的效果如图4-8所示。

图4-6

图4-7

图4-8

4.1.3　为表格插入单元格

　　如果需要在已创建的表格中添加单元格，可以在表格中插入行或列。在表格中插入单元格包括插入单个单元格、插入一行或一列单元格。本小节将分别进行介绍。

1 插入单个单元格

　　首先在表格中选择插入单元格的位置，或选中一组单元格，然后单击"插入 > 插入单元格"

命令，在弹出的"插入单元格"对话框中选择适当选项。

步骤01 单击"插入>插入单元格"命令。继续上小节中的操作，❶右击需要插入单元格的位置，即"申请增补理由"所在单元格，❷在弹出的快捷菜单中单击"插入>插入单元格"命令，如图4-9所示。

步骤02 选择插入单元格位置。弹出"插入单元格"对话框，❶单击"活动单元格右移"单选按钮，❷然后单击"确定"按钮，如图4-10所示。

步骤03 活动单元格右移后的效果。返回文档中，此时可以看到"申请增补理由"向右移动了一个单元格，在其前面插入了一个空白单元格，如图4-11所示。

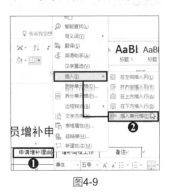
图4-9

图4-10

图4-11

2 插入一行或一列单元格

在编辑表格的过程中，常常需要在表格中插入新行或新列。在表格中插入行或列时，首先要指定插入位置。操作时如果选中一行，可在选中行的上方或下方插入一行，如果选中多行，则在选中行的上方或下方插入多行。

步骤01 在上方插入。继续上小节中的操作，❶选中要插入的位置"申请增补理由"所在单元格，❷在"表格工具-布局"选项卡下的"行和列"组中单击"在上方插入"按钮，如图4-12所示。

步骤02 在上方插入的行。此时，在"申请增补理由"的上方插入了一行空白行，如图4-13所示。

图4-12

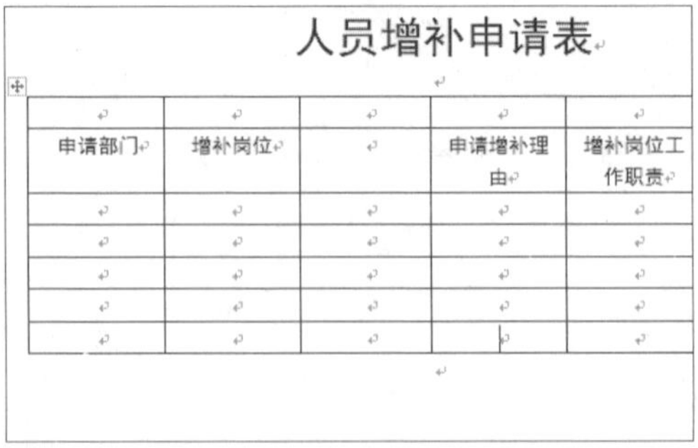

图4-13

步骤03 在左侧插入。❶同样选中"申请增补理由"所在单元格，❷在"表格工具-布局"选项卡下的"行和列"组中单击"在左侧插入"按钮，如图4-14所示。

步骤04 在左侧插入的列。此时，在"申请增补理由"的左侧插入了一列空白列，如图4-15所示。

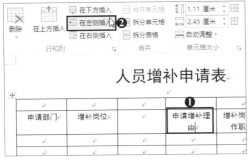

图4-14

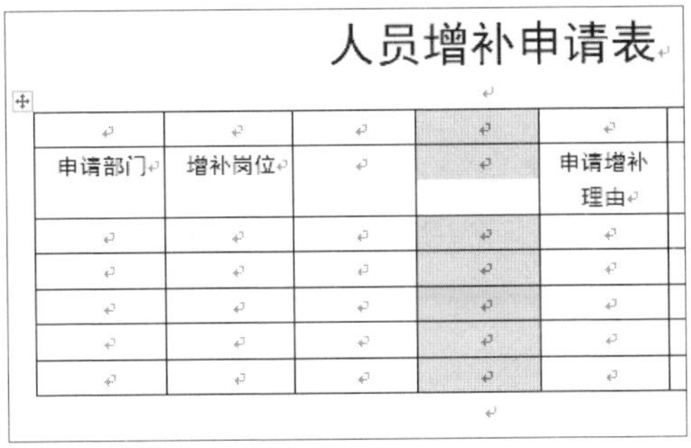

图4-15

4.1.4 删除单元格

如果表格中的某些单元格或者是行和列已经不需要了，可将其删除。具体的操作方法如下。

步骤01　选择删除选项。继续上小节中的操作，❶选中要删除的单元格，然后按键盘上的【Backspace】键，弹出"删除单元格"对话框，❷在对话框中单击"删除整行"单选按钮，❸单击"确定"按钮，即可将选中的单元格删除，如图4-16所示。

步骤02　显示删除行后的表格。返回文档中，此时选中单元格被删除，如图4-17所示。

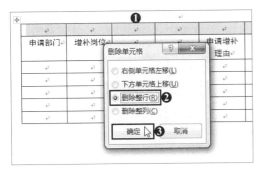

图4-16

图4-17

步骤03　删除列。❶选中要删除的列，❷然后在"表格工具-布局"选项卡下"行和列"组中单击"删除"的下三角按钮，❸在展开的列表中单击"删除列"选项，如图4-18所示。

步骤04　删除单个单元格。选中要删除的单元格，然后按键盘上的【Backspace】键，弹出"删除单元格"对话框，❶单击"右侧单元格左移"单选按钮，❷然后单击"确定"按钮，如图4-19所示。

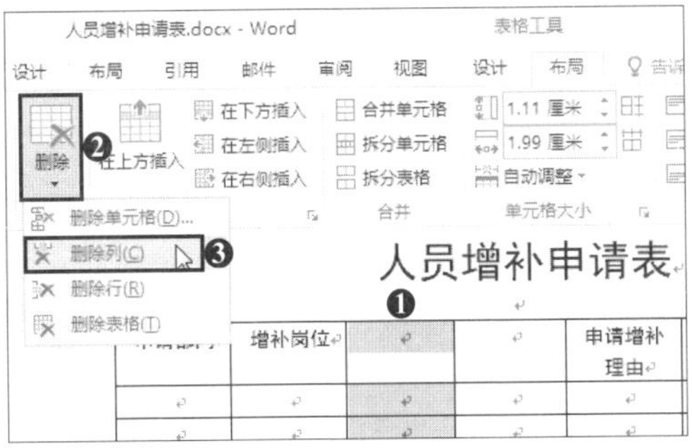

图4-18

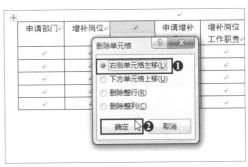

图4-19

步骤05 **删除单元格后的效果。** 返回文档中查看删除列和单元格后的效果，如图4-20所示。可看出表格的列宽参差不齐，此时可以通过拖动鼠标来将列宽调至一致，具体方法将在4.2.4小节中讲解。

图4-20

💡 **提示：删除表格**

将光标定位在表格的任意一个单元格中，在"表格工具 - 布局"选项卡下单击"删除"的下三角按钮，在展开的列表中单击"删除表格"选项，即可将表格删除。

教你一招 将文本转换为表格

在 Word 中可以将用段落标记、逗号、制表符或其他特定字符隔开的文本转换为表格。这种文本与表格的转换功能，极大地提高了用户的工作效率。

原始文件： 下载资源 \ 实例文件 \ 第 4 章 \ 原始文件 \ 文字转换表格 .docx
最终文件： 下载资源 \ 实例文件 \ 第 4 章 \ 最终文件 \ 文字转换表格 .docx

打开原始文件，❶选择要转换为表格的文本，❷在"插入"选项卡下的"表格"组中单击"表格"的下三角按钮，❸在展开的列表中单击"文本转换为表格"选项，如图 4-21 所示。❹弹出"将文字转换成表格"对话框，根据文本的分隔符，采用默认的行数和列数，如图 4-22 所示，设置完毕后单击"确定"按钮。返回文档中，❺此时可以看到之前选中的文本自动转换为了表格的形式，效果如图 4-23 所示。

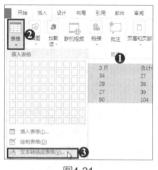

图4-21

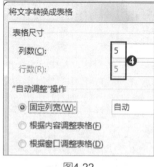

图4-22

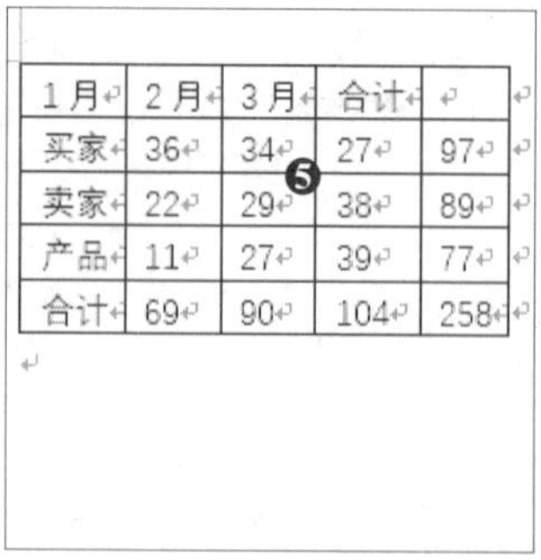

图4-23

4.2 制作车辆出入登记表

为了使公司车辆合理使用及有效管理，通常公司会制定车辆出入登记表。在车辆出入登记表中，一般会包括车辆的使用日期、车辆类型、车牌号、出车时间、驾驶员、事由、负责人、回来时间和值班人签字等项目。

4.2.1 合并单元格

要制作车辆出入登记表，需要将表格的某一行或某一列中的多个单元格合并为一个单元格，此时可以使用 Word 中的合并单元格功能，具体方法有两种：使用功能区中的按钮和使用右键快捷菜单中的命令。下面通过一个实例讲解这两种方法。

步骤01 单击 "合并单元格" 按钮。打开原始文件，❶选择要合并的单元格，如选择 "车辆类型" 所在单元格及其右侧的单元格，❷在 "表格工具-布局" 选项卡下的 "合并" 组中单击 "合并单元格" 按钮，如图4-24所示。

步骤02 合并后的效果。此时，"车辆类型" 单元格及其右侧单元格合并为了一个单元格，效果如图4-25所示。

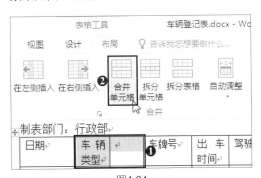

图4-24　　　　　　　　　　图4-25

步骤03 单击 "合并单元格" 命令。❶选择要合并的单元格（如 "日期" 所在单元格及其下方的单元格）后右击，❷在弹出的快捷菜单中单击 "合并单元格" 命令，如图4-26所示。

步骤04 合并后的效果。此时 "日期" 所在单元格及其下方的一个单元格合并为了一个单元格，效果如图4-27所示。

步骤05 合并其他单元格。采用上述任意一种方法，将列标题中的其他单元格进行合并，合并后效果如图4-28所示。

图4-26　　　　　　　　图4-27　　　　　　　　图4-28

4.2.2 拆分单元格

拆分单元格是将选中的单元格拆分成等宽的多个单元格，具体操作步骤如下。

步骤01 单击"拆分单元格"按钮。继续上小节中的操作，❶选择"日期"所在的单元格，❷在"表格工具-布局"选项卡下的"合并"组中单击"拆分单元格"按钮，如图4-29所示。

步骤02 设置拆分的行列数。弹出"拆分单元格"对话框，❶在"列数"和"行数"文本框中输入列数为"2"，行数为"1"，❷设置完毕后单击"确定"按钮，如图4-30所示。

步骤03 拆分后的效果。返回文档中，此时"日期"所在单元格被拆分为了两列，效果如图4-31所示。

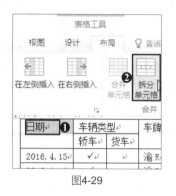

图4-29

图4-30

图4-31

💡**提示：拆分前合并单元格**

如果选中的单元格中包含数据，勾选"拆分前合并单元格"复选框时要慎重，否则会出现数据混乱现象。

4.2.3 拆分表格

有时，需要将一个大表格拆分为两个表格，以便在表格之间插入一些说明性的文字。拆分表格的具体操作步骤如下。

步骤01 单击"拆分表格"按钮。继续上小节中的操作，将日期单元格及右侧的单元格合并后，❶将光标定位在"2016.4.16"所在的单元格，❷在"表格工具-布局"选项卡下的"合并"组中单击"拆分表格"按钮，如图4-32所示。

步骤02 拆分为两个表格。此时表格拆分为了两部分，效果如图4-33所示。

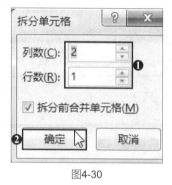

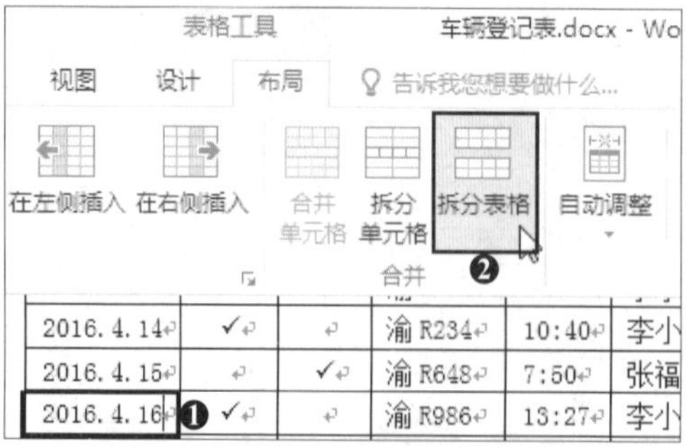

图4-32

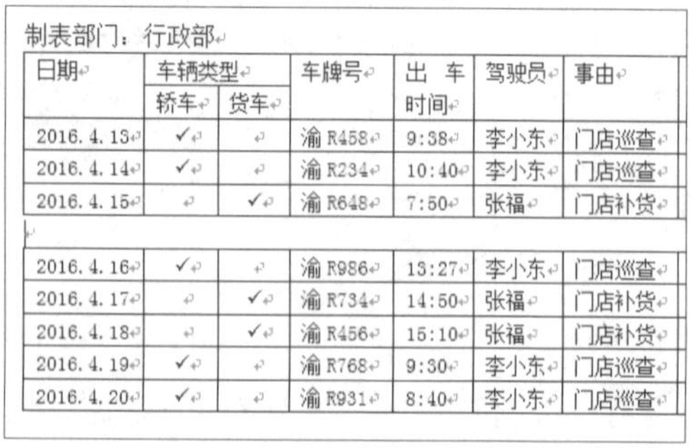

图4-33

4.2.4 调整表格的行高、列宽

改变单元格的行高和列宽是最常用的修改表格的方法。在 Word 中，不同的行可以有不同的高度，但一行中的所有单元格必须具有相同的高度。用户可以根据自己制作表格的实际情况，适当调整表格的行高和列宽。

步骤01 **根据内容自动调整表格。**继续上小节中的操作，若想将拆分后的两个表格合并为一个表格，可将光标定位在两个表格中间的分隔点处，然后按下【Delete】键，即可重新合并为一个表格。❶选择要调整的对象，这里选择“轿车”及其下方所有单元格，❷在“表格工具-布局”选项卡下的“合并”组中单击“自动调整”的下三角按钮，❸在展开的列表中单击“根据内容自动调整表格”选项，如图4-34所示。

步骤02 **自动调整表格后的效果。**此时，系统将根据各列中文本的多少自动调整行高，如图4-35所示。

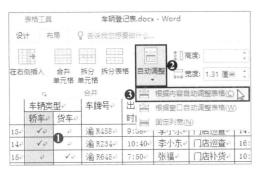

图4-34

制表部门：行政部

日期	车辆类型		车牌号	出车时间	驾驶员	事由	回来时间	值班人签字
	轿车	货车						
2016.4.13	✓		渝R458	9:38	李小东	门店巡查	14:20	黄旭
2016.4.14	✓		渝R234	10:40	李小东	门店巡查	16:40	杨科
2016.4.15		✓	渝R648	7:50	张福	门店补货	10:30	黄旭
2016.4.16	✓		渝R986	13:27	李小东	门店巡查	17:15	杨科
2016.4.17		✓	渝R734	14:50	张福	门店补货	17:20	黄旭
2016.4.18		✓	渝R456	15:10	张福	门店补货	18:10	杨科
2016.4.19	✓		渝R768	9:30	李小	门店巡	14:30	黄旭

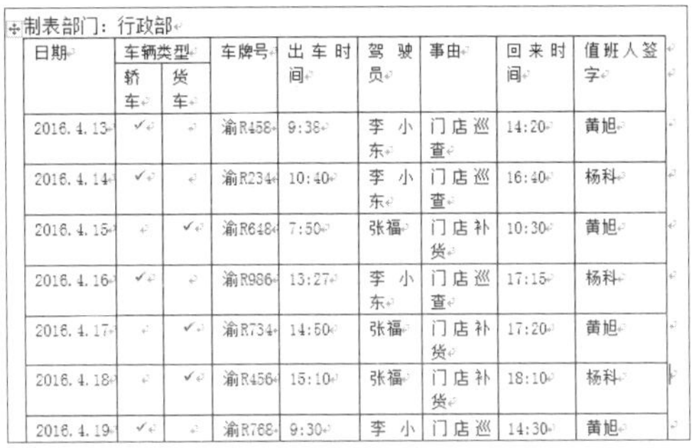

图4-35

步骤03 **拖动调整宽度。**若想调整某一列的宽度，可将鼠标指针移至要调整列的边框线上，按住鼠标左键不放进行拖动，如图4-36所示。拖曳至合适的位置后释放鼠标左键即可。

步骤04 **输入精确行高值。**若要将表格的行高设置为统一值，❶选中要调整的行，❷在“表格工具-布局”选项卡下的“单元格大小”组中的“高度”文本框中输入“1厘米”，如图4-37所示。

步骤05 **更改行高后的效果。**此时选中行的高度统一更改为了“1厘米”，效果如图4-38所示。

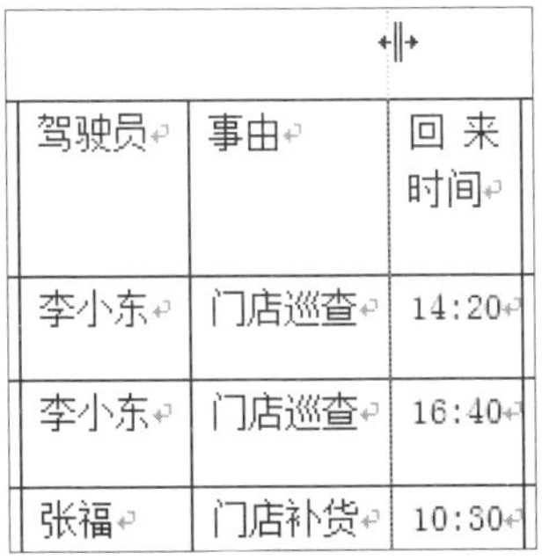

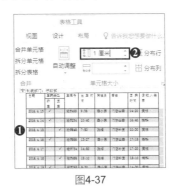

图4-36

图4-37

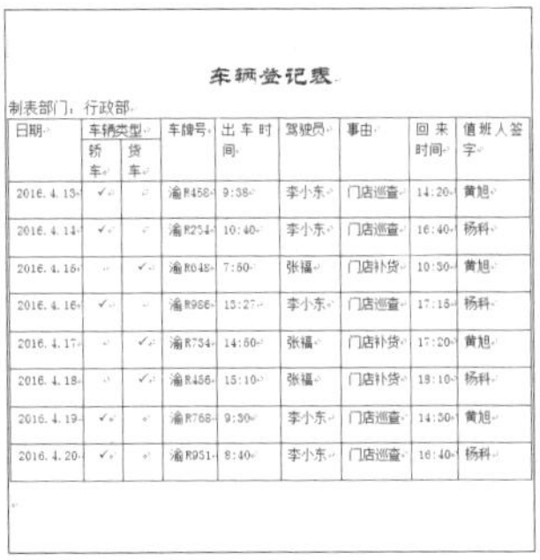

图4-38

提示：“自动调整”下拉列表各选项含义

“自动调整”下拉列表中包含三个选项，其他两个选项的含义如下。

❶若选择“根据窗口调整表格”选项，则表格中每一列的宽度将按照相同的比例扩大，调整后的表格宽度与正文区域宽度相同。

❷若选择“固定列宽”选项，则必须给列宽指定一个确切的值。

4.2.5 设置表格中文字的对齐方式

默认情况下，在单元格中输入的文字都是"靠上两端对齐"，为了使表格看上去更加整洁美观，需要设置表格中文字的对齐方式。

步骤01 **选择要调整对齐方式的单元格。** 继续上小节中的操作，选择整个表格作为要调整对齐方式的对象，如图4-39所示。

步骤02 **选择对齐方式。** 在"表格工具-布局"选项卡下的"对齐方式"组中含有9种对齐方式按钮，这里单击"水平居中"按钮，如图4-40所示。

步骤03 **水平居中后的表格效果。** 此时，表格中的所有文本都水平居中显示，效果如图4-41所示。

图4-39

图4-40

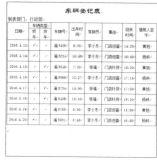

图4-41

4.2.6 应用预设表格样式

Word 2016 提供了多种预设的表格样式，无论是新建的空白表格还是已输入数据的表格，都可以通过自动套用格式来快速编排表格样式。

步骤01 **选择要套用预设表格样式的区域。** 继续上小节中的操作，❶选择要套用预设表格样式的区域，这里选择整个表格，❷在"表格工具-设计"选项卡下单击"表格样式"组中的快翻按钮，如图4-42所示。

步骤02 **选择要套用的表格样式。** 在展开的样式库中显示了系统预设的表格样式，单击合适的样式套用，如图4-43所示。

步骤03 **套用预设样式后的效果。** 套用了步骤02中选择的表格样式后，得到的表格效果如图4-44所示。

图4-42

图4-43

图4-44

4.2.7 为表格添加底纹

对于一些比较复杂的表格，直接套用表格样式不能将各功能区的内容完整地区分开来，例如上一小节在套用了表格样式后，其中“轿车”和“货车”所在的单元格应作为列标题来突出显示，但却作为了具体数据进行设置。此时要想突出显示，就必须单独进行表格的底纹设置。

步骤01 **清除表格样式。** 继续上小节中的操作，若对套用的表格样式不满意，可对其进行清除。单击“表格样式”组的快翻按钮，在展开的样式库中单击“清除”选项，如图4-45所示。

图4-45

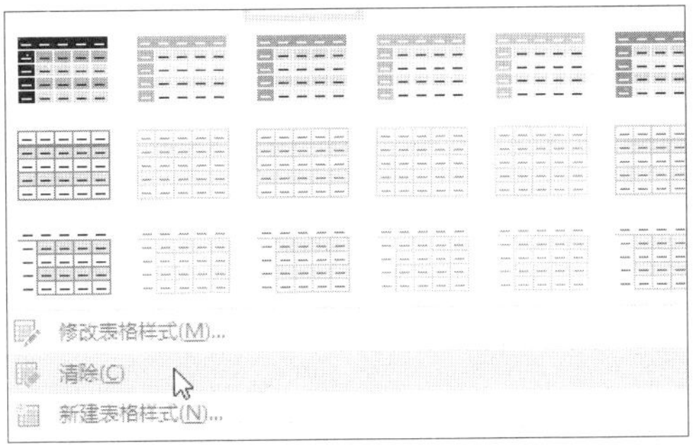

步骤02 **添加普通表格。** 由于清除表格样式后表格的边框将消失，所以还需继续打开样式库，在展开的列表中单击“普通表格”选项组中的“网格型浅色”，如图4-46所示。

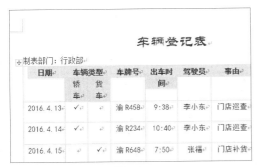

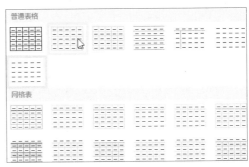

图4-46

步骤03 **选择要添加底纹的区域。** 为表格中的文本设置字体和字号，然后按住【Ctrl】键选择要添加底纹的表格区域，如图4-47所示。

车辆登记表

制表部门：行政部

日期	车辆类型		车牌号	出车时间	驾驶员	事由
	轿车	货车				
2016.4.13	✓		渝R458	9:38	李小东	门店巡查
2016.4.14	✓		渝R234	10:40	李小东	门店巡查
2016.4.15		✓	渝R648	7:50	张福	门店补货

图4-47

步骤04 **选择底纹颜色。** ❶在“表格工具-设计”选项卡下的“表格样式”组中单击“底纹”的下三角按钮，❷在展开的列表中选择“金色，个性色4”，如图4-48所示。

图4-48

步骤05 **为列标题添加的底纹效果。** 此时可以看到选择区域中添加上了相应颜色的底纹，效果如图4-49所示。

车辆登记表

制表部门：行政部

日期	车辆类型		车牌号	出车时间	驾驶员	事由
	轿车	货车				
2016.4.13	✓		渝R458	9:38	李小东	门店巡查
2016.4.14	✓		渝R234	10:40	李小东	门店巡查
2016.4.15		✓	渝R648	7:50	张福	门店补货

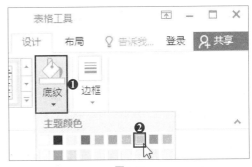

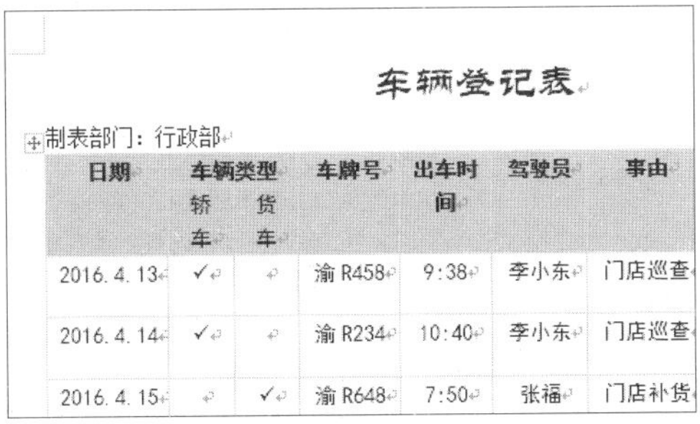

图4-49

步骤06 为其他区域添加底纹。采用相同的方法，选择表格的其他区域并填充合适的颜色，效果如图4-50所示。

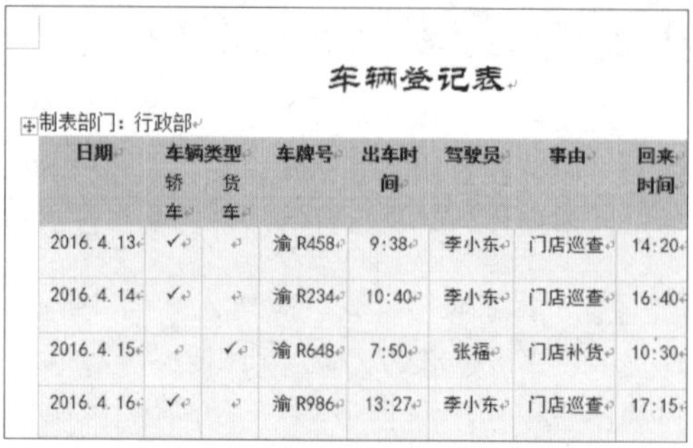

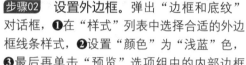

图4-50

4.2.8 更改表格边框样式

除了能够自定义表格的底纹外，还可以自定义表格的边框，具体的操作方法如下。

步骤01 单击"边框和底纹"选项。继续上小节中的操作，❶选择整个表格，❷在"表格工具-设计"选项卡下"边框"组中单击"边框"按钮，❸在展开的下拉列表中单击"边框和底纹"选项，如图4-51所示。

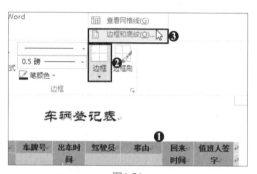

图4-51

步骤03 设置内边框。❶继续在"样式"选项下拉列表中选择合适的内框线条样式，❷设置"颜色"为"绿色"，❸最后在"预览"选项组中单击内部边框，使其重新显示出来，如图4-53所示。

图4-53

步骤02 设置外边框。弹出"边框和底纹"对话框，❶在"样式"列表中选择合适的外边框线条样式，❷设置"颜色"为"浅蓝"色，❸最后再单击"预览"选项组中的内部边框线，去除内部边框线，如图4-52所示。

图4-52

步骤04 设置的边框效果。单击"确定"按钮，返回文档中，此时可以看到不同样式和不同颜色的外边框、内边框效果，如图4-54所示。

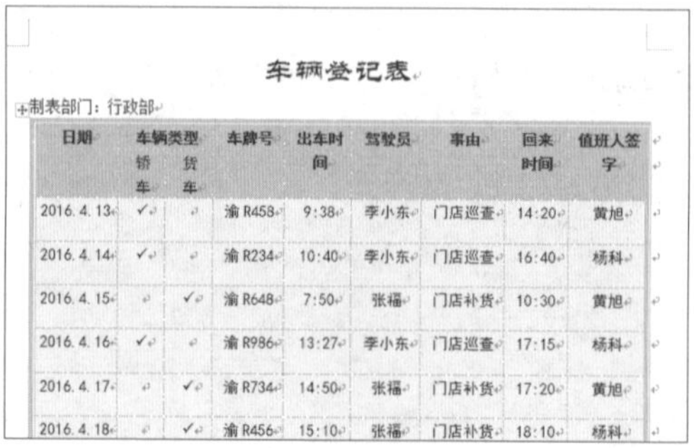

图4-54

为表格新建表样式

若对于预设的表格样式都不满意，可以自定义表格样式，新建样式然后套用即可。

 原始文件： 下载资源 \ 实例文件 \ 第 4 章 \ 原始文件 \ 车辆登记表 1.docx
最终文件： 下载资源 \ 实例文件 \ 第 4 章 \ 最终文件 \ 车辆登记表 1.docx

打开原始文件，在"表格工具 - 设计"选项卡下单击"表格样式"组中的快翻按钮，❶在展开的样式库中单击"新建表格样式"选项，弹出"根据格式设置创建新样式"对话框，❷在"名称"文本框中输入"新建表格样式 1"，❸在"将格式应用于"下拉列表中选择要设置的表格区域，这里选择"标题行"，❹然后在下方区域中设置标题行字体格式为华文楷体、五号、白色 背景 1、填充颜色为"浅蓝色"，如图 4-56 所示。采用同样的方法，在"将格式应用于"中设置"奇条带行"和"偶条带行"的格式，设置完毕后，将新建样式应用到表格中，效果如图 4-57 所示。

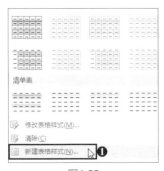

图4-55

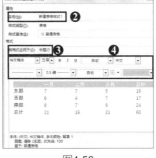

图4-56

图4-57

4.3 制作每月车辆费用统计表

为了记录公司车辆每月所花费的费用，可制作车辆费用统计表，该表的主要内容包括月份、车牌号、油费、维修及保养费、临时洗车、停车费、路桥和养路费用。在制作好表格后，为了展示和计算出需要的费用数据，将使用 Word 中提供的排序和公式功能整理每月车辆费用统计表。

 原始文件： 下载资源 \ 实例文件 \ 第 4 章 \ 原始文件 \ 每月车辆费用统计表 .docx
最终文件： 下载资源 \ 实例文件 \ 第 4 章 \ 最终文件 \ 每月车辆费用统计表 .docx

4.3.1 对表格进行排序处理

排序是指以某个数据为依据重新排列记录的顺序，该数据称为关键字。下面就将对每月车辆费用统计表中的各种费用按照从大到小的顺序进行排列。

步骤01 单击"排序"按钮。打开原始文件，在"表格工具-布局"选项卡下的"数据"组中单击"排序"按钮，如图4-58所示。

步骤02 设置主要关键字。弹出"排序"对话框，❶设置"主要关键字"为"油费（元）"，❷再单击"降序"单选按钮，如图4-59所示。

图4-58

图4-59

步骤03 设置次要关键字。❶设置"次要关键字"为"临时洗车、停车费（元）"，❷再单击"降序"单选按钮，如图4-60所示。单击"确定"按钮。

步骤04 排序后的效果。此时，可以看到表格中数据按照"油费（元）"从大到小排列，若油费相同的，则按照"临时洗车、停车费（元）"从大到小排列，如图4-61所示。

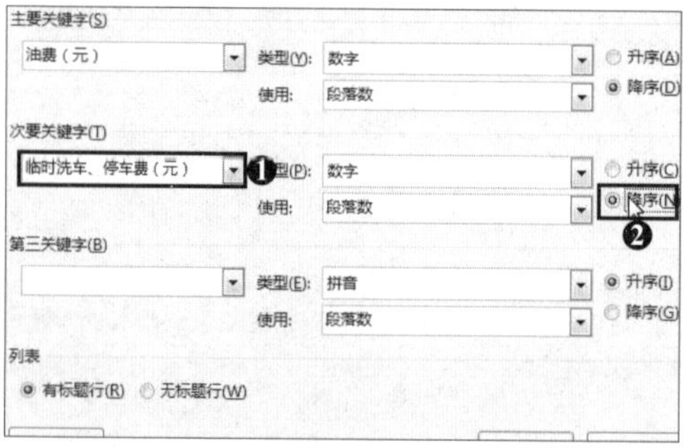

图4-60

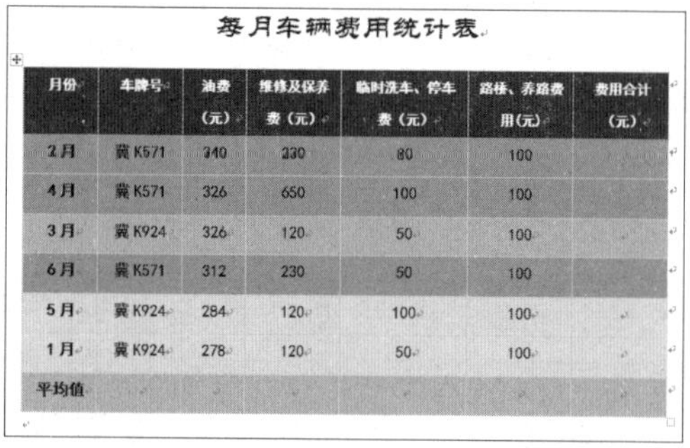

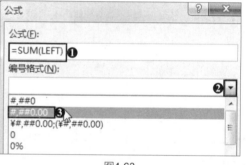

图4-61

4.3.2 在表格中进行计算

Word 本身是一个功能强大的文字处理软件，同时也提供了计算功能。Word 可以对表中的数据进行简单的加、减、乘、除运算，实现表格数据的求和、求平均值等。

步骤01 单击"公式"按钮。继续上小节中的操作，❶选中要插入公式的单元格，❷在"表格工具-布局"选项卡下的"数据"组中单击"公式"按钮，如图4-62所示。

步骤02 设置求和公式。弹出"公式"对话框，❶在"公式"文本框中输入公式"=SUM(LEFT)"，❷单击"编号格式"右侧的下三角按钮，❸在展开的列表中选择求和所得值的格式，这里选择"#,##0.00"样式，如图4-63所示。

路桥、养路费用(元)	费用合计(元)
100	❶

图4-62

公式

公式(F):
=SUM(LEFT) ❶

编号格式(N):
❷ ▼

#,##0
#,##0.00 ❸
¥#,##0.00;(¥#,##0.00)
0
0%

图4-63

在图 4-63 中所设置的求和公式含义如下：SUM 是求和函数，括号中的参数 LEFT 是指选中单元格左侧的所有数字类型数据。

步骤03 求和的结果。单击"确定"按钮，返回文档中，此时在选中的单元格中求得了一个月一辆汽车的总耗资费用，如图4-64所示。

步骤04 计算其他车辆的耗资。将光标定位在"费用合计（元）"列的其他单元格中，采用相同的方法计算出其他车辆每个月的耗资费用，如图4-65所示。

图4-64

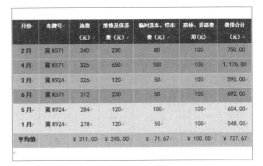

图4-65

步骤05 设置平均值公式。将光标定位在"平均值"行的第二个单元格中，打开"公式"对话框，❶在"公式"文本框中输入"=AVERAGE(ABOVE)"，其中AVERAGE是求平均值的函数，ABOVE是指选中单元格上方所有的数字型数据。❷设置"编号格式"为"¥#,##0.00;(¥#,##0.00)"，❸单击"确定"按钮，如图4-66所示。

步骤06 求平均值的结果。返回文档中，采用相同的方法，计算出每项费用的平均值，最后的结果如图4-67所示。

公式	? X
公式(F):	
=AVERGE(ABOVE) ❶	
编号格式(N):	
¥#,##0.00;(¥#,##0.00) ❷	
粘贴函数(U):	粘贴书签(B):
❸ 确定	取消

图4-66

月份	车牌号	油费（元）	维修及保养费（元）	临时洗车、停车费（元）	路桥、养路费用(元)	费用合计（元）
2月	冀 K571	340	230	80	100	750.00
4月	冀 K571	326	650	100	100	1,176.00
3月	冀 K924	326	120	50	100	596.00
6月	冀 K571	312	230	50	100	692.00
5月	冀 K924	284	120	100	100	604.00
1月	冀 K924	278	120	50	100	548.00
平均值		¥ 311.00	¥ 245.00	¥ 71.67	¥ 100.00	¥ 727.67

图4-67

实例演练 制作车辆保修记录表

为进一步巩固本章所学知识，加深理解和应用，接下来以制作车辆保修记录表为例，对 Word 中的插入表格、设置表格等知识点进行综合运用。

原始文件：下载资源＼实例文件＼第 4 章＼原始文件＼车辆保修记录表 .docx
最终文件：下载资源＼实例文件＼第 4 章＼最终文件＼车辆保修记录表 .docx

步骤01 单击"插入表格"选项。打开原始文件，将光标定位在要插入表格的位置，❶在"插入"选项卡下单击"表格"的下三角按钮，❷在展开的列表中单击"插入表格"选项，如图4-68所示。

图4-68

步骤02 设置插入表格的行列数。弹出"插入表格"对话框，在"列数"文本框中输入"6"，"行数"文本框中输入"11"，如图4-69所示。

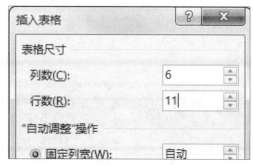

图4-69

步骤03 在表格中输入文本内容。单击"确定"按钮，即可在文档中插入一个11行6列的表格，在表格的每个单元格中按照实际情况输入具体内容，如图4-70所示。

车辆保修记录表

送修日期拿回日期	保养/维修	维修（保养）内容	维修（保养）费用	送修司机（签字）	部门主管（签字）
2月17日	维修	底盘	3050元	黄田	张志和
2月22日					
3月18日	保养	发动机	300元	黄田	张志和
3月26日					
4月19日	维修	刹车片	800元	黄田	张志和
4月23日					
5月20日	维修	水箱	1530元	黄田	张志和
5月25日					
6月23日	维修	保险杠	2080元	黄田	张志和
6月30日					

图4-70

步骤04 合并单元格。❶选择要合并的两个单元格，❷在"表格工具-布局"选项卡下的"合并"组中单击"合并单元格"按钮，如图4-71所示。

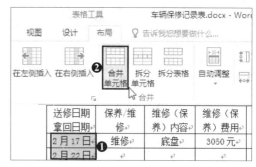

图4-71

步骤05 合并其他单元格。按照上一步骤的方法，将"送修日期拿回日期"列的其他单元格进行合并，合并后效果如图4-72所示。

车辆保修记录表

送修日期拿回日期	保养/维修	维修（保养）内容	维修（保养）费用	送修司机（签字）	部门主管（签字）
2月17日 2月22日	维修	底盘	3050元	黄田	张志和
3月18日 3月26日	保养	发动机	300元	黄田	张志和
4月19日 4月23日	维修	刹车片	800元	黄田	张志和
5月20日 5月25日	维修	水箱	1530元	黄田	张志和
6月23日 6月30日	维修	保险杠	2080元	黄田	张志和

图4-72

步骤06 选择对齐方式。选中整个表格，在"表格工具-布局"选项卡下的"对齐方式"组中单击"水平居中"按钮，如图4-73所示。

图4-73

步骤07 调整首行宽度。选中表格中的第一行，在"表格工具-布局"选项卡下的"单元格大小"组中的"高度"文本框中输入"1.4厘米"，如图4-74所示。

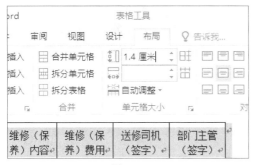

图4-74

步骤09 套用样式后的表格效果。套用了上一步中选择的表格样式后，得到的表格效果如图4-76所示。

车辆保修记录表

送修日期拿回日期	保养/维修	维修（保养）内容	维修（保养）费用	送修司机（签字）	部门主管（签字）
2月17日 2月22日	维修	底盘	3050元	黄田	张志和
3月18日 3月26日	保养	发动机	300元	黄田	张志和
4月19日 4月23日	维修	刹车片	800元	黄田	张志和
5月20日 5月25日	维修	水箱	1530元	黄田	张志和
6月23日 6月30日	维修	保险杠	2080元	黄田	张志和

图4-76

步骤11 选择边框刷。在"表格工具-设计"选项卡下的"边框"组中，单击"边框刷"按钮，当鼠标指针变成笔状时，按住鼠标左键不放在第二行下边框处进行拖动，绘制出一条横线，如图4-78所示。

车辆保修记录表

送修日期拿回日期	保养/维修	维修（保养）内容	维修（保养）费用	送修司机（签字）	部门主管（签字）
2月17日 2月22日	维修	底盘	3050元	黄田	张志和
3月18日 3月26日	保养	发动机	300元	黄田	张志和
4月19日 4月23日	维修	刹车片	800元	黄田	张志和
5月20日 5月25日	维修	水箱	1530元	黄田	张志和
6月23日 6月30日	维修	保险杠	2080元	黄田	张志和

图4-78

步骤08 选择预设表格样式。在"表格工具-设计"选项卡下单击"表格样式"组中的快翻按钮，在展开的库中选择合适的样式，如图4-75所示。

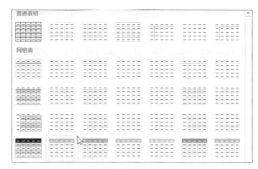

图4-75

步骤10 选择边框样式。❶在"表格工具-设计"选项卡下的"边框"组中单击"边框样式"的下三角按钮，❷在展开的列表中选择合适的样式，如图4-77所示。

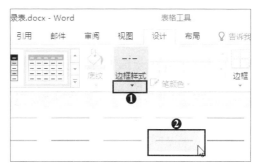

图4-77

步骤12 绘制的线条。拖曳至行末后释放鼠标左键，此时第二行与后面的内容就由一条线条分隔开，最后为表格中文字应用居中对齐方式，使表格美观，如图4-79所示。

车辆保修记录表

送修日期拿回日期	保养/维修	维修（保养）内容	维修（保养）费用	送修司机（签字）	部门主管（签字）
2月17日 2月22日	维修	底盘	3050元	黄田	张志和
3月18日 3月26日	保养	发动机	300元	黄田	张志和
4月19日 4月23日	维修	刹车片	800元	黄田	张志和
5月20日 5月25日	维修	水箱	1530元	黄田	张志和
6月23日 6月30日	维修	保险杠	2080元	黄田	张志和

图4-79

第5章 使用Word制作长文本文档

在使用 Word 办公的过程中，由于长文本文档的纲目结构比较复杂，且内容较多，如果不使用正确的方法，通常会使该文档的制作过程显得复杂。为了简化长文本文档的制作过程，同时保证文档内容层次清晰，可在制作过程中使用 Word 中的样式设置、项目符号、目录及脚注等功能。

本章将结合 Word 的相关知识，介绍如何在 Word 中制作员工管理考勤制度、员工培训管理制度、市场调查报告等长文本文档，使用户能够在正确制作文档的同时，提高工作效率。

5.1 制作员工管理考勤制度

在一篇文档中通常包括标题、副标题、要点和正文等内容，为了对这些内容进行区分，通常会将其设置为不同的样式。在 Word 2016 中，可以通过样式功能对文档中的文本进行设置。

原始文件： 下载资源＼实例文件＼第 5 章＼原始文件＼考勤管理制度 .docx
最终文件： 下载资源＼实例文件＼第 5 章＼最终文件＼考勤管理制度 .docx

5.1.1 应用程序中的预设样式

在 Word 中预设了一些文本样式，为了区分，可为不同的文本选择要套用的预设样式。

步骤01 选择要套用样式的文本。打开原始文件，❶选择要套用样式的文本，这里选择标题"考勤管理制度"，❷在"开始"选项卡下单击"样式"组中的快翻按钮，如图5-1所示。

步骤02 选择要套用的样式。在展开的库中显示了默认的预设样式，选择"标题1"样式，如图5-2所示。

步骤03 套用预设样式后的效果。此时可以看到文档中的"考勤管理制度"自动套用了所选择的"标题1"样式，效果如图5-3所示。此时的标题自动应用了大纲级别，所以会在标题的左侧出现一个小黑点。

图5-1

图5-2

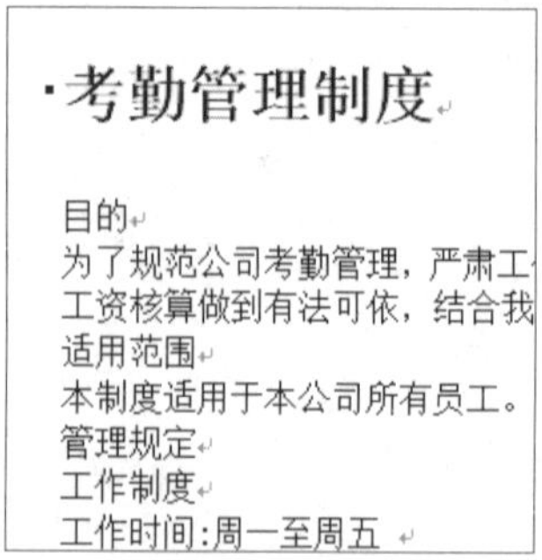

图5-3

步骤04 为小节标题选择要套用的样式。按住【Ctrl】键选择所有的小节标题,在"开始"选项卡下单击"样式"组中的快翻按钮,在展开的库中选择选择"标题2"样式,如图5-4所示。

步骤05 显示"导航"任务窗格。❶切换至"视图"选项卡,❷在"显示"组中勾选"导航窗格"复选框,如图5-5所示。

步骤06 套用样式后的小节标题。打开"导航"任务窗格,此时在下方的列表框中显示出应用了标题样式的标题,效果如图5-6所示。

图5-4

图5-5

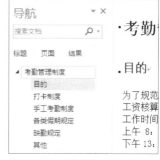

图5-6

5.1.2 修改样式

在应用了预设样式后,如果对该样式的字体、字号等效果不满意,可以对该样式进行修改。

步骤01 单击"修改"命令。继续上小节中的操作,在"开始"选项卡下单击"样式"组中的快翻按钮,在展开的库中显示出了所有的预设样式,❶右击需要修改的样式"标题1"样式,❷在弹出的快捷菜单中单击"修改"命令,如图5-7所示。

步骤02 修改样式。弹出"修改样式"对话框,在"属性"选项组中可以修改样式的名称、样式基准等内容,在"格式"选项组中可以更改样式的字体和段落格式,❶将字体设置为"微软雅黑",❷单击"居中"按钮,如图5-8所示。

步骤03 修改样式后的效果。单击"确定"按钮,返回文档中,可以看到应用了"标题1"样式的"考勤管理制度"字体和对齐方式都做了更改,效果如图5-9所示。

图5-7

图5-8

图5-9

5.1.3 新建样式

在 Word 中有许多预设样式可供选择,若对这些样式都不满意,可以根据需要创建新的样式。

步骤01 单击"样式"组对话框启动器。在"开始"选项卡下单击"样式"组中的对话框启动器,如图5-10所示。

步骤02 单击"新建样式"按钮。打开"样式"任务窗格，在"样式"列表框中显示出了所有的样式，单击"新建样式"按钮，如图5-11所示。

图5-10   图5-11

步骤03 设置新建样式属性。弹出"根据格式设置创建新样式"对话框，❶在"名称"文本框中输入"重点内容"，❷设置"后续段落样式"为"重点内容"，如图5-12所示。

步骤04 单击"字体"选项。❶单击"格式"按钮，❷在展开的列表中单击"字体"选项，如图5-13所示。

步骤05 设置新建样式字体格式。弹出"字体"对话框，❶在"字体"选项卡下设置中文字体为"+中文正文"，❷字形为"加粗"，"字号"为"小四"，❸颜色为"标准色>深红"，❹设置"下划线线型"，并设置下划线颜色为"标准色>浅蓝"，如图5-14所示。

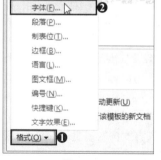

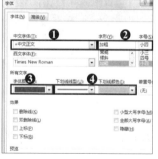

图5-12   图5-13   图5-14

步骤06 单击"段落"选项。单击"确定"按钮，返回"根据格式设置创建新样式"对话框，❶再次单击"格式"按钮，❷在展开的列表中单击"段落"选项，如图5-15所示。

步骤07 设置首行缩进。弹出"段落"对话框，在"缩进和间距"选项卡下设置"特殊格式"为"首行缩进"，"缩进值"自动变为"2字符"，如图5-16所示。

图5-15   图5-16

步骤08 确认新建样式的格式。单击"确定"按钮，返回"根据格式设置创建新样式"对话框，在该对话框下方可预览新建样式的效果，如图5-17所示，如果满意，则单击"确定"按钮。

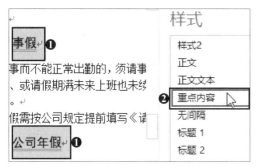

图5-17

步骤09 查看新建的样式。返回文档中，此时在"样式"任务窗格中可以看到新建样式的名称"重点内容"，如图5-18所示。

图5-18

步骤10 应用新建样式。❶选中要应用新建样式的文本，❷在"样式"任务窗格中单击"重点内容"样式，此时可以为选中的文本应用新建样式，应用后效果如图5-19所示。

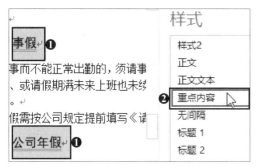

图5-19

步骤11 为其他文本应用新建样式。采用步骤10的方法，选中文档中其他要应用新建样式的文本，在"样式"任务窗格中单击"重点内容"样式，得到的文本效果如图5-20所示。

图5-20

教你一招 删除样式

对于自己新建的样式，若不满意，可以将其删除，但是对于系统预设的样式不能任意删除。具体操作方法如下所示。

打开"样式"任务窗格，选中要删除的样式，单击其右侧的下三角按钮，在展开的下拉列表中单击"删除'重点内容'"选项即可，如图5-21所示。

图5-21

5.2 制作员工培训管理制度

在制作好员工培训管理制度后，为了强调某些文本效果，可在段落前添加项目符号或编号，使文档内容层次更加分明，或者是某些重点能够突出显示。项目符号和编号可以在输入内容时由 Word 自动创建，也可以在现有的文档中快速添加。

原始文件： 下载资源 \ 实例文件 \ 第 5 章 \ 最终文件 \ 考勤管理制度 .docx
最终文件： 下载资源 \ 实例文件 \ 第 5 章 \ 最终文件 \ 考勤管理制度 2.docx

5.2.1 使用项目符号库

Word 2016 提供了一套预设的项目符号，要为文本添加符号，选择项目符号直接套用即可。

步骤01 选择要添加项目符号的内容。打开原始文件，选择标题"目的"下的文本内容，如图5-22所示。

步骤02 选择要套用的项目符号。❶在"开始"选项卡下的"段落"组中单击"项目符号"右侧的下三角按钮，❷在展开的列表中选择合适的项目符号，如图5-23所示。

步骤03 套用项目符号效果。此时，可以看到选中的内容前面自动添加了选择的项目符号，如图5-24所示。

图5-22　　　　　　　　　图5-23　　　　　　　　　图5-24

☀ **提示：自动更正选项**

系统在自动创建项目符号和编号时，会出现"自动更正选项"图标，在不需要更正文本的情况下，可以通过单击此智能标记进行撤销、更正或调整文本。

5.2.2 自定义项目符号

若对于符号库中的项目符号都不满意，可以根据自己的需要自定义项目符号。即在 Word 中重新选择项目符号，并设置其颜色、对齐方式等。

步骤01 选择要应用自定义项目符号的内容。继续上小节中的操作，按住【Ctrl】键选择要应用自定义项目符号的内容，如图5-25所示。

步骤02 单击"自定义项目符号"选项。❶在"开始"选项卡下的"段落"组中单击"项目符号"右侧的下三角按钮，❷在展开的列表中单击"定义新项目符号"选项，如图5-26所示。

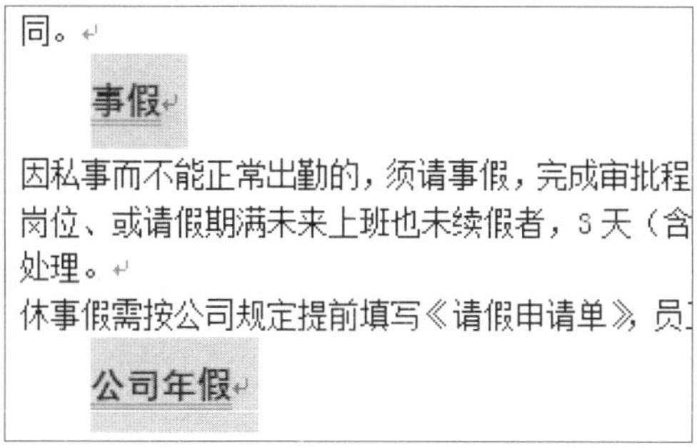

同。

因私事而不能正常出勤的，须请事假，完成审批程
岗位、或请假期满未来上班也未续假者，3天（含
处理。

休事假需按公司规定提前填写《请假申请单》，员工

公司年假

图5-25

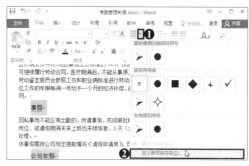

图5-26

步骤03 选择项目符号字符。弹出"定义新
项目符号"对话框，在"项目符号字符"选
项组中单击"符号"按钮，如图5-27所示。

步骤04 选择符号。弹出"符号"对话框，
❶首先设置"字体"为"Wingdings"，❷在
下方列表框中选择符号，这里选择如图5-28
所示的符号。

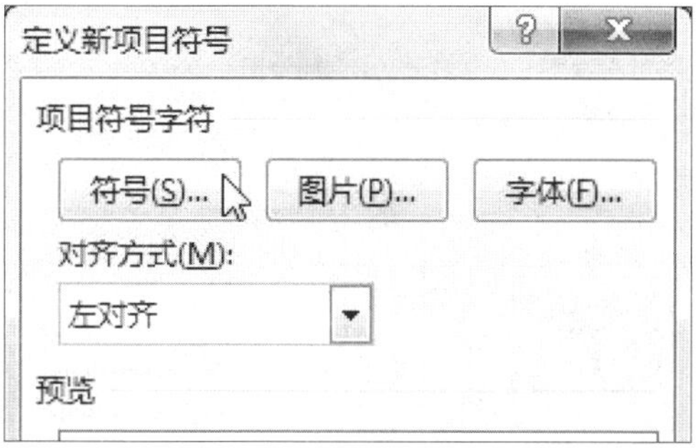

图5-27

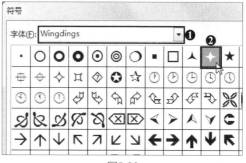

图5-28

步骤05 单击"字体"按钮。单击"确定"
按钮，返回"定义新项目符号"对话框中，
单击"字体"按钮，如图5-29所示。

步骤06 设置字体格式。弹出"字体"对话
框，❶在"字体"选项卡下，设置所添加符号
的字号为"四号"，❷字形为"加粗"，❸字
体颜色为"标准色>橙色"，如图5-30所示。

图5-29

图5-30

步骤07 预览自定义的项目符号。单击"确
定"按钮，返回"定义新项目符号"对话框，
在"预览"选项组中可以预览自定义的项目符
号，如图5-31所示，最后单击"确定"按钮。

步骤08 应用自定义项目符号的效果。返回
文档中，此时所选内容自动应用了添加的自
定义项目符号，效果如图5-32所示。

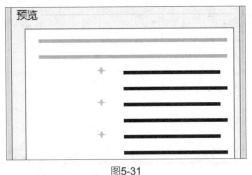

图5-31　　　　　　　　　　　　　　图5-32

---

❶在"定义新项目符号"对话框中单击"图片"按钮，如图5-33所示。❷弹出"插入图片"对话框，选中"菊花.jpg"，如图5-34所示，最后单击"插入图片"按钮。❸此时返回到"定义新项目符号"对话框中，在"预览"下可以看到插入图片的效果，如图5-35所示。

图5-33　　　　　　　　图5-34　　　　　　　　图5-35

5.2.3　自定义编号

如果不满意Word预设的段落编号格式，可以为段落设置自定义编号。具体的操作方法如下。

步骤01 单击"定义新编号格式"选项。继续上小节中的操作，选择"目的"为要应用自定义项目编号的文本内容，❶在"开始"选项卡下的"段落"组中单击"编号"右侧的下三角按钮，❷在展开的列表中单击"定义新编号格式"选项，如图5-36所示。

步骤02 选择编号样式。弹出"定义新编号格式"对话框，❶单击"编号样式"右侧的下三角按钮，❷在展开的列表中选择合适的样式，如图5-37所示。

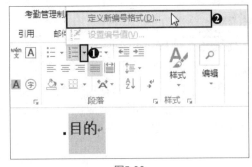
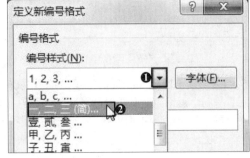

图5-36　　　　　　　　　　　　　　图5-37

步骤03 单击"字体"按钮。选定编号样式后，需继续设置编号的字体格式，单击"字体"按钮，如图5-38所示。

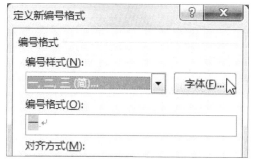

图5-38

步骤05 预览自定义编号样式。返回"定义新编号格式"对话框中，在"预览"选项组中可预览自定义的编号样式，如图5-40所示，最后单击"确定"按钮。

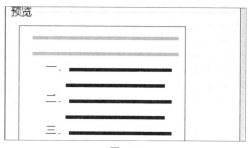

图5-40

步骤07 选择自定义编号。❶选择第二节标题"打卡制度"，❷在"开始"选项卡下的"段落"组中单击"编号"右侧的下三角按钮，❸在展开的列表中选择自定义的编号，如图5-42所示。

图5-42

步骤04 设置编号字体格式。弹出"字体对话框"，在"字体"选项卡下，❶设置编号的"字形"为"加粗"，❷"字号"为"小三"，❸"字体颜色"为"标准色>深红"，如图5-39所示，最后单击"确定"按钮。

图5-39

步骤06 套用自定义编号的效果。返回文档中，此时可以看到"目的"前面自动添加了定义的编号，效果如图5-41所示。

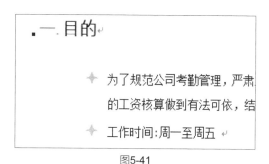

图5-41

步骤08 继续编号。此时可以看到"打卡制度"前面自动添加了自定义的编号，但很明显已经是第"二"点，需要更改编号，❶单击编号左侧的"自动更正选项"图标右侧的下三角按钮，❷在展开的列表中单击"继续编号"选项，如图5-43所示。

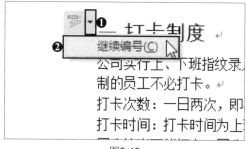

图5-43

步骤09 **继续编号后的效果。**此时可以看到“打卡制度”前面自动将编号更改为“二.”，继第一点后进行了编号，如图5-44所示。

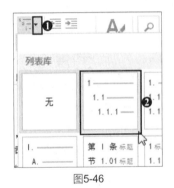

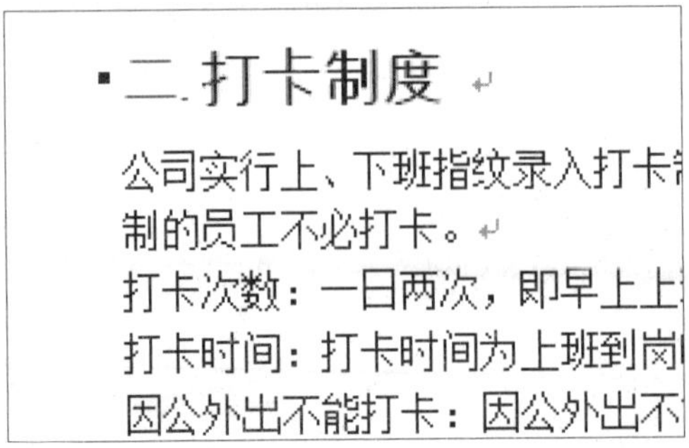
二. 打卡制度
公司实行上、下班指纹录入打卡
制的员工不必打卡。
打卡次数：一日两次，即早上上
打卡时间：打卡时间为上班到岗
因公外出不能打卡：因公外出不

图5-44

步骤10 **为其他节标题套用自定义编号。**采用相同的方法，为其他节标题套用自定义编号，得到如图5-45所示的效果。

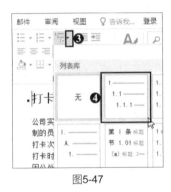

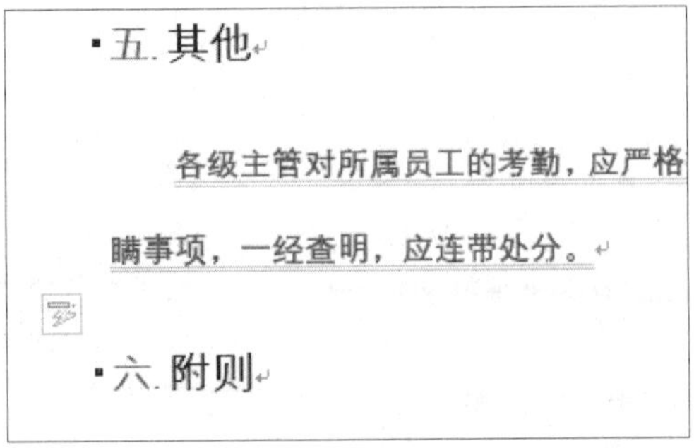
五. 其他
各级主管对所属员工的考勤，应严格
瞒事项，一经查明，应连带处分。
六. 附则

图5-45

提示：设置编号值

除了使用“自动更正选项”的“继续编号”选项来更正编号外，还可以重新设置编号值，方法为：单击“编号”右侧的下三角按钮，在展开的列表中单击“设置编号值”选项，将弹出“起始编号”对话框，在“值设置为”文本框中输入要更改为的编号即可。

教你一招 自定义多级列表样式

Word 提供了 7 种预设的多级符号格式。在文档中经常用不同的缩进距离来表示不同层次的段落，可以通过 Word 设置多级符号来标示它们。在为文档添加多级符号时，Word 能识别不同的缩进层次，并为各层次加上相应格式的多级符号。

原始文件：下载资源\实例文件\第 5 章\最终文件\考勤管理制度 .docx

最终文件：下载资源\实例文件\第 5 章\最终文件\考勤管理制度 3.docx

打开原始文件，选择文档中的“目的”文本，❶在“开始”选项卡下的“段落”组中单击“多级列表”右侧的下三角按钮，❷在展开的列表中选择合适的样式，如图 5-46 所示。返回文档中，此时“目的”前面自动添加了“1”的节标题符号，❸继续为“打卡制度”添加多级列表，单击“多级列表”按钮，❹在展开的样式库中选择相同样式，如图 5-47 所示。采用同样的方法，为其他四个小节标题应用并更改列表编号，最后得到的效果如图 5-48 所示。

❶
列表库
无
1.1
1.1.1
❷
第 1 条 标题
节 1.01 标题

图5-46

邮件
审阅
视图
告诉我...
登录
❸
列表库
无
❹
1.1
1.1.1
打卡
公司实
制的员
打卡次
打卡时
第 1 条 标题
节 1.01 标题
(a) 标题 3

图5-47

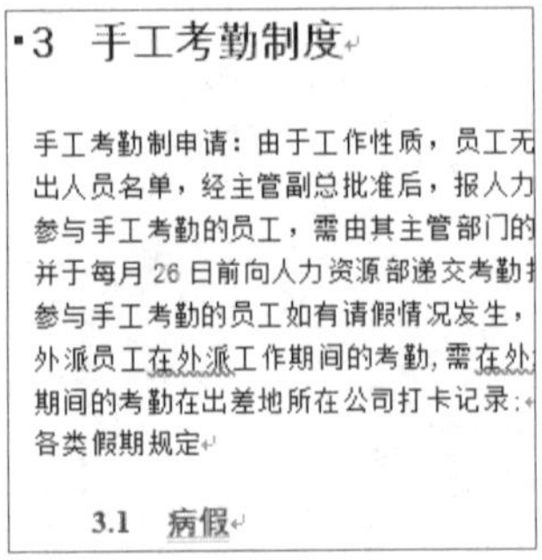
3 手工考勤制度
手工考勤制申请：由于工作性质，员工无
出人员名单，经主管副总批准后，报人力
参与手工考勤的员工，需由其主管部门的
并于每月 26 日前向人力资源部递交考勤
参与手工考勤的员工如有请假情况发生，
外派员工在外派工作期间的考勤，需在外
期间的考勤在出差地所在公司打卡记录：
各类假期规定
3.1 病假

图5-48

5.3　制作市场调查报告

任何一个企业都只有在对市场情况做实际了解的前提下，才能有针对性地制定市场营销策略和企业经营发展策略。所以，进行市场调查是一项必不可少的工作。

本节将以市场调查报告为例，介绍 Word 2016 中大纲级别的调整、目录的创建及目录的更新等知识。

原始文件：下载资源 \ 实例文件 \ 第 5 章 \ 原始文件 \ 市场调查报告 .docx
最终文件：下载资源 \ 实例文件 \ 第 5 章 \ 最终文件 \ 市场调查报告 .docx

5.3.1　设置大纲

大纲是著作、演讲稿、计划等系统排列的内容要点。在 Word 2016 中可以使用大纲视图中的大纲工具处理文档的层次结构，它是创建目录之前的必要工作。

Word 中提供了 9 个级别的标题样式，并允许为段落设置 10 个不同的大纲级别：最高 1 级，其次 2 级，然后依次是 3 级、4 级、5 级……直到 9 级，一共可以有 9 个级别的标题，最后是非标题的"正文文本"。Word 的大纲视图和文档结构图就是根据文档中各个段落的大纲级别来显示文档结构的。

步骤01　单击"大纲视图"按钮。打开原始文件，❶切换至"视图"选项卡，❷单击"视图"组中的"大纲视图"按钮，如图5-49所示。

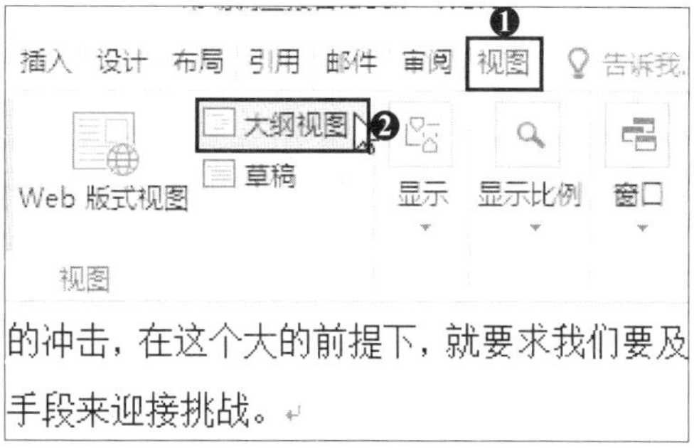

步骤02　显示大纲视图的效果。此时文档进入大纲视图下，所有内容都被当作正文文字，如图5-50所示。

图5-49

图5-50

步骤03　提升文本级别。❶选中"服装市场调查报告"文本，❷在"大纲"选项卡下的"大纲工具"组中单击"提升至标题1"按钮，如图5-51所示。若要逐级提升文本，则单击"升级"按钮。

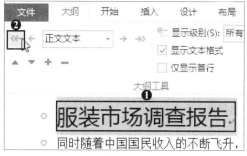

图5-51

步骤04 显示提升文本级别后的效果。此时，在"大纲工具"组中的"提升级别"下拉列表框中显示了"1级"字样，如图5-52所示，然后用相同的方法提升其他应用标题1样式的文本。

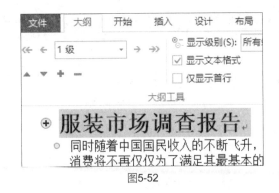

图5-52

💡 **提示：仅显示首行**

如果文档内容过多时，为了更好地调整文档的大纲级别，可以只显示文档中每个段落文本的首行，将其余文本隐藏，减少翻阅文档的时间，具体操作如下。

切换至"大纲"选项卡下，在"大纲工具"组中勾选"仅显示首行"复选框，如图5-53所示。

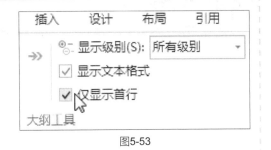

图5-53

步骤05 降低文本级别。如果将文本的大纲级别提升过高时，可以降低文本的级别。例如"第一章 概论"文本的级别已提升至"1级"，❶可以将光标置于"第一章 概论"，也可以直接选中，❷单击"大纲工具"组中的"降级"按钮➡，如图5-54所示。若要将文本直接降为正文文本级别，只需单击"降级为正文"按钮➡➡即可。

步骤06 显示降级后的效果。选中文本的大纲级别从之前的1级降为2级了，如图5-55所示。

图5-54

图5-55

步骤07 直接选取大纲级别。将光标置于要调整大纲级别的文本段落中，❶在"大纲工具"组中单击"大纲级别"右侧的下三角按钮，❷在展开的下拉列表中单击"2级"选项，如图5-56所示。

步骤08 显示设置大纲级别的效果。此时光标所在段落的大纲级别直接被设置为2级，如图5-57所示，然后用任意一种方法为文档中的其他文本设置需要的大纲级别。

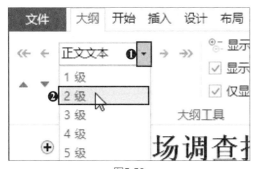

图5-56

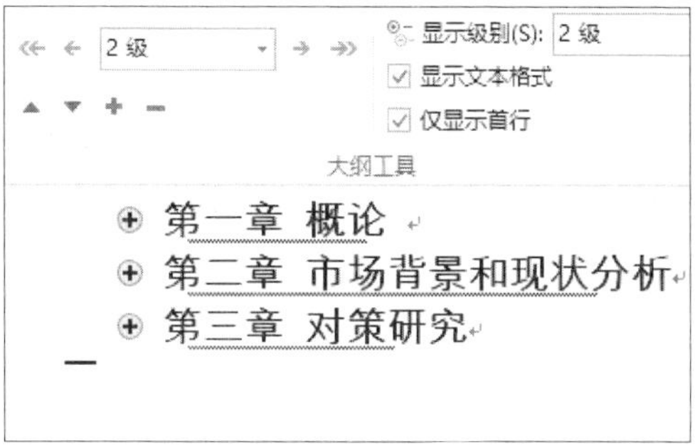

图5-57

💡 提示：显示指定级别的内容

如果需要显示某个级别的内容，可以直接使用"显示级别"功能来实现，避免使用"折叠"和"展开"按钮一个一个地隐藏或显示项目内容，具体操作如下。在"大纲工具"组中单击"显示级别"右侧的下三角按钮，在展开的下拉列表中选择需要显示的大纲级别，如图5-58所示，即可显示选定级别的项目内容。

图5-58

步骤09 隐藏所选项目内容。将光标置于要隐藏大纲级别的文本段落中，单击"大纲工具"组中的"折叠"按钮，如图5-59所示。

步骤10 隐藏所选项目内容的效果。此时光标所在级别的文本段落被隐藏了，只显示了大纲级别所在段落名称（标题段落），如图5-60所示。

步骤11 退出大纲级别编辑视图。完成文档大纲级别的调整后，单击"大纲"选项卡下"关闭"组中的"关闭大纲视图"按钮，如图5-61所示，即可退出文档的大纲视图。

图5-59

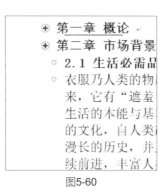

图5-60

图5-61

5.3.2 自定义插入目录

在使用大纲对文档的层次进行调整后，可以使用 Word 中的自动生成目录功能快速生成文档的目录。这样只要在按【Ctrl】键的同时单击目录中的某个页码，就可以跳转到该页码对应的标题上，使翻阅文档更方便、快捷。

步骤01 单击"目录"选项。继续上小节中的操作，❶将光标置于插入目录的位置，❷切换至"引用"选项卡下，❸单击"目录"组中"目录"的下三角按钮，如图5-62所示。

步骤02 单击"自定义目录"选项。在展开的列表中单击"自定义目录"选项，如图5-63所示。

步骤03 设置选择制表符前导符。弹出"目录"对话框，在"打印预览"列表框中显示了目录格式，设置"制表符前导符"为如图5-64所示样式。

图5-62

图5-63

图5-64

步骤04 选择目录格式。❶接着在"常规"选项组中单击"格式"右侧的下三角按钮，❷在展开的列表中单击"正式"选项，如图5-65所示。

步骤05 显示插入的目录效果。可直接在"打印预览"列表框中显示选定的目录格式，设置完成后单击"确定"按钮，即可在光标所在位置插入目录，如图5-66所示。

图5-65

图5-66

5.3.3 更新目录

插入目录后，如果在文档中进行了增加或者删除文本的操作，使页码发生变化，或者在文档中标记了新的目录项时，都需要使用 Word 中的更新目录功能重新编制文档的目录。

步骤01 选中要更新的目录。继续上小节中的操作，单击要更新目录的任意位置，使其成为浅灰色，如图5-67所示。

图5-67

步骤02 单击"更新目录"按钮。在"引用"选项卡下"目录"组中单击"更新目录"按钮，如图5-68所示。

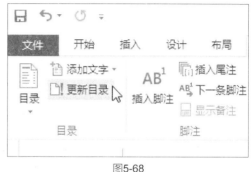

图5-68

步骤03 选择更新选项。弹出"更新目录"对话框，❶单击"更新整个目录"单选按钮，❷单击"确定"按钮，如图5-69所示，它用于重新编辑更新后的目录。如果在编制目录后，只是增加或删除内容引起页码变化，只需单击"只更新页码"单选按钮即可。

步骤04 显示更新后的目录。设置完成后，Word将按照新设置的大纲级别建立全新的目录，如图5-70所示。它在原有目录基础上增加了3级目录。

图5-69

图5-70

教你一招 删除目录

当文档中不再需要目录时，可以直接将目录删除，具体操作为：切换至"引用"选项卡下，❶单击"目录"组中的"目录"按钮，如图 5-71 所示。❷在展开的下拉列表中单击"删除目录"选项，如图 5-72 所示，即可以将文档中的目录删除。

图5-71

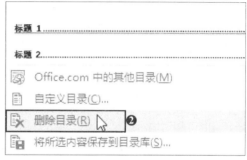

图5-72

提示：用键盘按键【Delete】键删除目录

除了可以使用 Word 2016 中提供的删除目录功能删除当前文档中的目录外，还可以直接选中要删除的目录，按下【Delete】键，即可删除选中的目录。

5.4 制作项目工作简报

在编写简报时，通常会引用一些语录或是名人名言，而为了表明这些语录或名言的出处，就需要为其添加注释。一般注释分为脚注和尾注两种，脚注通常加在当前页的下端，用一条直线与正文分隔开；尾注加在文档的末尾或节的末尾。一般情况下，用脚注对内容做详细说明，用尾注指出引用资料的来源。

原始文件： 下载资源 \ 实例文件 \ 第 5 章 \ 原始文件 \ 项目工作简报 .docx
最终文件： 下载资源 \ 实例文件 \ 第 5 章 \ 最终文件 \ 项目工作简报 .docx

5.4.1 插入脚注

脚注由两个相关联的部分“脚注标记”和“脚注内容”组成。“脚注标记”出现在文本正文中时，一般是一个上解标记字符，用来表示脚注的存在，一页中有多个脚注时，可用带有数字的脚注标记表明脚注的序号。

步骤01 **单击“插入脚注”按钮。**打开原始文件，❶将光标置于要插入脚注文本内容“肉牛”后面，❷在“引用”选项卡下的“脚注”组中单击“插入脚注”按钮，如图5-73所示。

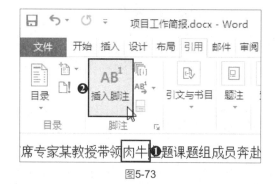

图5-73

步骤02 **显示脚注标记。**此时在当前页的页脚位置显示了脚注标记“1”，如图5-74所示。

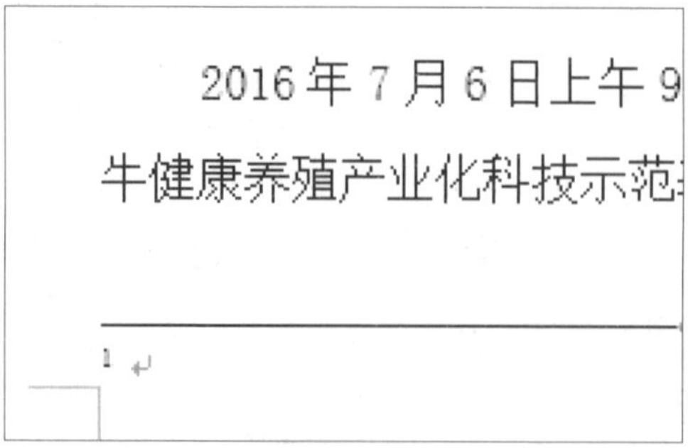

图5-74

步骤03 **输入脚注文本。**在脚注编辑区中输入注释文本，如图5-75所示。

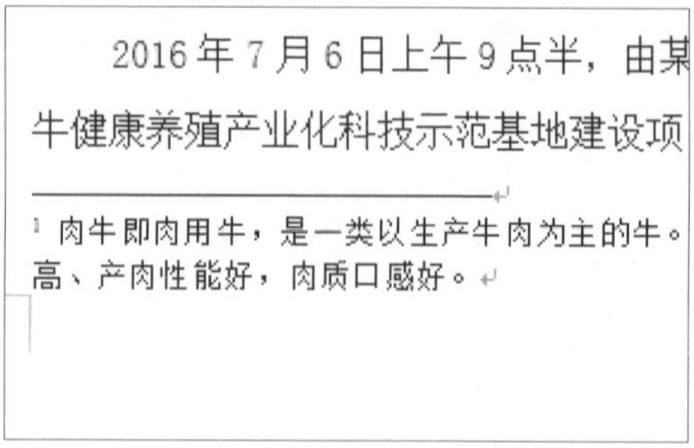

图5-75

步骤04 **单击“插入脚注”按钮。**❶接着将光标置于下一个要插入脚注的文本后，❷再次单击“脚注”组中的“插入脚注”按钮，如图5-76所示。

文件
开始
插入
设计
布局
引用
目录
AB1
插入脚注
引文与书
目录
脚注
疾病”的讲座，从肉牛疫病的流行

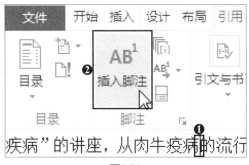

图5-76

步骤05 **输入第二个脚注文本。**此时系统将自动为添加的脚注标记进行编号，默认编号为2，继续在脚注标记后输入需要的注释文本，如图5-77所示。

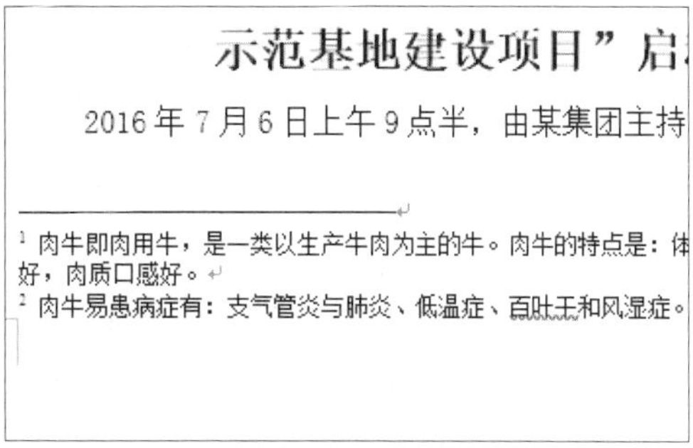

示范基地建设项目”启
2016年7月6日上午9点半，由某集团主持
1 肉牛即肉用牛，是一类以生产牛肉为主的牛。肉牛的特点是：体
好，肉质口感好。
2 肉牛易患病症有：支气管炎与肺炎、低温症、百叶干和风湿症。

图5-77

5.4.2 插入尾注

尾注位于文档结尾处，主要用来集中解释文档中要注释的内容或标注文档中所引用的其他文章名称。在 Word 文档中，插入尾注的具体操作如下。

步骤01 **剪切要添加至尾注的文本。**继续上小节中的操作，在文档中选中引用语句中的作者及书名，按【Ctrl+X】组合键将要添加至尾注的文本复制到剪贴板中，如图5-78所示。

苦其心志，劳其筋骨，饿其体肤，空乏其身
”——孟子《生于忧患，死于安乐》

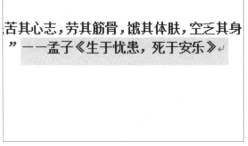

图5-78

步骤02 **单击“插入尾注”按钮。**❶将光标置于要插入尾注的文本后，❷单击“脚注”组中的“插入尾注”按钮，如图5-79所示。

插入
设计
布局
引用
邮件
审阅
插入尾注
管理源
AB1
下一条脚注
样式：APA
插入脚注
显示备注
插入引文
书目
脚注
引文与书目
任于是人也，必先苦其心志，劳其筋骨，饿其体肤，
，曾益其所不能。”

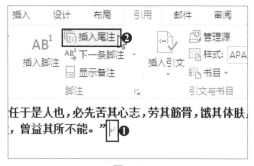

图5-79

步骤03 **复制文本。**此时在文档的最后一页添加了尾注标记，将光标置于尾注标记后，按【Ctrl+V】组合键将复制到“剪贴板”中的内容粘贴到当前位置，如图5-80所示。

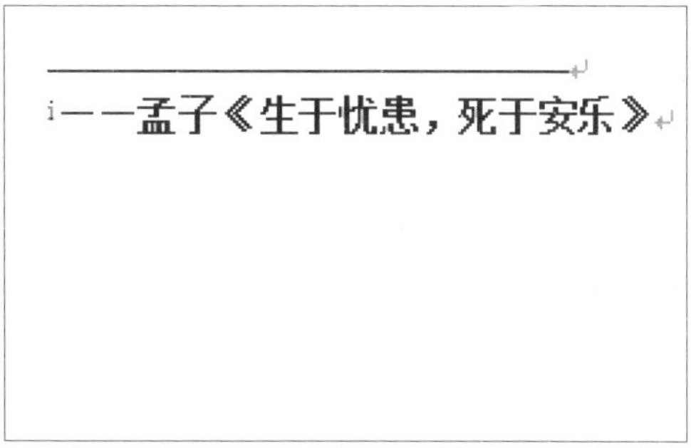

i——孟子《生于忧患，死于安乐》

图5-80

步骤04 添加第二个尾注。用相同的方法为"有志者，事竟成"文本添加尾注，在插入尾注时，默认的尾注标记为"ii"，然后输入尾注文本，如图5-81所示。

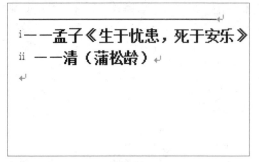

i——孟子《生于忧患，死于安乐》
ii ——清（蒲松龄）

图5-81

5.4.3 设置脚注与尾注格式

在插入脚注和尾注时，可以看到插入的脚注和尾注都有默认的编号格式，如果对脚注与尾注的编号格式不满意，可以对脚注和尾注进行格式设置。

步骤01 启动对话框。继续上小节中的操作，在"引用"选项卡下单击"脚注"组中的"脚注"对话框启动器按钮，如图5-82所示。

步骤02 设置尾注位置。弹出"脚注和尾注"对话框，❶在"位置"选项组中单击"尾注"单选按钮，❷然后单击右侧的下三角按钮，❸在展开的列表中单击"节的结尾"选项，如图5-83所示。

图5-82

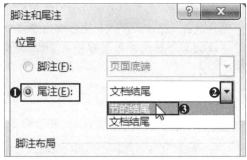

图5-83

💡 **提示：脚注与尾注的相互转换**

有时希望将脚注改成尾注或将尾注转换为脚注，这种改变可以在一个注释间进行，也可以在所有的脚注和尾注间进行。只需打开"脚注和尾注"对话框，单击"转换"按钮，弹出"转换注释"对话框，单击需要的转换单选按钮选项即可，如图 5-84 所示。

图5-84

步骤03 选择编号格式。❶在"格式"选项组中单击"编号格式"右侧的下三角按钮，❷在展开的下拉列表中选择需要的编号格式，如图5-85所示。

步骤04 选择编号。❶在"起始编号"文本框中输入"（一）"，❷单击"编号"右侧的下三角按钮，❸在展开的列表中单击"每节重新编号"选项，如图5-86所示。

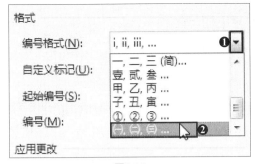

图5-85

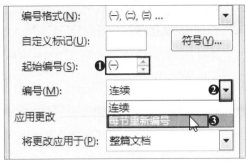

图5-86

步骤05 应用设置的编号格式。完成尾注格式设置后，单击"应用"按钮，如图5-87所示，即可对文档中现有尾注的标记格式进行修改。

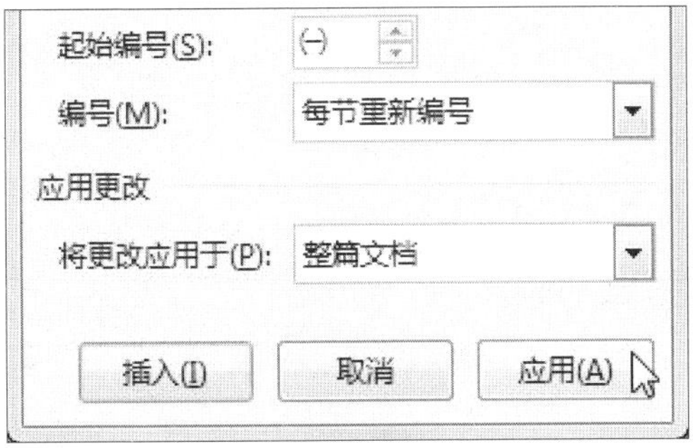

步骤06 显示更改后的尾注效果。此时文档中的尾注标记更改为指定的编号格式，如图5-88所示。

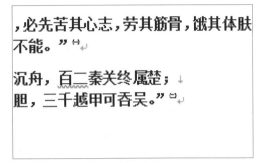

图5-87

图5-88

教你一招 查看脚注与尾注

当文档中的脚注与尾注有很多，且比较分散时，如果通过拖动的方式一个一个地寻找查看，会很麻烦，此时可以通过以下两种方法来快速查看脚注与尾注。

▶方法一：❶在"引用"选项卡下的"脚注"组中，单击"下一条脚注"右侧的下三角按钮，❷在展开的列表单击"下一条脚注"选项，如图5-89所示，即可很方便地在脚注标记间前后移动，并找到要查看的脚注。

▶方法二：将鼠标移动到脚注标记上，如图5-90所示，此时，可以在屏幕提示框中显示出该脚注的内容。

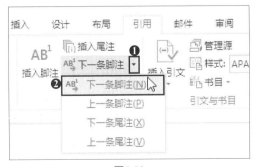

图5-89

图5-90

　　为进一步巩固本章所学知识，加深理解和应用，下面以制作新员工培训方案为例，综合应用本章所学知识点。

原始文件： 下载资源 \ 实例文件 \ 第 5 章 \ 原始文件 \ 新员工培训方案 .docx
最终文件： 下载资源 \ 实例文件 \ 第 5 章 \ 最终文件 \ 新员工培训方案 .docx

步骤01 为标题选择样式。打开原始文件，❶选择培训方案的标题，❷在"开始"选项卡下单击"样式"组中的快翻按钮，如图5-91所示。

步骤02 单击"修改"命令。在展开的库中选择"标题1"样式。❶随后右击"标题1"样式，❷在弹出的快捷菜单中单击"修改"命令，如图5-92所示。

图5-91

图5-92

步骤03 修改样式。弹出"修改样式"对话框，❶在"格式"选项组中首先将字体更改为"华文隶书"，❷再单击"居中"按钮，设置居中对齐，如图5-93所示。

步骤04 修改样式后的效果。单击"确定"按钮，返回文档中，套用了修改后的"标题1"样式效果如图5-94所示。

图5-93

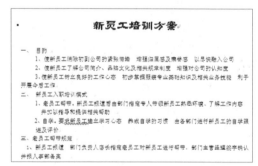

图5-94

步骤05 选择要应用的编号。❶选择小节标题"培训目的"，❷在"开始"选项卡下的"段落"组中单击"编号"右侧的下三角按钮，❸在展开的列表中选择编号样式，如图5-95所示。

步骤06 为下一个小节标题选择应用的编号。❶接着选择第二个小节标题"新员工入职培训模式"，❷再次单击"编号"右侧的下三角按钮，❸在展开的列表中选择编号样式，如图5-96所示。

图5-95

图5-96

步骤07 继续编号。❶单击"自动更正选项"图标右侧的下三角按钮，❷在展开的下拉列表中单击"继续编号"选项，如图5-97所示。

步骤08 为其他小节标题继续编号。继续为其他两个小节标题套用同样的编号样式，并设置"继续编号"，最后得到的效果如图5-98所示。

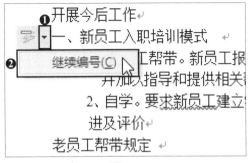

图5-97

图5-98

步骤09 单击"新建样式"按钮。单击"样式"组对话框启动器，弹出"样式"任务窗格，在"样式"任务窗格中单击"新建样式"按钮，如图5-99所示。

步骤10 新建"小节标题"样式。弹出"根据格式设置创建新样式"对话框，❶在"名称"文本框中输入"小节标题"，❷设置"后续段落样式"为"小节标题"，❸在"格式"选项组中设置字体格式为"微软雅黑""小三""加粗""标准色>绿色"，如图5-100所示。

图5-99

图5-100

步骤11 单击"段落"选项。❶单击"格式"按钮，❷在展开的下拉列表中单击"段落"选项，如图5-101所示。

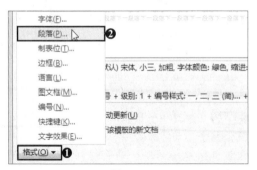

图5-101

步骤12 选择大纲级别。弹出"段落"对话框，❶单击"缩进和间距"选项卡下的"大纲级别"，❷在弹出的下拉列表中选择"2级"级别，如图5-102所示。

图5-102

步骤13 套用"小节标题"样式。连续单击"确定"按钮返回文档中，❶选择"一、培训目的"，❷在"样式"任务窗格中单击要应用的"小节标题"样式，如图5-103所示。

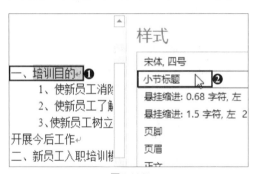

图5-103

步骤14 为其他小节标题套用样式。采用步骤12的方法，选择其他小节标题，为其套用"小节标题"样式，最后得到的效果如图5-104所示。

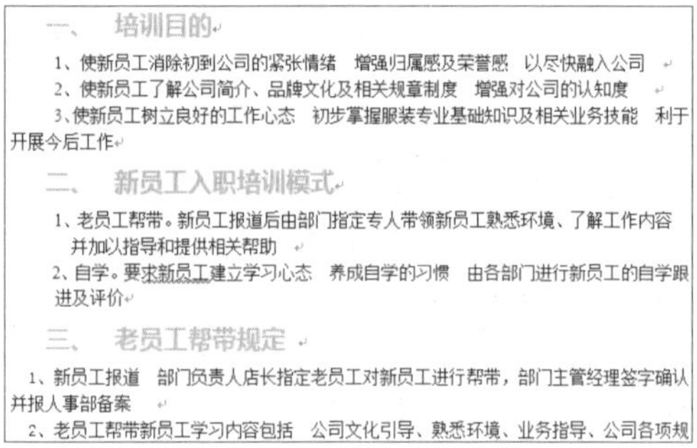

图5-104

读书笔记

第6章 使用Word审阅和保护文档

在日常工作中，如果收到用英文或繁体中文撰写的文档，可以直接用 Word 完成翻译或繁转简处理。编排好文档后，还可进行审阅以保证内容的准确。如果文档内容比较机密，还需对文档进行密码保护。本章将通过典型实例对 Word 2016 中的翻译、繁转简、审阅、批注及保护等功能进行详细介绍。

6.1 了解公司来电内容

当公司涉外的业务部门比较多时，由于涉及的客户类型不一，可能是国外客户，也可能是喜欢使用繁体字的客户，为了便于阅读，通常需要将不同类型的信函统一为简体字的格式。

6.1.1 使用英语助手翻译英文

在某些情况下，用户可能会收到来自客户发送的英文电函，除了借助各种翻译软件进行翻译，也可以直接使用 Word 中的翻译功能。

原始文件： 下载资源 \ 实例文件 \ 第 6 章 \ 原始文件 \ 英文邀请函 .docx
最终文件： 下载资源 \ 实例文件 \ 第 6 章 \ 最终文件 \ 英文邀请函 .docx

步骤01 单击"翻译所选文字"选项。打开原始文件，❶选择要翻译的英文文本，❷在"审阅"选项卡下单击"语言"组中 "翻译"的下三角按钮，❸在展开的列表中单击"翻译所选文字"选项，如图6-1所示。

步骤02 翻译的结果。弹出"信息检索"任务窗格，在该任务窗格中显示了翻译的结果，如图6-2所示。

图6-1

图6-2

步骤03 插入翻译结果。❶在"信息检索"任务窗格中单击"插入"右侧的下三角按钮，❷在展开的列表中单击"插入"选项，如图6-3所示。

步骤04 插入的翻译结果。此时，光标所在处显示出了翻译的结果，适当调整段落的格式，得到翻译结果，如图6-4所示。

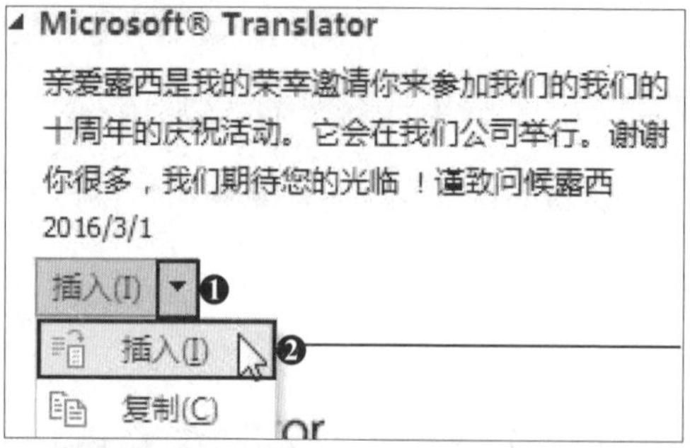

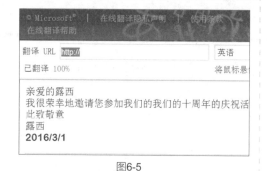

图6-3

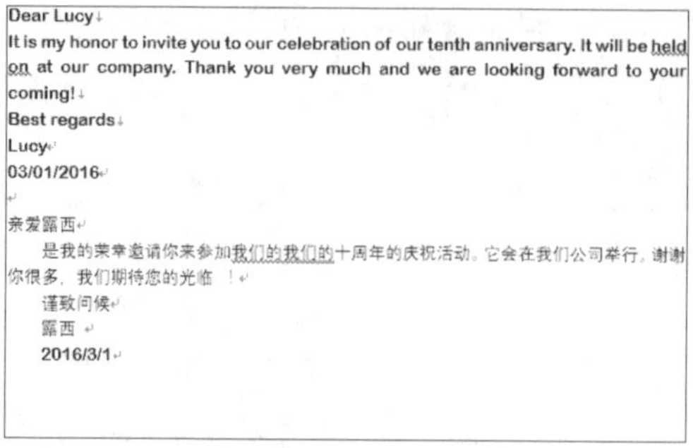

图6-4

还可以将英文发送到网站上进行翻译。方法为：选中需要翻译的内容，在"审阅"选项卡下单击"翻译"按钮，在弹出的下拉菜单中单击"翻译文档[中文（中国）至英语（美国）]"选项，最后在浏览器中显示出翻译结果，如图6-5所示。

图6-5

6.1.2　将繁体字转换为简体字

在实际工作中，偶尔会碰到一些含有繁体字的文档或电函，可直接借助 Word 中的繁转简功能实现转化。

原始文件：下载资源＼实例文件＼第 6 章＼原始文件＼繁体邀请函 .docx
最终文件：下载资源＼实例文件＼第 6 章＼最终文件＼繁体邀请函 .docx

步骤01 单击"繁转简"按钮。打开原始文件，❶选择要翻译的繁体文本，❷在"审阅"选项卡下单击"繁转简"按钮，如图6-6所示。

步骤02 转换为简体中文的结果。此时，所选的文本内容转换为了简体中文，如图6-7所示。

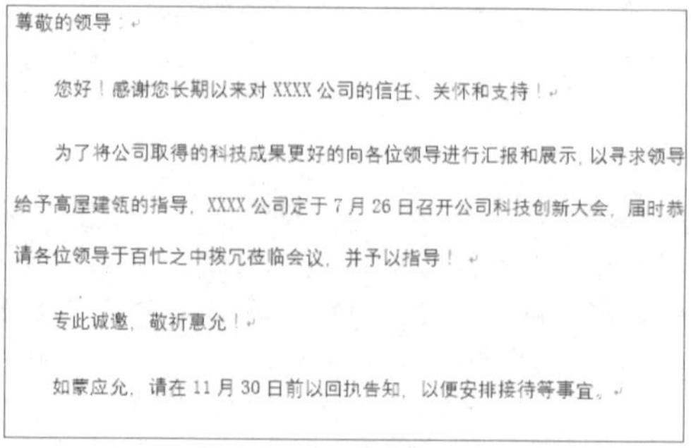

图6-6

图6-7

6.1.3 查看文档的页数和字数

若需要对文档的篇幅进行控制，可使用 Word 中的"字数统计"功能随时查看文档的页数和字数。

原始文件： 下载资源 \ 实例文件 \ 第 6 章 \ 原始文件 \ 繁体邀请函 .docx
最终文件： 无

步骤01 单击"字数统计"按钮。打开原始文件，在"审阅"选项卡下的"校对"组中单击"字数统计"按钮，如图6-8所示。

步骤02 统计的页数。弹出"字数统计"对话框，在"统计信息"下方显示了出了统计的页数及统计的字数等信息，如图6-9所示。

图6-8

图6-9

💡 **提示：在状态栏中查看页数和字数**

除了可以在打开的"字数统计"对话框中查看文档页数和字数以外，还可以直接在状态栏中查看当前定位的页数及文档的总页数、总字数，如图 6-10 所示。

图6-10

6.2 审阅下属部门的工作总结报告

下属部门的工作总结报告主要记载该部门的重大进展和发现、对整个公司或该部门的想法和建议及要解惑的顾虑等。为了保证文档内容的准确性，需对报告进行多次审阅。

原始文件： 下载资源 \ 实例文件 \ 第 6 章 \ 原始文件 \ 工作总结 .docx
最终文件： 下载资源 \ 实例文件 \ 第 6 章 \ 最终文件 \ 审阅工作总结 .docx

6.2.1 在文档中添加批注

在办公中，经常遇到领导审阅公司或下属部门文件的情况，为了对文档中的部分内容进行注释，可以使用批注功能。Word 中的批注都是由审阅者的名称开头，后面跟着一个批注号。

步骤01 单击"新建批注"按钮。打开原始文件，❶选择要添加批注的文本，如选择"开创"，❷在"审阅"选项卡下的"批注"组中单击"新建批注"按钮，如图6-11所示。

步骤02 添加的批注框。此时，在"开创"右侧显示出一个批注框，批注框中显示了批注者的名称，如图6-12所示。

图6-11

图6-12

步骤03 输入批注内容。在批注框的批注者名称后面输入对选中文本的更改或建议，如输入"更改为'创造'"，如图6-13所示。

步骤04 添加其他批注。采用上述步骤的方法，选择工作报告中其他需要批注的文本，继续添加批注，添加完毕后的效果如图6-14所示。

图6-13

图6-14

6.2.2 对文档进行修订

针对上属领导批注的建议，下属部门就需要认真地修订工作报告。此时可以直接使用Word中的修订功能对批注的内容进行解释和更改，在修订状态中，所有对文档的操作都被记录下来。

步骤01 激活修订状态。继续上小节中的操作，❶在"审阅"选项卡下"修订"组中单击"修订"的下三角按钮，❷在展开的列表中单击"修订"选项，如图6-15所示。

图6-15

步骤02 更改"开创"为"创造"。首先对第一处批注进行修订，删除原有的"开创"，此时在"开创"中部出现一道红线，重新输入要更改为的文本"创造"，效果如图6-16所示。

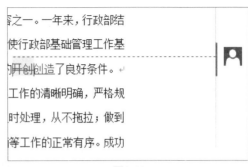

图6-16

步骤03 删除"几个"。更改第六处批注，删除原有的"几个"，此时在"几个"中部出现一道红线，重新输入要更改为的文本"三个"，效果如图6-17所示。

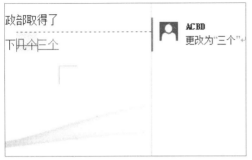

图6-17

步骤04 修订文本格式。修改第五处批注，选中添加了批注的三段文本，将其字体颜色更改为"深红"色，并单击"倾斜"按钮使字体倾斜，此时在修订框中显示出了对文本格式的更改，如图6-18所示。

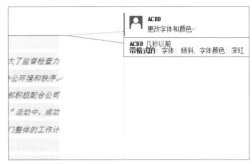

图6-18

6.2.3 更改修订显示效果

默认情况下，修订中的插入内容、删除内容及批注框的颜色都是固定的，如果对此不满意，可以根据自己喜好，更换这些选项的颜色。

步骤01 单击"修订选项"。继续上小节中的操作，在"审阅"选项卡下单击"修订"组中的对话框启动器，弹出"修订选项"对话框，单击"高级选项"按钮，如图6-19所示。

图6-19

步骤02 选择插入内容的颜色。弹出"高级修订选项"对话框，在"标记"选项组中可以重新设置"插入内容"的颜色，如此处设置为"蓝色"，如图6-20所示。

图6-20

步骤03 选择批注框的颜色。❶单击"批注"右侧的下三角按钮，❷在展开的下拉列表中选择"黄色"，如图6-21所示。

步骤04 设置修订选项后的效果。单击"确定"按钮，返回文档中，此时可以看到修订的内容颜色更改为了蓝色，而批注框的颜色更改为了黄色，如图6-22所示。

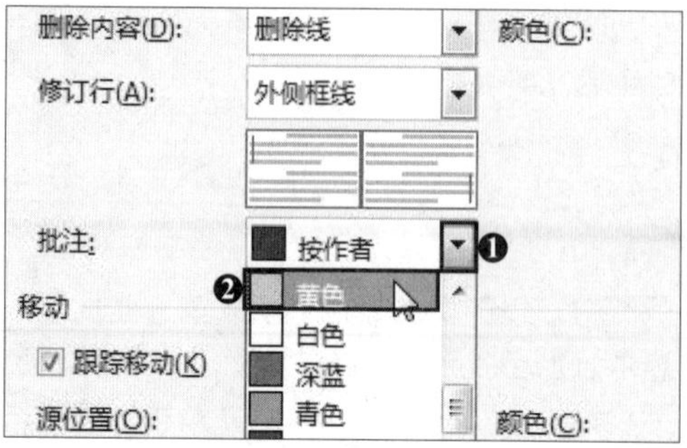

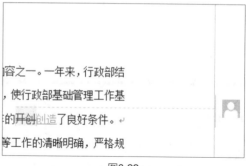

图6-21

图6-22

💡 **提示：修改批注框大小**

　　在"修订选项"对话框的"批注框"选项组中可以重新设置插入的批注框大小。调整"指定宽度""边距"和"度量单位"文本框中的值即可。

教你一招 更改批注者的用户信息

　　当一份办公文档由多人同时联机审阅和修改后，为了区别不同用户对文档的修改，知道添加批注的批注者名称是非常重要的。所以，每个批注者在批注文档之前，首先都需要更改自己的用户信息，确认自己的个人信息无误及没有重复时，方可开始批注。

　　打开"修订选项"对话框，单击对话框中的"更改用户名"按钮，如图6-23所示。弹出"Word选项"对话框，在"常规"选项卡下的"用户名"和"缩写"文本框中分别输入批注者的名称和名称缩写，如图6-24所示。

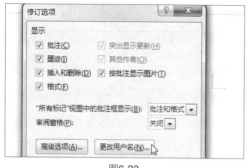

图6-23

图6-24

6.3　查看销售工作总结

　　在 Word 中，为了跟踪每个插入、删除、移动、设置格式等更改操作，可以使用审阅功能。通过该功能，能够显示文档中的所有更改、更改的总数及每类更改的数目，还可以接受或拒绝每一项更改。

原始文件: 下载资源 \ 实例文件 \ 第 6 章 \ 原始文件 \ 审阅工作总结 .docx
最终文件: 下载资源 \ 实例文件 \ 第 6 章 \ 最终文件 \ 查看审阅后的
工作总结 .docx

6.3.1 使用审阅窗格查看批注

"审阅窗格"是一个方便实用的工具,借助它可以确认已经从文档中删除了的所有修订,使得这些修订不会显示给其他查看该文档的人。

步骤01 选择审阅窗格的类型。打开原始文件,❶在"审阅"选项卡下"修订"组中单击"审阅窗格"右侧的下三角按钮,❷在展开的列表中选择审阅窗格的类型,如选择"垂直审阅窗格",如图6-25所示。

步骤02 显示出修订窗格。此时在文档的左侧显示出"修订"窗格,在"修订"窗格中显示出了该文档中所有的批注、修订内容,同时统计出了批注的总数及不同类型修订的总数,如图6-26所示。

步骤03 定位到批注或修订处。若文档的篇幅过长,不便于查看批注和修订,可在"修订"窗格中拖动垂直滚动条,单击要查看的批注或修订内容,例如单击批注"更改为'适应'",此时文档窗口中将自动跳转到该批注处,如图6-27所示。

图6-25

图6-26

图6-27

6.3.2 删除批注

对于已经修订了的批注内容,确认无误后,就可以将其删除,便于阅读者的查看。删除批注的方法很简单,具体操作如下。

步骤01 删除单个批注。继续上小节中的操作,❶选中要删除的批注,❷在"审阅"选项卡下"批注"组中单击"删除"的下三角按钮,❸在展开的列表中单击"删除"选项,如图6-28所示。

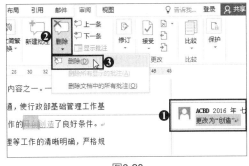
图6-28

步骤02 删除选中的批注。此时选中的批注被删除了，如图6-29所示。

步骤03 单击"删除文档中的所有批注"选项。若想一次性删除文档中的所有批注，可先单击文档空白位置，❶然后在"审阅"选项卡下"批注"组中单击"删除"的下三角按钮，❷在展开的列表中单击"删除文档中的所有批注"选项，如图6-30所示。

图6-29

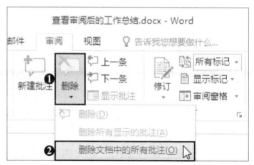

图6-30

步骤04 删除文档中的所有批注。此时，文档中所有的批注被一次性删除，如图6-31所示。

图6-31

6.3.3 查看修订

在 Word 中，还可以根据自己的需求查看修订的不同状态，有原始状态、简单标记、无标记和所有标记这四种状态。

步骤01 选择要查看的修订状态。继续上小节中的操作，❶在"审阅"选项卡下"修订"组中单击"显示以供审阅"文本框右侧的下三角按钮，❷在展开的列表中选择"所有标记"选项，如图6-32所示。

步骤02 显示所有标记。此时，在文档中显示出了修订的所有标记，并显示出标记的内容，如图6-33所示。

图6-32

图6-33

6.3.4 接受修订

对于修订内容，用户可以判断其是否正确。若修订内容正确，就可以接受修订。在Word中，用户可根据实际情况接受单个修订或者是同时接受所有的修订。

步骤01 **接受单个修订。**继续上小节中的操作，❶选中要接受的修订框，❷在“审阅”选项卡下“更改”组中单击“接受”的下三角按钮，❸在展开的列表中单击“接受此修订”选项，如图6-34所示。

步骤02 **接受选中的修订。**此时选中的修订被接受，如图6-35所示。

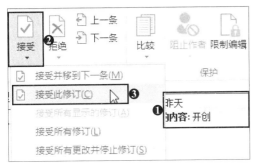

图6-34

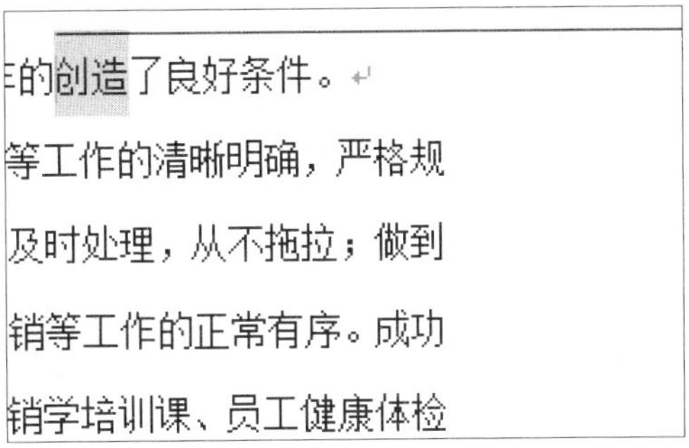

图6-35

步骤03 **接受对文档的所有修订并停止修订。**若用户想一次性接受对文档的所有修订并停止修订，❶可单击“接受”的下三角按钮，❷在展开的列表中单击“接受所有更改并停止修改”选项，如图6-36所示。

步骤04 **接受所有修订后的效果。**此时所有的修订都消失了，修改内容更改到了文档中，如图6-37所示。

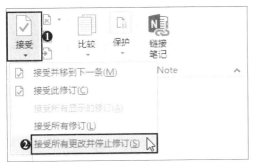

图6-36

三、加强学习，形成良好的学习氛围

行政部人员要具备很强的工作能力和保持行政部高效运转，就必须为切实履行好自身职责及时“充电”，做到基本知识笃学、本职业务知识深学、修身知识勤学、急需知识先学，不断补充各等方面的知识和深入钻研行政部业务知识。一年来，我部从加强自身学习入手，认真学习了公司业务流程、集团制度等业务内容，切实加强了理论、业务学习的自觉性，形成了良好的学习氛围。

四、认真履行职责

1、狠抓员工礼仪行为规范、办公环境办公秩序的监察工作。

严格按照公司要求，在公司员工行为规范和办公环境等员工自律方面加大了监督检查力度，不定期对员工行为礼仪、办公区域清洁卫生进行抽查，营造了良好的办公环境和秩序。

2、培训工作：为了能切实提高员工素质，以更好地适应市场竞争，我部积极配合公司把优化人员结构和提高员工素质与企业发展目标紧密结合。在“学习培训月”活动中，成功

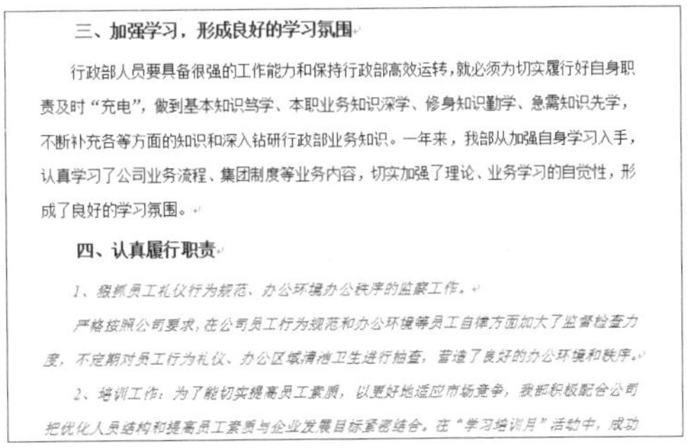

图6-37

提示：取消修订状态

进入修订状态对文档进行编辑，都会在修订框中显示出所做的更改。若用户需要取消修订状态，不想再显示出修定框，可以在“审阅”选项卡下单击“修订”按钮，使其呈现未激活状态即可。

教你一招 拒绝修订

在6.3.4小节中介绍了如何接受修订，同样，若用户对于不同意的修订，可以拒绝修订。

拒绝修订的方法如下。

选中要拒绝的修订框，在"审阅"选项卡下"更改"组中单击"拒绝"的下三角按钮，在展开的列表中单击"拒绝更改"选项，如图6-38所示。此时，可以看到选中的修订框消失，并且在原文中重新显示出"开创"二字，如图6-39所示。

图6-38

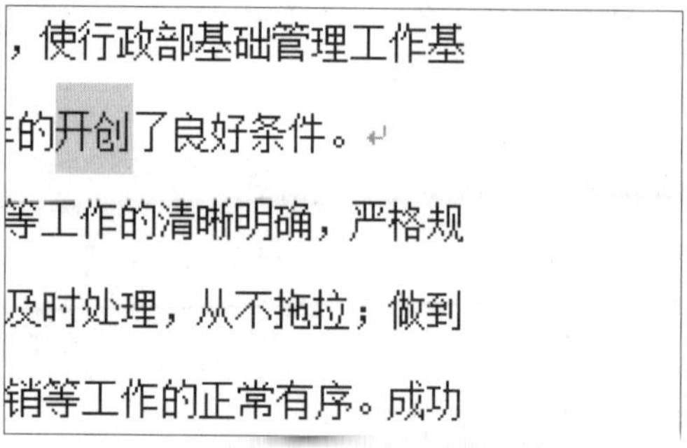

，使行政部基础管理工作基

的开创了良好条件。↵

等工作的清晰明确，严格规

及时处理，从不拖拉；做到

销等工作的正常有序。成功

图6-39

6.4 保护项目报价单

报价单主要是供应商给客户的价格清单。因为不同供应商之间的价格及参数都是行业之间的秘密，其是一个非常机密的文件，所以为了避免该文件中的内容被泄露和更改，可使用Word中的保护功能保护报价单。

原始文件：下载资源 \ 实例文件 \ 第 6 章 \ 原始文件 \ 报价单 .docx
最终文件：下载资源 \ 实例文件 \ 第 6 章 \ 最终文件 \ 保护报价单 .docx

6.4.1 限制文档的编辑

为了防止陌生人对文档中的重要内容进行篡改，用户可启动 Word 中的"限制编辑"功能，限制人员对文档的特定部分编辑或设置格式。

步骤01 单击"限制编辑"按钮。打开原始文件，在"审阅"选项卡下"保护"组中单击"限制编辑"按钮，如图6-40所示。

步骤02 选择允许的操作。弹出"限制编辑"任务窗格，❶勾选"仅允许在文档中进行此类型的编辑"复选框，❷单击"不允许任何更改（只读）"右侧的下三角按钮，❸在展开的列表中单击"批注"选项，如图6-41所示。限制编辑后陌生用户只能进行批注操作。

图6-40

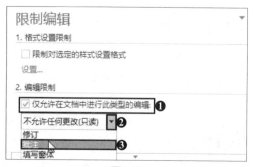

图6-41

步骤03 选择可以编辑的用户。在"组"列表框中选择允许编辑该文档的用户，这里勾选"每个人"复选框，表示任何人都可以编辑该文档，如图6-42所示。

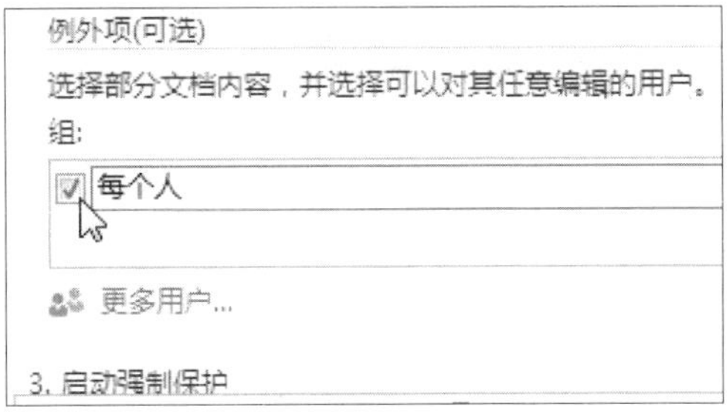

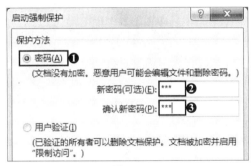

图6-42

步骤05 设置保护密码。弹出"启动强制保护"对话框，选择保护方式，❶这里单击"密码"单选按钮，即采用密码保护方式，❷接着在"新密码（可选）"文本框中输入设置的密码"123"，❸在"确认新密码"文本框中再次输入密码"123"，如图6-44所示。

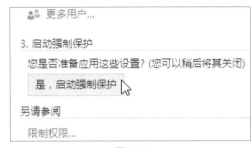

图6-44

步骤04 启动强制保护。设置完毕后，可单击"是，启动强制保护"按钮，启动保护功能，如图6-43所示。

图6-43

步骤06 不允许编辑。单击"确定"按钮，返回文档中，此时切换至任何选项卡下，可以看到所有的按钮都呈现未激活状态，选择要更改的文本，试图重新输入文本，此时在状态栏中提示"由于所选内容已被锁定，您无法进行此更改"，如图6-45所示。

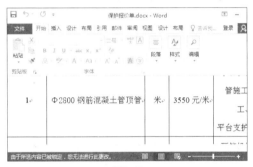

图6-45

💡 **提示：停止保护**

若用户想取消限制编辑，可在"限制格式和编辑"任务窗格中单击"停止保护"按钮，然后在弹出的"取消保护文档"对话框中输入正确的密码即可停止保护。

6.4.2 对文档添加密码保护

如果用户还想更进一步地保护文档，使陌生用户不仅不能对文档进行编辑，而且还不能查看文档，可以对文档进行加密，只有知道密码的情况下方能打开文档进行查看。

步骤01 单击"用密码进行加密"选项。继续上小节中的操作，❶单击"文件"按钮，在弹出的菜单中单击"信息"命令，❷在"信息"选项面板中单击"保护文档"的下三角按钮，❸在展开的列表中单击"用密码进行加密"选项，如图6-46所示。

步骤02 输入密码。弹出"加密文档"对话框，❶在"密码"文本框中输入设置的密码，例如输入"456"，❷输入完毕后单击"确定"按钮，如图6-47所示。

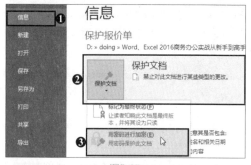

图6-46

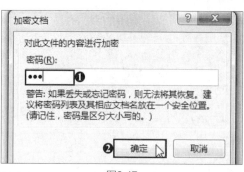

图6-47

步骤03 重新输入密码。弹出"确认密码"对话框，❶在"重新输入密码"文本框中再次输入设置的密码"456"，❷输入完毕后单击"确定"按钮即可，如图6-48所示。

步骤04 输入密码方可打开文档。密码设置完毕后保存好文档，重新打开该文档时，将弹出"密码"对话框，要求输入打开文件所需的密码后方能打开文档，如图6-49所示。

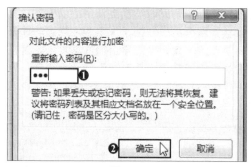

图6-48

图6-49

教你一招 取消密码保护

　　若不想再对文档进行密码保护，可取消设置的密码，取消密码保护的前提是知道密码。取消密码保护的具体操作步骤如下。

　　单击"文件"按钮，在弹出的菜单中单击"信息"命令，❶在"信息"选项面板中单击"保护文档"的下三角按钮，❷在展开的列表中单击"用密码进行加密"选项，如图6-50所示。弹出"加密文档"对话框，❸在"密码"文本框中显示出了设置的密码，如图6-51所示。❹选中"密码"文本框中的密码，按下【Delete】键将其删除，❺删除完毕后单击"确定"按钮即可，如图6-52所示。

图6-50

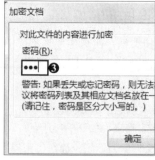

图6-51

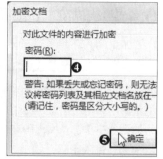

图6-52

6.5 比较与合并文档

在日常办公中，经常会遇到如下情况：甲制作好了一份文档，发给乙查看并修改后，又返还给甲，随后经过两人的探讨及修改后，完成了一个最终的报告给领导查看，在此过程中，如果乙是直接在文档中进行修改，甲会很难知道哪些地方被乙做了修改，也很难分辨哪些是在乙修改后自己再次做过的修改。此时可以通过 Word 中的比较和合并功能来解决这些问题。

原始文件： 下载资源 \ 实例文件 \ 第 6 章 \ 原始文件 \ 工作总结 .docx、查看审阅后的工作总结 .docx
最终文件： 下载资源 \ 实例文件 \ 第 6 章 \ 最终文件 \ 合并结果 .docx

6.5.1 比较文档

在实际工作中，有时需要对同一篇文章进行多次修改，或者不同人对同一篇文章进行修改，修改的次数多了，难免使文档显得杂乱。此时可以使用 Word 中的比较功能比较两个文档的差异。

步骤01 单击"比较"命令。打开原始文件，❶在"审阅"选项卡下"比较"组中单击"比较"的下三角按钮，❷在展开的列表中单击"比较"选项，如图6-53所示。

步骤02 选择需要比较的文档。打开"比较文档"对话框，❶设置"原文档"为要将来自多个来源的修订组合到其中的文档，❷设置"修订的文档"为含有修订内容的文档，❸单击"更多"按钮，如图6-54所示。

图6-53

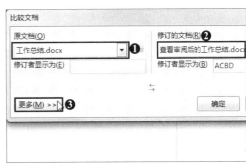

图6-54

步骤03 设置显示修订的内容。在"显示修订"选项组下单击"新文档"单选按钮，如图6-55所示，最后单击"确定"按钮关闭对话框。

☑ 批注(N)	☑ 脚注和尾注(D)
☑ 格式(F)	☑ 文本框(X)
☑ 大小写更改(G)	☑ 域(S)
☑ 空白区域(P)	

显示修订

修订的显示级别：　　　　　修订的显示位置：
○ 字符级别(C)　　　　　　○ 原文档(T)
● 字词级别(W)　　　　　　○ 修订后文档(I)
　　　　　　　　　　　　　● 新文档(U)

图6-55

步骤04 **显示文档比较的结果。** 新文档中会显示出文档的比较结果，如图6-56所示。在"比较的文档"窗格中浏览文档时，右侧"原文档"和"修订的文档"窗格中的文档会随之滚动，显示对应的内容。

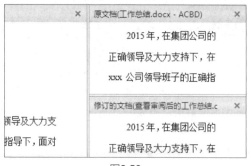

图6-56

6.5.2 合并文档

日常工作中，经常会遇到这样的问题：将多个 Word 文档的内容合并到一个文档中，虽然可以一个个打开文档，然后通过复制、粘贴这种方式将多个文档的内容合并，但是这是在文件数比较少的情况下，如果文件数非常多，一个个地打开就会显得麻烦。在实际工作中，可以使用 Word 中的合并功能解决这个问题。

步骤01 **单击"合并"命令。** 继续上小节中的操作，❶在"审阅"选项卡"比较"组中单击"比较"的下三角按钮，❷在展开的列表中单击"合并"选项，如图6-57所示。

步骤02 **设置合并文档对话框。** 打开"合并文档"对话框，❶选择需要合并的文档，并对其他选项进行设置，❷完成设置后单击"确定"按钮，如图6-58所示。

图6-57

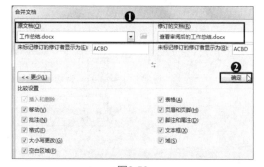

图6-58

步骤03 **单击"继续合并"按钮。** 此时，弹出"Microsoft Word"提示框，❶在"保留对以下文档的格式更改"下方单击"其他文档（查看审阅后的工作总结.docx）"选项，❷然后单击"继续合并"按钮，如图6-59所示。

步骤04 **合并文档后的显示效果。** 此时Word将创建一个新文档放置合并的文档，如图6-60所示。

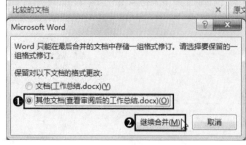

图6-59

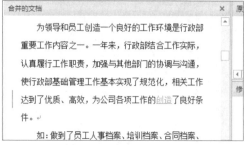

图6-60

实例演练 **审阅并保护周工作汇报**

为进一步巩固本章所学知识，加深理解和应用能力，下面以审阅并加密"周工作汇报"文档为例，综合应用本章知识点。

原始文件：下载资源\实例文件\第6章\原始文件\周工作汇报.docx
最终文件：下载资源\实例文件\第6章\最终文件\周工作汇报.docx

步骤01 单击"新建批注"按钮。打开原始文件，❶选择要添加批注的文本"关理"，❷在"审阅"选项卡下的"批注"组中单击"新建批注"按钮，如图6-61所示。

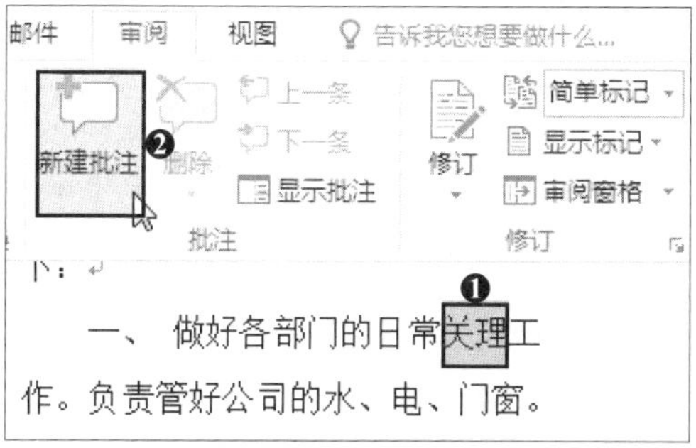

步骤02 输入批注内容。显示出批注框，在批注框中输入对此处的批注信息"更改为'管理'"，再选择其他要进行批注的文本，继续添加批注信息，添加的批注如图6-62所示。

图6-61

图6-62

步骤03 单击"用密码进行加密"选项。❶单击"文件"按钮后，在弹出的菜单中单击"信息"命令，❷在"信息"选项面板中单击"保护文档"的下三角按钮，❸在展开的列表中单击"用密码进行加密"选项，如图6-63所示。

步骤04 输入加密密码。弹出"加密文档"对话框，❶在"密码"文本框中输入设置的密码"123"，❷输入完毕后单击"确定"按钮，如图6-64所示。

图6-63

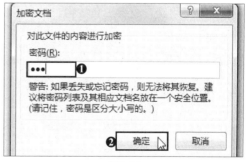

图6-64

步骤05 重新输入密码。弹出"确认密码"对话框，在"重新输入密码"文本框中再次输入设置的密码"123"，如图6-65所示，输入完毕后单击"确定"按钮即可。

图6-65

第7章 使用Word布局与打印文档

在完成了文档的输入、编辑及审阅后，为了让文档的内容以纸质的方式呈现，可将其打印出来。但是打印文档并不只是直接单击 Word 中的"打印"按钮就可以的，如果对文档的布局方式不满意，还需对文档的页边距、纸张方向等进行设置。此外，如果文档页数较多，或者是为了展示该文档的制作日期或所属公司名称，可插入页码、页眉、页脚等。

本章以例行办公会议纪要、安全生产会议记录、企业发展战略规划书和公司员工聘用协议为例，详细讲解 Word 中的各种文档布局和打印设置。

7.1 制作例行办公会议纪要

为了对会议上本单位有关工作问题的讨论、商定、研究、决议进行记录，便于查阅，可制作会议纪要。该纪要主要是用于记载、传达会议情况和议定事项的公文，对企事业单位、机关团体都适用。本节将结合 Word 2016 的页面设置功能，介绍如何调整例行办公会议纪要的页面布局。

原始文件：下载资源＼实例文件＼第 7 章＼原始文件＼会议纪要 .docx
最终文件：下载资源＼实例文件＼第 7 章＼最终文件＼会议纪要 .docx

7.1.1 设置文档页边距

在 Word 中，页边距既指正文与页边界的距离，也指页面中除了正文以外四周的空白区域。

步骤01 单击"页边距"按钮。打开原始文件，在"布局"选项卡下的"页面设置"组中单击"页边距"的下三角按钮，如图7-1所示。

步骤02 选择页边距的样式。在展开的样式库中显示了系统预设的页边距样式，默认情况下使用的是"普通"样式，这里选择"窄"样式，如图7-2所示。

图7-1

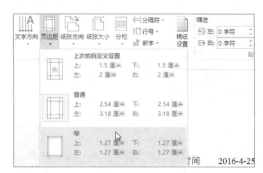
图7-2

步骤03 调整页边距后的效果。此时可以看到页面中四周空白的区域变少，文字向四周扩散，正文与页边界的距离变小，效果如图7-3所示。

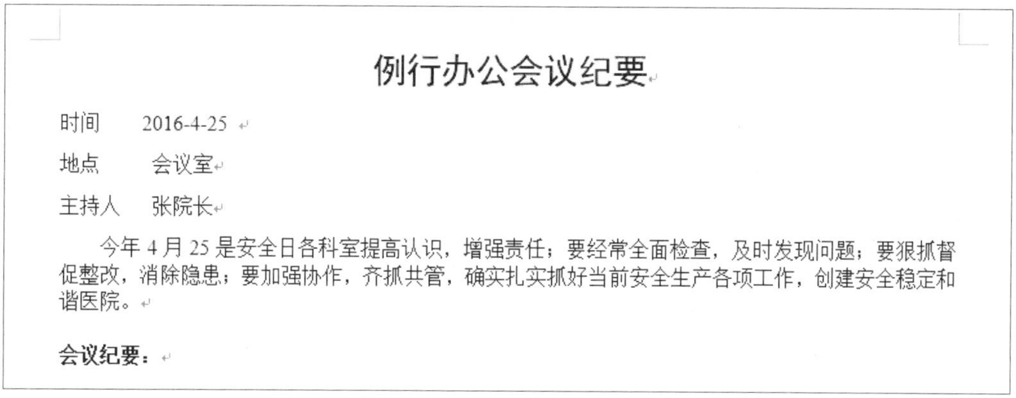

例行办公会议纪要

时间　　2016-4-25

地点　　会议室

主持人　张院长

今年 4 月 25 是安全日各科室提高认识，增强责任；要经常全面检查，及时发现问题；要狠抓督促整改，消除隐患；要加强协作，齐抓共管，确实扎实抓好当前安全生产各项工作，创建安全稳定和谐医院。

会议纪要：

图7-3

步骤04 单击"自定义边距"选项。若用户不想采用预设的页边距样式，可在展开的"页边距"样式库中单击"自定义边距"选项，如图7-4所示。

步骤05 自定义页边距。弹出"页面设置"对话框，在"页边距"选项卡下的"页边距"选项组中可根据自己的需要输入上、下、左、右及装订线的距离，如图7-5所示。

图7-4

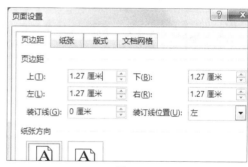

图7-5

💡 **提示：使用鼠标调整页边距**

使用鼠标拖动可以快速地调整整篇文档的页边距。方法是：在标尺两侧的深灰色区域代表的是页边距，将鼠标指针移动到标尺边界上，当鼠标指针呈双向箭头形状时，按住鼠标左键不放并拖动鼠标就可以调整页边距了。

7.1.2　设置文档所用纸张

默认情况下 Word 中使用的是 A4 纸张，但根据用户所使用的打印纸的规格，可在 Word 中调整文档的纸张大小。

步骤01 选择纸张大小。继续上小节中的操作，❶在"布局"选项卡下的"页面设置"组中单击"纸张大小"按钮，❷在展开的样式库中选择"B5（JIS）"纸张，如图7-6所示。

步骤02 B5纸张的显示效果。此时可以很明显地看到纸张的宽度变小，页面两侧的空白区域变多，效果如图7-7所示。

图7-6

图7-7

7.1.3 更改纸张方向

默认情况下的纸张方向为纵向，如果要打印的文档内容更适合于横向展示，可在 Word 中进行调整。

步骤01 选择纸张方向。继续上小节中的操作，❶在"布局"选项卡下的"页面设置"组中单击"纸张方向"按钮，❷在展开的下拉列表中选择"横向"方向，如图7-8所示。

步骤02 横向纸张的显示效果。此时，可以看到文档中内容横向分布，并且需要两页才能将文档显示完整，效果如图7-9所示。

图7-8

图7-9

7.1.4 对文档中部分内容进行分栏

分栏这种排版方式在日常生活中接触的报纸、书籍中相当常见。Word 也提供了分栏排版的功能，可以把一页中的全部或部分文字设置成多栏的形式，即正文在一栏中排满后，文字从此栏的底端转向下一栏的顶端。各栏的宽度可以相同也可以不相同。

步骤01 选择分栏样式。继续上小节中的操作，❶在"布局"选项卡下的"页面设置"组中单击"分栏"按钮，❷在展开的下拉列表中选择"两栏"样式，如图7-10所示。

图7-10

步骤02 分为两栏的效果。此时，文档自动分为两栏，效果如图7-11所示。

步骤03 设置栏间距。若需对分栏做更多设置，可在展开的列表中单击"更多分栏"选项，弹出"分栏"对话框，勾选"分隔线"复选框，在"宽度和间距"选项组下设置栏与栏之间的距离，在"宽度"文本框中输入"20字符"，其右侧的"间距"自动调整为"22.52字符"，如图7-12所示。

图7-11

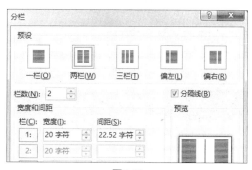

图7-12

步骤04 调整间距后的分栏效果。单击"确定"按钮，返回文档中，此时分栏中间出现分隔线，并且栏与栏之间的距离加大，效果如图7-13所示。

图7-13

提示：将部分文档分栏

若用户想将文档中的部分内容进行分栏，可首先将光标定位在要分栏的起点处，打开"分栏"对话框，设置完分栏的栏数和间距等选项后，单击"应用于"右侧的下三角按钮，在展开的列表中选择"插入点之后"选项。单击"确定"按钮后，将从光标定位点开始对文档进行分栏。

教你一招 在一个文档中设置不同的纸张方向

有时在一篇文档中有些地方需要横向排版，有些地方却需要纵向排版。要得到这种混合的排版效果，只需在文档的纵横交界处插入一个分隔符。

原始文件： 下载资源＼实例文件＼第7章＼原始文件＼会议纪要.docx
最终文件： 下载资源＼实例文件＼第7章＼最终文件＼会议纪要2.docx

打开原始文件，❶将光标定位在需要插入分隔符的位置，在"布局"选项卡下"页面设置"组中单击"分隔符"右侧的下三角按钮，❷在展开的样式库中选择"下一页"分隔符，如图7-14所示。插入分隔符后，按7.1.3小节介绍的方法为分隔符之前的页面重新选择"横向"的纸张方向，最终形成如图7-15所示的纵横交错的排版效果。

图7-14

图7-15

7.2 制作安全生产会议纪要

在生产经营活动中，为避免造成人员伤害和财产损失，企业需要采取相应的事故预防措施，以保证从业人员的人身安全和生产经营活动的顺利进行，这些活动统称为生产安全。安全生产对企业来说非常重要，所以需要定期举行安全生产会议，并做好相应的会议纪要。

原始文件： 下载资源＼实例文件＼第 7 章＼原始文件＼安全生产专题会议
纪要 .docx、安全生产 .tif
最终文件： 下载资源＼实例文件＼第 7 章＼最终文件＼安全生产专题会议
纪要 .docx

7.2.1 插入页眉和页脚

页眉和页脚是指在页面顶部和底部重复出现的信息。许多出版物上都有文字、日期、页码和图形之类的页眉和页脚。用户可以在文档中自始至终使用同一种页眉和页脚，也可以根据需要在文档的不同部分使用不同的页眉和页脚。

步骤01 选择页眉样式。打开原始文件，❶在"插入"选项卡下"页眉和页脚"组中单击"页眉"的下三角按钮，❷在展开的列表中选择合适的页眉样式，如选择"奥斯汀"，如图7-16所示。

步骤02 插入的页眉效果。此时进入页眉页脚编辑状态，并在页面的顶端显示出插入的页眉，如图7-17所示。

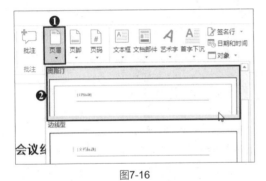

图7-16

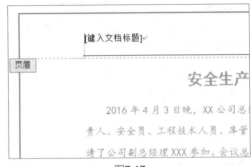

图7-17

步骤03 选择页脚样式。若要插入页脚，可采用同样的方法。❶在"插入"选项卡下"页眉和页脚"组中单击"页脚"的下三角按钮，❷在展开的列表中选择合适的页脚样式，如选择"积分"，如图7-18所示。

步骤04 插入的页脚效果。此时在页面底端插入了所选择的页脚样式，效果如图7-19所示。

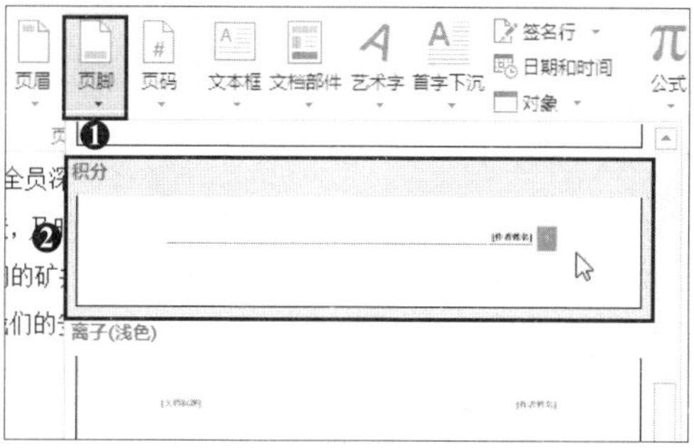

图7-18

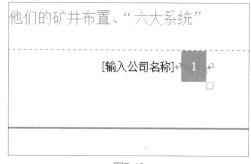

图7-19

步骤05 输入页眉内容。在页眉中输入文档的名称"安全生产专题会议纪要"，如图7-20所示。

步骤06 输入页脚内容。在页脚中输入公司名称"××矿化有限公司"，如图7-21所示，然后双击文档的任意位置，退出页眉页脚编辑状态，得到插入的页眉和页脚效果。

安全生产专题会议纪要

安全生

2016 年 4 月 3 日晚，XX 公司

图7-20

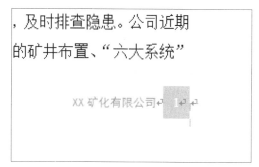

图7-21

💡 提示：删除页眉和页脚

若需要删除插入的页眉和页脚，可以按照以下方法操作：在"插入"选项卡下"页眉和页脚"组中单击"页眉"或"页脚"的下三角按钮，在展开的列表中单击"删除页眉"或"删除页脚"选项即可。

7.2.2 为页眉和页脚添加内容

虽然已经插入了页眉和页脚内容，但很多时候预设的页眉和页脚内容并不能满足用户的需求，此时可以为页眉和页脚增加内容，例如在页眉和页脚中添加日期、图片和文档部件等。

1 在页眉和页脚中插入日期和图片

在页眉和页脚中插入日期时，可以选择日期的格式；在页眉和页脚中插入图片后，可以根据实际需要调整图片的样式。下面以在页眉中插入日期和图片为例进行讲解。

步骤01 单击"日期和时间"按钮。继续上小节中的操作，双击文档中的页眉位置，进入页眉编辑状态，❶将光标定位在需要插入日期的位置，❷切换至"页眉和页脚工具-设计"选项卡，❸在"插入"组中单击"日期和时间"按钮，如图7-22所示。

图7-22

步骤03 在页眉中插入的日期效果。单击"确定"按钮，返回文档中，此时在页眉的光标所在处插入了选择的日期，效果如图7-24所示。

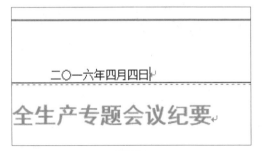

图7-24

步骤05 选择要插入的图片。弹出"插入图片"对话框，❶找到图片的保存位置，❷双击要插入到页眉中的图片，如双击"安全生产.tif"图片，如图7-26所示。

图7-26

步骤02 选择日期格式。弹出"日期和时间"对话框，❶设置"语言（国家/地区）"为"中文（中国）"，❷在"可用格式"列表框中选择合适的日期格式，如图7-23所示。

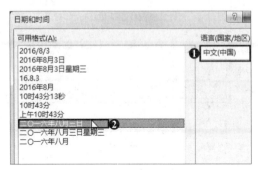

图7-23

步骤04 单击"图片"按钮。接下来在页眉中插入图片。在"页眉和页脚工具-设计"选项卡下"插入"组中单击"图片"按钮，如图7-25所示。

图7-25

步骤06 插入到页眉中的图片效果。返回文档中，可发现该图片被插入到了页眉中，效果如图7-27所示。

图7-27

步骤07 选择图片的环绕方式。❶选中图片，❷在"图片工具-格式"选项卡下"排列"组中单击"环绕文字"的下三角按钮，❸在展开的列表中单击"浮于文字上方"选项，如图7-28所示。

步骤08 选择图片样式。单击"图片样式"组中的快翻按钮，在展开的样式库中选择"柔化边缘和矩形"样式，如图7-29所示。

步骤09 退出页眉编辑状态。适当调整图片的大小和位置，双击文档中任意位置，退出页眉编辑状态，得到的效果如图7-30所示。

图7-28

图7-29

图7-30

2 为页脚添加文档信息

在页眉和页脚中除了可以插入日期和图片外，还可以插入文档部件。下面就以在页脚中插入文档部件为例进行讲解。

步骤01 选择要插入的文档属性。继续上小节中的操作，双击页脚，进入页脚编辑状态，❶将光标定位在页脚中要插入内容处，❷在"页眉和页脚工具-设计"选项卡下"插入"组中单击"文档部件"按钮，❸在展开的列表中指向"文档属性"选项，❹再在其展开的级联列表中选择要插入的文档属性，例如选择"作者"选项，如图7-31和图7-32所示。

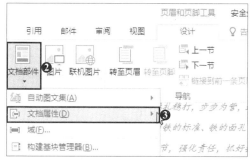

图7-31

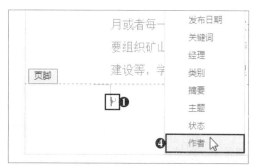

图7-32

步骤02 更改插入到页脚中的作者名称。此时，在页脚的光标所在处插入了作者名称，用户可以更改此处自动插入的作者名称，如更改为"张小华"，如图7-33所示。

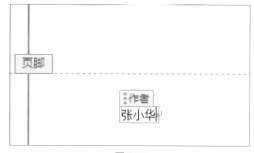

图7-33

步骤03 最终效果。将光标定位在作者名字前，添加文本"作者："，这样可以使文档属性内容更加精准，再双击文档任意处，退出页脚编辑状态，效果如图7-34所示。

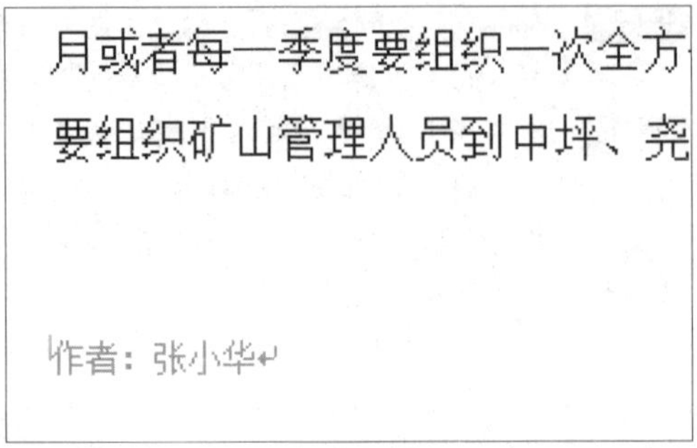

月或者每一季度要组织一次全方

要组织矿山管理人员到中坪、尧

作者：张小华↵

图7-34

7.2.3 设置页眉和页脚的边距

默认情况下，页眉到页面顶端的距离及页脚到页面底端的距离是固定的，但在实际应用中，可根据需要适当调整页眉和页脚的边距。

步骤01 更改页眉和页脚的边距。继续上小节中的操作，双击页眉或页脚，进入页眉和页脚编辑状态，在"页眉和页脚工具-设计"选项卡下"位置"组中的"页眉顶端距离"文本框中输入"2厘米"，在"页脚底端距离"文本框中输入为"1厘米"，如图7-35所示。

步骤02 调整页眉页脚边距后的效果。双击文档任意处，退出页眉页脚编辑状态，此时可以看到页眉与页面顶端的距离变宽，而页脚与页面底端的距离则变窄，如图7-36所示。

图7-35

图7-36

7.2.4 设置首页有不同的页眉

如果用户想突出显示首页内容，可以将文档首页的页眉和页脚设置成与其他页不同，具体操作步骤如下。

步骤01 勾选"首页不同"复选框。继续上小节中的操作，双击页眉进入页眉编辑状态，在"页眉和页脚工具-设计"选项卡下的"选项"组中勾选"首页不同"复选框，如图7-37所示。

图7-37

步骤02 为首页选择页眉。此时首页中不再显示原有的页眉和页脚内容，而需要重新插入页眉和页脚。❶在"页眉和页脚工具-设计"选项卡下"页眉和页脚"组中单击"页眉"的下三角按钮，❷在展开的列表中选择合适的样式，如图7-38所示。用同样的方法重新选择首页页脚样式。

图7-38

步骤03 添加的首页页眉效果。双击文档任意处，退出页眉编辑状态，添加的首页页眉效果如图7-39所示。

步骤04 添加的首页页脚效果。为首页添加的页脚效果如图7-40所示。与下一页（即不是首页）的页眉相比较，可以看出此时第2页的页眉与首页的页眉不同。

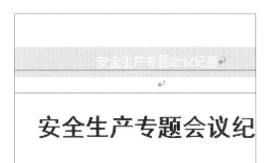

图7-39

图7-40

💡 **提示：设置奇偶页有不同的页眉页脚**

用户不仅可以设置首页有不同的页眉和页脚，还可以设置奇偶页有不同的页眉和页脚，只需在"页眉和页脚工具 - 设计"选项卡下"选项"组中勾选"奇偶页不同"复选框，然后分别设置奇页和偶页的页眉和页脚内容即可。

教你一招 **清除页眉中的横线**

当在文档中插入页眉后，系统将自动在页眉的下方插入一条横线，如果用户不需要此横线，可以将其清除。

原始文件： 下载资源\实例文件\第7章\原始文件\安全生产专题会议纪要1.docx
最终文件： 下载资源\实例文件\第7章\最终文件\安全生产专题会议纪要1.docx

双击页眉，进入页眉编辑状态，❶将光标定位在页眉中，在"开始"选项卡下单击"样式"组快翻按钮。❷在展开的样式库中单击"清除格式"选项，如图 7-41 所示。❸此时，可以看到页眉内容的格式恢复为默认状态，其下方的横线已经被清除，如图 7-42 所示。再根据需要重新设置页眉内容的格式即可。

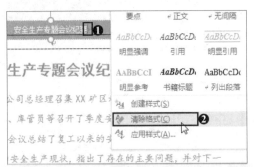

图7-41　　　　　　　　　　　　　　　图7-42

制作企业发展战略规划书

　　一个企业如果想要立于不败之地，首先要明确自身的发展重点，从而规划出可实施性强的企业发展战略规划。本节将结合 Word 2016 中的页面背景功能，介绍如何设置企业发展战略规划书的页码、水印、背景等。

原始文件：下载资源 \ 实例文件 \ 第 7 章 \ 原始文件 \ 企业发展战略 .docx、
　　　　　　合作 .tif
最终文件：下载资源 \ 实例文件 \ 第 7 章 \ 最终文件 \ 企业发展战略 .docx

7.3.1　为文档添加页码

　　在文档中添加页码，可以方便地进行文档内容查询和统计。用户可以根据需要在页面的任何位置包括页眉和页脚中插入当前页的页码。

步骤01　选择插入页码的位置和样式。打开原始文件，❶在"插入"选项卡下"页眉和页脚"组中单击"页码"的下三角按钮，❷在展开的列表中单击"页边距"选项，❸在展开的级联列表中选择"圆（左侧）"样式，即将页码插入到页边距中，如图7-43所示。

步骤02　插入的页码效果。此时在页面的左侧插入了选中样式的页码，效果如图7-44所示。

步骤03　查看其他页码。双击文档任意处，退出页眉编辑状态，拖动垂直滚动条，此时可以看到插入到第二页中的页码，效果如图7-45所示。

图7-43　　　　　　　　　　图7-44　　　　　　　　　　图7-45

7.3.2　为文档添加水印文字

　　水印是一种特殊的背景，在 Word 中，添加水印的操作非常简单。用户可以使用 Word 预设的水印，也可以轻松地设置自己喜欢的水印。既可以在一个新文档中添加水印，也可以在已有的文档中添加水印。系统默认的设置是"无水印"状态。

步骤01　选择预设水印样式。继续上小节中的操作，❶在"设计"选项卡下"页面背景"组中单击"水印"的下三角按钮，❷在展开的列表中选择"机密1"样式，如图7-46所示。

步骤02　添加的水印效果。此时在文档中添加了水印 "机密"二字，效果如图7-47所示。

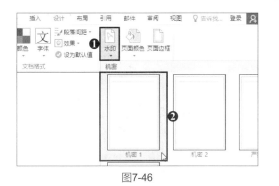

图7-46

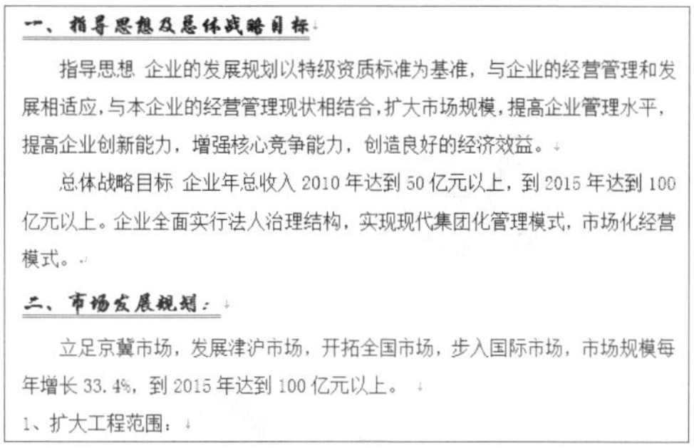

图7-47

步骤03　单击"自定义水印"选项。若不喜欢预设的水印效果，还可以自定义水印。在展开的列表中单击"自定义水印"选项，如图7-48所示。

步骤04　设置图片水印。弹出"水印"对话框，可以选择设置图片水印和文字水印，❶此处单击"图片水印"单选按钮，❷激活下方选项后单击"选择图片"按钮，如图7-49所示。

步骤05　选择要插入的图片。弹出"插入图片"对话框，❶首先定位图片所在的文件夹，❷选中要插入的图片"合作.tif"，如图7-50所示，最后单击"插入"按钮。

图7-48

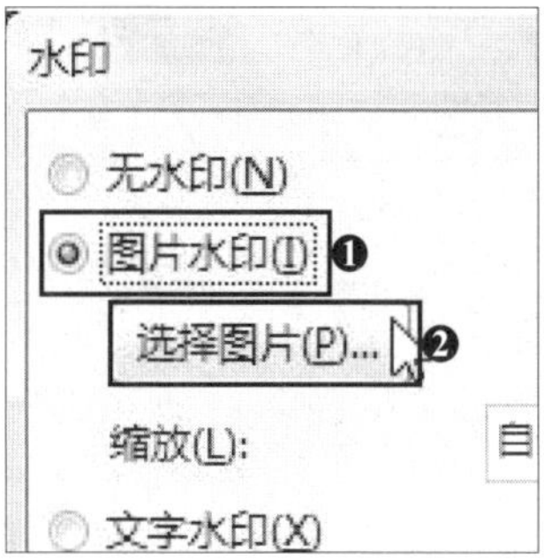

图7-49

图7-50

步骤06　设置图片缩放比例。返回"水印"对话框中，❶设置"缩放"为"150%"，默认情况下自动勾选了"冲蚀"复选框，❷所有选项设置完毕后单击"应用"按钮，如图7-51所示。

步骤07　添加的图片水印效果。返回文档中，可看到显示添加的图片水印效果，如图7-52所示。

图7-51　　　　　　　　　　　　　　　　　图7-52

若单击"文字水印"单选按钮，将激活
文字水印的选项，用户可以输入要添加的文
字水印，并设置该文字的字体、颜色等选项，
如图7-53所示。

图7-53

7.3.3 设置页码格式

默认情况下，插入到文档中的页码格式都为"1、2、3…"，若用户不想采用该编号格式，
可重新设置页码的编号格式。

步骤01 单击"设置页码格式"选项。继续上小节中的操作，双击页眉，进入页眉编辑状
态，❶切换到"页眉和页脚工具-设计"选项卡下，如图7-54所示。❷在"页眉和页脚"组中
单击"页码"的下三角按钮，❸在展开的列表中单击"设置页码格式"选项，如图7-55所示。

图7-54　　　　　　　　　　　　　　　　　图7-55

步骤02 选择编号格式。弹出"页码格式"对话框，设置"编号格式"为"壹、贰、叁…"
格式，如图7-56所示。

步骤03 更改编号格式后的效果。单击"确定"按钮，返回文档中，双击文档任意处，退出
页眉编辑状态，此时可以看到插入的页码编号格式，如图7-57所示。

图7-56

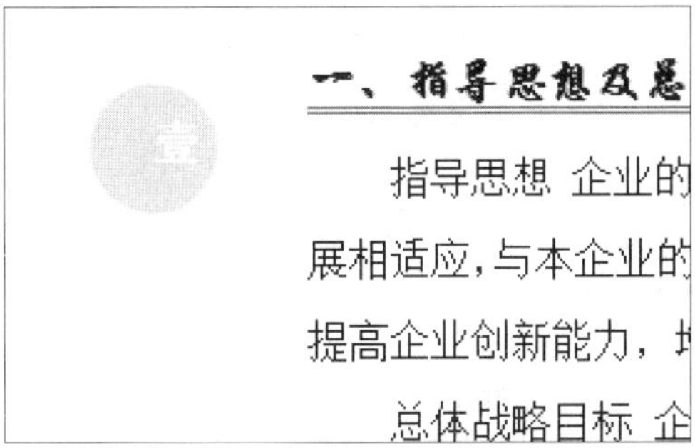

图7-57

7.3.4 为文档添加背景

在创建供用户阅读的 Word 文档时，如果想要增强文档的视觉效果，可为其添加背景。可以使用某种颜色或渐变颜色，或者是 Word 附带的图案甚至是一幅图片做背景。

原始文件：下载资源\实例文件\第 7 章\原始文件\企业发展战略.docx
最终文件：下载资源\实例文件\第 7 章\最终文件\企业发展战略2.docx

步骤01 单击"填充效果"选项。打开原始文件，❶在"设计"选项卡下"页面背景"组中单击"页面颜色"的下三角按钮，在展开的列表中可以选择文档的背景颜色，❷若需设置更多的页面背景效果，可单击"填充效果"选项，如图7-58所示。

步骤02 设置双色渐变颜色。弹出"填充效果"对话框，❶切换至"渐变"选项卡，❷在"颜色"选项组中单击"双色"单选按钮，❸设置"颜色1"为"标准色>浅绿"，❹设置"颜色2"为"标准色>黄色"，如图7-59所示。

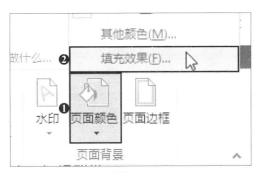

图7-58

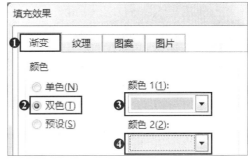

图7-59

步骤03 选择底纹样式和变形效果。❶在"底纹样式"选项组中单击"中心辐射"单选按钮，❷在"变形"选项组中选择"中心辐射"样式，❸单击"确定"按钮，如图7-60所示。

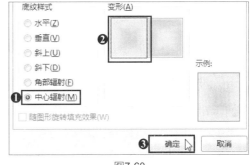

图7-60

步骤04 渐变背景的效果。返回文档中，此时可以看到文档的渐变背景效果，如图7-61所示。

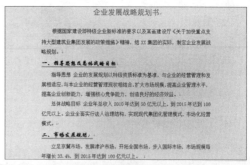

图7-61

　　用户还可以切换至"纹理""图案"和"图片"选项卡下，为文档设置纹理效果背景、图案效果背景、图片效果背景。如图7-62所示，为切换至"图案"选项卡的效果。

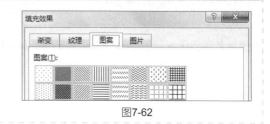

图7-62

7.3.5　为文档添加艺术边框

　　为文档中某些重要文本或段落添加边框，可以使它们更加突出和醒目，或使文档的外观更加美观。在 Word 中，可以为字符、段落、图形或整个页面设置边框。下面以为整个页面设置边框为例进行讲解。

步骤01 单击"页面边框"按钮。继续上小节中的操作，在"设计"选项卡下的"页面背景"组中单击"页面边框"按钮，如图7-63所示。

步骤02 选择边框样式。弹出"边框和底纹"对话框，❶切换至"页面边框"选项卡，❷在"设置"选项组中单击"阴影"图标，即选择阴影样式，如图7-64所示。

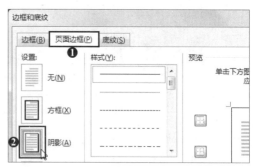

图7-63　　　　　　　　　　　　　　图7-64

步骤03 选择艺术型边框样式。❶单击"艺术型"右侧的下三角按钮，❷在展开的下拉列表中选择合适的样式，如图7-65所示。

步骤04 预览边框效果。边框设置完毕后，在"预览"选项组中可以预览添加的艺术型边框效果，如图7-66所示，最后单击"确定"按钮。

步骤05 添加的页面边框效果。返回文档中，此时在页面的周围出现了所选择的艺术型边框，效果如图7-67所示。

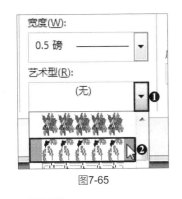

图7-65

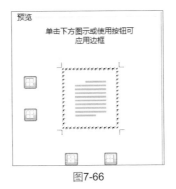

图7-66

图7-67

设置打印时打印文档的背景

默认情况下，为文档设置的背景是不能被打印出来的，只有经过特殊的设置，方能将背景打印出来。

打开"Word选项"对话框，切换至"显示"选项卡下，在"打印选项"选项组下勾选"打印背景色和图像"复选框，如图7-68所示，单击"确定"按钮。返回文档中，再次单击"文件"按钮，在弹出的菜单中单击"打印"命令，如图7-69所示。在"打印"选项面板中可以预览打印的效果，此时可以看到背景将一起被打印，如图7-70所示。

图7-68

图7-69

图7-70

7.4 打印公司员工聘用协议

为了约定企业和员工之间详细的权利、义务，双方需签订劳动合同，该合同的签订表明一个单位已经正式录用了某个劳动者，双方的关系受到了劳动法律法规的约束，是劳动者与用人单位建立劳动关系的基础。通常，劳动合同需要打印出来签字、盖章后才生效。本节将结合 Word 2016 中的打印功能，介绍如何打印公司员工聘用协议。

7.4.1 设置逆页序打印

默认情况下，Word 在打印文档时会从第一页开始打印。若在特定情况下需要让 Word 从最后一页开始打印，可以开启逆序打印的选项，具体方法如下。

步骤01 单击"选项"命令。打开原始文件，单击"文件"按钮，在弹出的菜单中单击"选项"命令，如图7-71所示。

步骤02 勾选"逆序打印页面"复选框。弹出"Word选项"对话框，❶切换至"高级"选项卡，❷在"打印"选项组中勾选"逆序打印页面"复选框，如图7-72所示。最后单击"确定"按钮。

图7-71 图7-72

7.4.2 设置文档打印的范围与份数

员工聘用协议通常包括多页，若不想将全部内容打印出来，可根据需要设置打印的页面范围。另外，员工聘用协议通常需要一次性打印多份，签订后由协议各方留存，打印时就需要设置打印份数。

原始文件： 下载资源 \ 实例文件 \ 第 7 章 \ 原始文件 \ 员工聘用协议 .docx
最终文件： 无

步骤01 单击"打印"命令。打开原始文件，单击"文件"按钮，在弹出的菜单中单击"打印"命令，如图7-73所示。

步骤02 预览打印效果。切换至"打印"选项面板，此时可以在该选项面板中预览打印的效果，如图7-74所示。

图7-73

图7-74

步骤03 设置打印份数。在"打印"选项面板左侧"打印"选项组的"份数"文本框中输入打印的份数"10"，如图7-75所示。

步骤04 设置打印范围。在"页数"文本框中可输入要打印文档的页数"1,3"，表示只打印第1页和第3页，如图7-76所示。

图7-75

图7-76

实例演练 制作新产品发布会策划方案

为进一步巩固本章所学，在应用中加深理解，下面以制作"新产品发布会策划方案"文档为例，综合运用本章的知识点。

原始文件：下载资源 \ 实例文件 \ 第 7 章 \ 原始文件 \ 新产品发布会 .docx
最终文件：下载资源 \ 实例文件 \ 第 7 章 \ 最终文件 \ 新产品发布会 .docx

步骤01 单击"水印"按钮。打开原始文件，在"设计"选项卡下"页面背景"组中单击"水印"的下三角按钮，如图7-77所示。

图7-77

步骤02 单击"自定义水印"选项。在展开的列表中单击"自定义水印"选项，如图7-78所示。

图7-78

步骤03 单击"文字水印"单选按钮。弹出"水印"对话框，单击"文字水印"单选按钮，如图7-79所示。

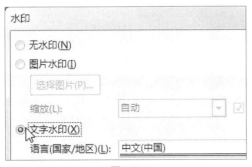

图7-79

步骤04 设置水印字体格式。❶在"文字"文本框中输入"内部资料"，❷设置"字体"为"楷体"，❸"颜色"为"浅绿"，❹再单击"应用"按钮，如图7-80所示。

图7-80

步骤05 应用文字水印后的效果。单击"关闭"按钮关闭"水印"对话框，返回文档中，此时在文档可看到插入了"内部资料"的文字水印效果，如图7-81所示。

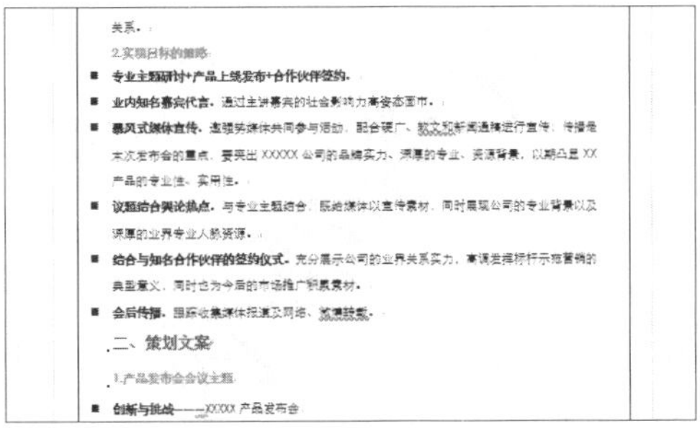

图7-81

步骤06 选择页边距。❶在"布局"选项卡下"页面设置"组中单击"页边距"的下三角按钮，❷在展开的列表中选择"适中"样式，如图7-82所示。

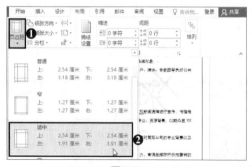

图7-82

步骤08 选择页眉样式。❶在"插入"选项卡下"页眉和页脚"组中单击"页眉"的下三角按钮，❷在展开的列表中选择如图7-84所示的样式。

图7-84

步骤10 选择页码样式。❶在"页眉和页脚工具-设计"选项卡下"页眉和页脚"组中单击"页码"的下三角按钮，❷在展开的列表中指向"页面底端"选项，❸在级联列表中选择"框中倾斜2"样式，如图7-86所示。

图7-86

步骤07 选择纸张方向。❶在"布局"选项卡下"页面设置"组中单击"纸张方向"的下三角按钮，❷在展开的列表中选择"横向"，如图7-83所示。

图7-83

步骤09 输入页眉内容。待插入页眉后，在页眉中输入正文标题并选择当前的日期，如图7-85所示。

图7-85

步骤11 退出页眉和页脚编辑状态。双击文档任意处退出页眉和页脚编辑状态，此时可以看到插入到文档中的页眉和页码效果，如图7-87所示。

图7-87

第8章 使用Excel制作数据表格

在实际工作中，虽然可以使用 Word 创建表格并进行文本的输入和设置操作，但是要想制作更加复杂的数据表格，使用 Excel 制作，效率将会更高。在 Excel 中除了可以输入各种不同形式的文本，还可以对文本进行格式的设置，如设置日期格式、插入与合并单元格及套用单元格样式等。当然，不同的功能适合于不同的工作表表格，用户需根据实际的需要，选取合适的功能进行不同表格的快速制作。

本章将以制作员工通讯录、员工健康档案和员工培训档案表格为例，对 Excel 中的各种基础性的操作功能进行详细地介绍。

8.1 制作员工通讯录

为了对公司员工有效地进行管理，可以对公司内部员工的基本信息，如姓名、所在部门、性别、年龄、何时进入公司、学历、基本工资及联系方式等，通过通讯录的形式加以整理归类。而要制作该通讯录，掌握各种文本的输入方法和格式的设置是很有必要的。

原始文件：无
最终文件：下载资源\实例文件\第8章\最终文件\员工通讯录.xlsx

8.1.1 输入普通文本

普通文本一般指的是不包括数字的文字内容。普通文本是 Excel 表格中非常重要的数据，它能直观地表达数据中数值所显示的内容。

步骤01 输入标题。启动Excel程序，新建一个空白工作簿。选中单元格A1，切换输入法为中文，直接输入标题"员工通讯录"，如图8-1所示。

步骤02 确认输入。按【Enter】键，此时系统自动选中单元格A2，确认了单元格A1中文本的录入，如图8-2所示。

图8-1

图8-2

步骤03 输入表头字段。在单元格区域A2:I2中按照步骤01的方法将表头字段的名称输入完整，输入完毕后效果如图8-3所示。

O12			:	×	✓	fx			
◢	A	B	C	D	E	F	G	H	I
1	员工通讯录								
2	编号	姓名	部门	性别	年龄	何时进入公	学历	基本工资	联系方式
3									
4									
5									
6									
7									

图8-3

8.1.2 输入以0开头的序号

通常情况下，员工通讯录中的"编号"都是以 0 开头，但当用户直接在工作表的单元格中输入以 0 开头的数字时，系统会自动忽略前面的数字"0"，如输入"001"时，将自动显示为"1"。如果想要显示以"0"开头的序号，可通过设置单元格的数字格式来实现。

步骤01 单击"数字"组的对话框启动器。
继续上小节的操作，❶选中要输入以0为开头数字的单元格，这里选择单元格A3，❷在"开始"选项卡下单击"数字"组中的对话框启动器，如图8-4所示。

图8-4

步骤02 设置自定义数字格式。弹出"设置单元格格式"对话框，❶在"数字"选项卡下"分类"列表框中单击"自定义"选项，❷在"类型"下的文本框中输入"0000"，如图8-5所示。

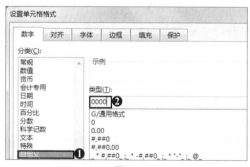

图8-5

步骤03 输入数字序号。单击"确定"按钮，返回工作表中，在单元格A3中输入序号"1"，如图8-6所示。

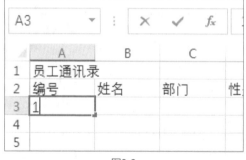

图8-6

步骤04 显示以0开头的数字。按【Enter】键确认输入后，单元格A3中的数字将显示为"0001"，如图8-7所示。可以看到显示的数字格式为在步骤02中设置的自定义数字格式。

图8-7

8.1.3 按顺序填充序列

在制作表格时免不了要输入一些有规律或相同的数据，如要输入员工通讯录中的"编号"列数据，若该公司的员工较多，当使用向下逐一输入的方式来编号时，费时又费力，而且还有可能出错。此时，如果使用 Excel 提供的快速填充数据功能，就能够正确又快速地录入编号数据，大大提高工作效率。

步骤01　放置鼠标指针。将鼠标指针移至起始单元格A3的右下角，此时鼠标指针变成黑色的十字形状，如图8-8所示。

步骤02　向下拖曳进行填充。按住鼠标左键不放向下拖曳，如图8-9所示。

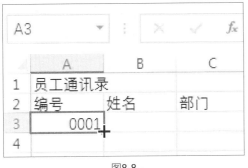

图8-8　　　　　　　　　图8-9

步骤03　选择自动填充选项。拖曳至目标位置单元格A7后释放鼠标左键，此时在单元格A7右侧显示出一个"自动填充选项"图标，❶单击该图标右侧的下三角按钮，❷在展开的列表中单击"填充序列"单选按钮，如图8-10所示。

步骤04　自动填充序列后的结果。可以看到单元格区域A3:A7中填充了有规律的员工编号，继续选中该区域，然后向下填充编号数据，接着输入姓名、部门等数据，即可得到如图8-11所示的表格效果。

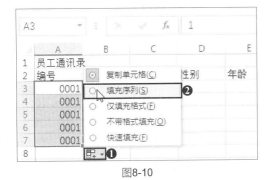

图8-10　　　　　　　　　图8-11

8.1.4 设置单元格的日期格式

在制作员工通讯录时，日期通常是不可或缺的。日期的输入既可以与文本的输入方式一样，直接在表格中输入，也可以通过"设置单元格格式"对话框的"数字"选项卡更改日期的格式，满足不同公司对日期样式的需求。下面将以员工通讯录中的"何时进入公司"列的日期格式设置为"年-月"样式为例进行介绍。

步骤01 输入日期。继续上小节的操作，在单元格区域F3:F15中直接输入员工进入公司的日期，如图8-12所示。

图8-12

步骤03 选择日期格式。弹出"设置单元格格式"对话框，❶在"数字"选项卡下的"分类"列表框中选择"日期"选项，❷在"类型"列表框中选择"2012年3月"类型，如图8 14所示。

图8-14

步骤02 单击"数字"组的对话框启动器。在"开始"选项卡下单击"数字"组中的对话框启动器，如图8-13所示。

图8-13

步骤04 更改日期类型后的效果。单击"确定"按钮，返回工作表中，此时可以看到所选区域中日期格式的变化，效果如图8-15所示。

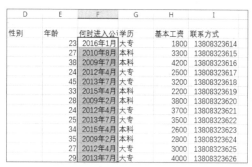

图8-15

8.1.5 在不连续单元格中同时输入相同内容

如果想要在不相邻的多个单元格中输入相同的内容，若在每个单元格中逐一输入，费时又费力。此时用户可选择所有要输入同一内容的单元格，然后通过【Ctrl+Enter】组合键来实现不连续单元格的相同数据的输入。

步骤01 选择要输入同一内容的单元格。继续上小节的操作，按住【Ctrl】键选择要输入性别"男"的所有单元格，这里选择单元格D3、D6、D7、D8、D11、D12和D13，如图8-16所示。

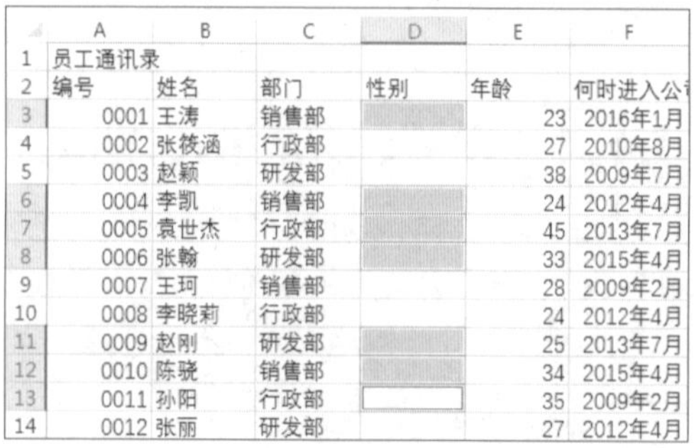

图8-16

步骤02 输入性别。在单元格D13中输入性别"男"，如图8-17所示。

步骤03 确认输入。按【Ctrl+Enter】组合键，确认输入后，可看到选择的所有单元格中都输入了同一性别"男"，如图8-18所示。

	A	B	C	D	E	F
1	员工通讯录					
2	编号	姓名	部门	性别	年龄	何时进入公门
3	0001	王涛	销售部		23	2016年1月
4	0002	张筱涵	行政部		27	2010年8月
5	0003	赵颖	研发部		38	2009年7月
6	0004	李凯	销售部		24	2012年4月
7	0005	袁世杰	行政部		45	2013年7月
8	0006	张翰	研发部		33	2015年4月
9	0007	王珂	销售部		28	2009年2月
10	0008	李晓莉	行政部		24	2012年4月
11	0009	赵刚	研发部		25	2013年7月
12	0010	陈晓	销售部		34	2015年4月
13	0011	孙阳	行政部	男	35	2009年2月
14	0012	张丽	研发部		27	2012年4月

图8-17

	A	B	C	D	E	F
1	员工通讯录					
2	编号	姓名	部门	性别	年龄	何时进入公门
3	0001	王涛	销售部	男	23	2016年1月
4	0002	张筱涵	行政部		27	2010年8月
5	0003	赵颖	研发部		38	2009年7月
6	0004	李凯	销售部	男	24	2012年4月
7	0005	袁世杰	行政部	男	45	2013年7月
8	0006	张翰	研发部	男	33	2015年4月
9	0007	王珂	销售部		28	2009年2月
10	0008	李晓莉	行政部		24	2012年4月
11	0009	赵刚	研发部	男	25	2013年7月
12	0010	陈晓	销售部	男	34	2015年4月
13	0011	孙阳	行政部	男	35	2009年2月
14	0012	张丽	研发部		27	2012年4月

图8-18

步骤04 在多个单元格中同时输入性别"女"。采用相同的方法，在单元格D4、D5、D9、D10、D14和D15中同时输入"女"，最终得到员工通讯录的效果如图8-19所示。

	A	B	C	D	E	F	G	H	I
1	员工通讯录								
2	编号	姓名	部门	性别	年龄	何时进入公门	学历	基本工资	联系方式
3	0001	王涛	销售部	男	23	2016年1月	大专	1800	13808323614
4	0002	张筱涵	行政部	女	27	2010年8月	本科	3300	13808323615
5	0003	赵颖	研发部	女	38	2009年7月	本科	4200	13808323616
6	0004	李凯	销售部	男	24	2012年4月	大专	2500	13808323617
7	0005	袁世杰	行政部	男	45	2013年7月	大专	3200	13808323618
8	0006	张翰	研发部	男	33	2015年4月	本科	2200	13808323619
9	0007	王珂	销售部	女	28	2009年2月	本科	3800	13808323620
10	0008	李晓莉	行政部	女	24	2012年4月	本科	3700	13808323621
11	0009	赵刚	研发部	男	25	2013年7月	大专	3500	13808323622
12	0010	陈晓	销售部	男	34	2015年4月	本科	2600	13808323623
13	0011	孙阳	行政部	男	35	2009年2月	大专	2800	13808323624
14	0012	张丽	研发部	女	27	2012年4月	本科	3000	13808323625
15	0013	王君	销售部	女	29	2013年7月	大专	4000	13808323626
16									

图8-19

教你一招 填充等比序列

在正文的8.1.3小节中介绍了如何使用填充柄来自动填充等差序列，其实除了填充等差序列外，用户还可以自动填充等比序列。填充等比序列就是按照一定的倍数，自动向下进行的数据递增填充。

首先在单元格A1中输入"2"，选择要自动填充的单元格区域A1:A7。❶在"开始"选项卡下"编辑"组中单击"填充"按钮，❷在展开的下拉列表中单击"序列"选项，如图8-20所示。❸弹出"序列"对话框，在"序列产生在"选项组下单击"列"单选按钮，❹在"类型"选项组下单击"等比序列"单选按钮，❺在"步长值"后的文本框中输入"2"，即按照2的倍数填充，如图8-21所示，设置完毕后单击"确定"按钮。返回工作表中，❻此时在单元格区域A1:A7中自动按照2的倍数进行了填充，填充结果如图8-22所示。

图8-20

序列

序列产生在	类型
◎ 行(R)	◎ 等差序列(L)
❸ ◉ 列(C)	❹ ◉ 等比序列(G)
	◎ 日期(D)
	◎ 自动填充(F)

☐ 预测趋势(T)

步长值(S): 2 ❺   终止值(O):

图8-21

	A	B
A1		
1	2	
2	4	
3	8	
4	16	❻
5	32	
6	64	
7	128	

图8-22

8.2 制作员工健康档案

为了给员工创造健康向上、和谐融洽的生活和工作环境，企业可以制作能够随时关注员工身心健康的员工健康档案。而要制作员工健康档案，就必须掌握工作表中单元格的插入、合并及各种格式的设置等操作。

原始文件： 下载资源 \ 实例文件 \ 第 8 章 \ 原始文件 \ 员工健康档案 .xlsx
最终文件： 下载资源 \ 实例文件 \ 第 8 章 \ 最终文件 \ 员工健康档案 .xlsx

8.2.1 对工作表进行重命名

一般情况下，工作簿中会含有多个工作表，为了区分各个工作表中的内容，可对工作表进行重命名操作。通过该操作，用户可以在第一时间就能切换至想要查看的工作表中。

步骤01 单击"重命名"命令。❶右击需要重命名的工作表标签"Sheet1"，❷在弹出的快捷菜单中单击"重命名"选项，如图8-23所示。

步骤02 要重命名的工作表名称呈可编辑状态。此时，Sheet1工作表标签呈灰色，即可编辑状态，如图8-24所示。

步骤03 重新输入工作表名称。输入工作表的新名称"健康档案"，按【Enter】键即可确认新名称的输入，如图8-25所示。

| 图8-23 | 图8-24 | 图8--25 |

💡 **提示：重命名工作表名称的其他方法**

除了正文介绍的方法外，用户还可以直接双击要重命名的工作表标签，此时工作表名称同样呈可编辑状态，随后输入新名称即可。另外，也可以在要重命名的工作表中，切换至"开始"选项卡下的"单元格"组中，单击"格式"按钮，在展开的下拉列表中单击"重命名工作表"选项，可看到工作表名称呈可编辑状态，然后输入新名称即可。

8.2.2 插入单元格

当编辑好表格后，却发现还需要在表格中插入一些内容，此时可在原有表格的基础上插入单元格，输入遗漏的数据即可。例如，在已经编辑好的员工健康档案的标题行下方插入一行单元格，然后输入"单位名称"。

步骤01 **单击“插入”命令。**❶选中第2行单元格再右击，❷在弹出的快捷菜单中单击“插入”选项，如图8-26所示。

步骤02 **选择插入单元格的格式。**可看到在第2行上方插入了一行空白行，并在其下方显示出一个“插入选项”图标，❶单击该图标右侧的下三角按钮，❷在展开的下拉列表中单击“与下面格式相同”单选按钮，如图8-27所示。

步骤03 **在新插入行中输入内容。**此时，所插入行的格式与其下方单元格的格式相同，在单元格A2中输入文本内容“单位名称：”，如图8-28所示。

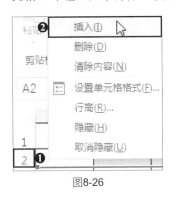

图8-26

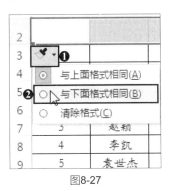

图8-27

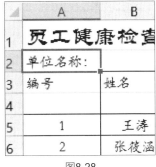

图8-28

8.2.3 合并单元格

合并单元格指的是把多个连续的单元格合并为一个单元格，在制作员工健康档案时，为了调整表格某些行或者列的布局格式，常常会使用到该功能。合并单元格有以下两种方法。

▶方法一：通过“开始”选项卡下的按钮进行合并

步骤01 **单击“合并后居中”选项。**❶选中要合并的标题行，即单元格区域A1:H1，❷在“开始”选项卡下的“对齐方式”组中单击“合并后居中”右侧的下三角按钮，❸在展开的下拉列表中单击“合并后居中”选项，如图8-29所示。

步骤02 **标题行合并后居中。**此时选择的单元格区域A1:H1合并为了一个单元格，并且标题内容居中显示，如图8-30所示。

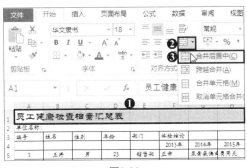

图8-29

员工健康检查档案汇总表							
单位名称:							
编号	姓名	性别	年龄	部门	体检结论		
					2013年	2014年	2015年
1	王涛	男	23	销售部	正常	尿素氮偏高	肩周炎
2	张筱涵	女	27	行政部	肩周炎	肩周炎	正常
3	赵颖	女	38	研发部	胆固醇偏高	正常	EB病毒壳抗
4	李凯	男	24	销售部	尿素氮偏高	肩周炎	肩周炎
5	袁世杰	男	45	行政部	正常	尿素氮偏高	尿素氮偏高
6	张翰	男	33	研发部	尿酸偏高	胆固醇偏高	正常
7	王珂	女	28	销售部	低密度脂偏	正常	EB病毒壳抗
8	李晓莉	女	24	行政部	正常	尿酸偏高	胆固醇偏高
9	赵刚	男	25	研发部	EB病毒壳	低密度脂偏	低密度脂偏
10	陈晓	男	34	销售部	甘油三脂偏	葡萄糖偏高	正常
11	孙阳	男	35	行政部	葡萄糖偏高	甘油三脂偏	尿酸偏高

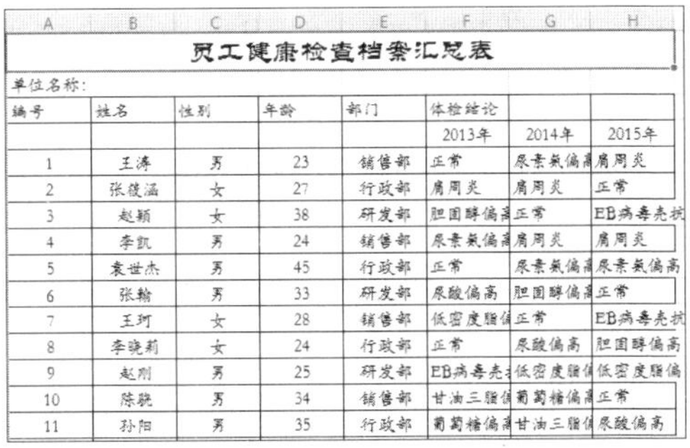

图8-30

步骤03 **单击“合并单元格”选项。**❶选择第2行中要合并的单元格区域A2:H2，❷单击“合并后居中”右侧的下三角按钮，❸在展开的下拉列表中单击“合并单元格”选项，如图8-31所示。

步骤04 **合并单元格后效果。**此时选择的单元格区域A2:H2合并为了一个单元格，但单元格中的内容并没有居中显示，如图8-32所示。

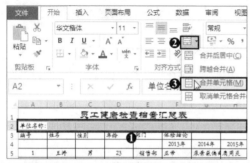
图8-31

图8-32

💡 提示: 拆分单元格

若用户想将合并后的单元格进行拆分,可以选中合并后的单元格,单击"开始"选项卡下"对齐方式"组中的"取消单元格合并"按钮,即可完成单元格的拆分。

▶方法二:通过对话框进行合并

步骤01 单击"对齐方式"组的对话框启动器。❶按住【Ctrl】键的同时选择单元格区域A3:E4及F3:H3,❷在"开始"选项卡下单击"对齐方式"组中的对话框启动器,如图8-33所示。

步骤02 勾选"合并单元格"复选框。弹出"设置单元格格式"对话框,在"对齐"选项卡下的"文本控制"选项组中勾选"合并单元格"复选框,如图8-34所示。

图8-33

图8-34

步骤03 通过对话框合并后的效果。单击"确定"按钮,返回工作表中,选中区域分别合并为了一个单元格,如图8-35所示。

图8-35

8.2.4 调整单元格的行高与列宽

在制作表格时，单元格中输入的内容过多时，很容易造成部分内容被隐藏，从而会对查阅电子表格造成很大的麻烦。此时，可以通过调整单元格的行高或者是列宽来实现单元格内容的完全显示。调整行高和列宽的方法通常有两种，一种是直接使用鼠标来拖动，一种是通过对话框来精确调整。

▷方法一：拖动法调整行高或列宽

步骤01 按住鼠标左键拖动间隔线。将鼠标指针移至列标之间，这里放置在A列与B列的列标之间，当鼠标指针变成十形状时，按住鼠标左键不放进行左右拖动，若向左侧拖动，可减小列宽；向右拖动，可增加列宽，这里向左拖动，如图8-36所示。

步骤02 释放鼠标左键。拖曳至适当位置后释放鼠标左键，此时可以看到A列的列宽减小，效果如图8-37所示。

步骤03 采用拖动法调整其他列列宽。采用步骤01的方法，将C列和D列的列宽减小，得到的效果如图8-38所示。对于行高也可以采用相同的方法进行调整。

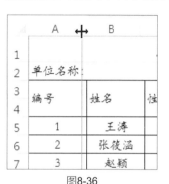

图8-36

图8-37

图8--38

▷方法二：通过对话框精确调整行高或列宽

步骤01 选择要调整列宽的列。首先选择要调整的列，这里选择F列、G列和H列，如图8-39所示。

步骤02 单击"列宽"选项。❶在"开始"选项卡下"单元格"组中单击"格式"的下三角按钮，❷在展开的下拉列表中单击"列宽"选项，如图8-40所示。

步骤03 输入列宽值。弹出"列宽"对话框，❶在"列宽"文本框中输入设置的列宽值，例如输入"18"，❷输入完毕后单击"确定"按钮，如图8-41所示。

图8-39

图8-40

图8-41

步骤04 **调整后的列宽效果。**返回工作表中，可发现选中列中被隐藏的文本内容显示出来了，效果如图8-42所示。

图8-42

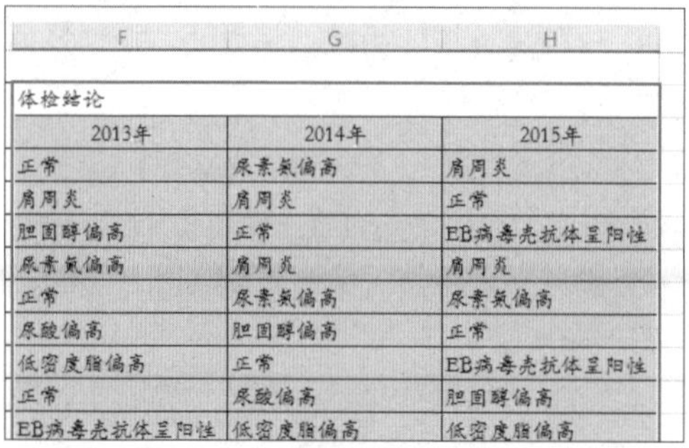

步骤05 **精确调整E列的列宽。**应用相同的方法，设置E列的列宽为“10”，得到的E列的列宽效果如图8-43所示。

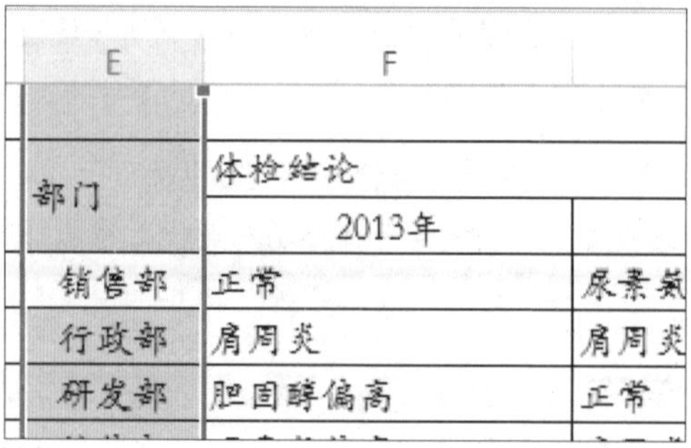

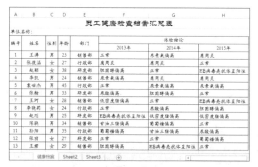

图8-43

8.2.5 设置单元格内文本的对齐方式

默认情况下，在单元格中输入字符时，会水平靠左对齐；在输入数值时，会水平靠右对齐。Excel 提供了多种对齐方式，用户可根据需要灵活调整单元格中数据的对齐方式。

步骤01 **设置居中对齐方式。**❶选择要设置对齐方式的单元格区域A3:H4，❷在“开始”选项卡下单击“对齐方式”组中的“居中”按钮，如图8-44所示。

图8-44

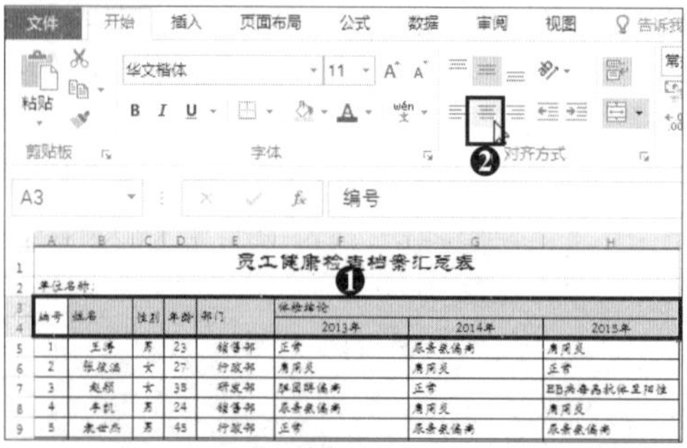

步骤02 **居中对齐后的效果。**此时，可以看到表头字段所在的单元格内容都居中显示了，效果如图8-45所示。

图8-45

提示：通过对话框设置对齐方式

选择要设置对齐方式的单元格区域后，在“开始”选项卡下单击“对齐方式”组中的对话框启动器，弹出“设置单元格格式”对话框，在“对齐”选项卡下的“文本对齐方式”选项组中设置“水平对齐”和“垂直对齐”都为“居中”，如图 8-46 所示，设置完毕后单击“确定”按钮，即可完成文本对齐方式的设置。

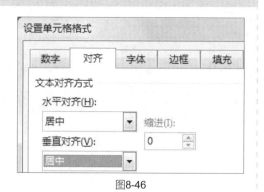

图8-46

8.2.6　设置文本的自动换行

如果在单元格中输入了较长的文本，而又不想通过更改列宽的方式来显示完整的文本内容时，可以通过"自动换行"功能来实现长文本的完整显示。

步骤01 选择要设置自动换行的单元格。按住【Ctrl】键选择需自动换行的单元格，这里选择单元格A3、C3和D3，如图8-47所示。

步骤02 单击"对齐方式"组的对话框启动器。在"开始"选项卡下单击"对齐方式"组中的对话框启动器，如图8-48所示。

图8-47

图8-48

步骤03 勾选"自动换行"复选框。弹出"设置单元格格式"对话框，在"对齐"选项卡下"文本控制"选项组中勾选"自动换行"复选框，如图8-49所示。

步骤04 自动换行后的效果。单击"确定"按钮，返回工作表中，此时可以看到单元格A3、C3和D3中的文本都自动调整为了两行形式，效果如图8-50所示。

图8-49

图8-50

 根据单元格内容快速调整单元格列宽

有时为了使单元格中的数据看上去疏密有致，可以利用Excel提供的"自动调整列宽"或"自动调整行高"功能，使单元格的大小能刚好容下其中的数据。

选择要自动调整列宽的区域，❶在"开始"选项卡下"单元格"组中单击"格式"的下三角按钮，❷在展开的下拉列表中单击"自动调整列宽"选项，如图 8-51 所示。此时，可发现单元格区域中的列宽刚好能容下每列的内容，如图 8-52 所示。

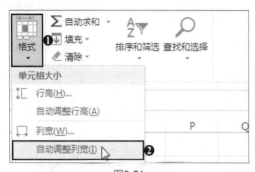

図8-51

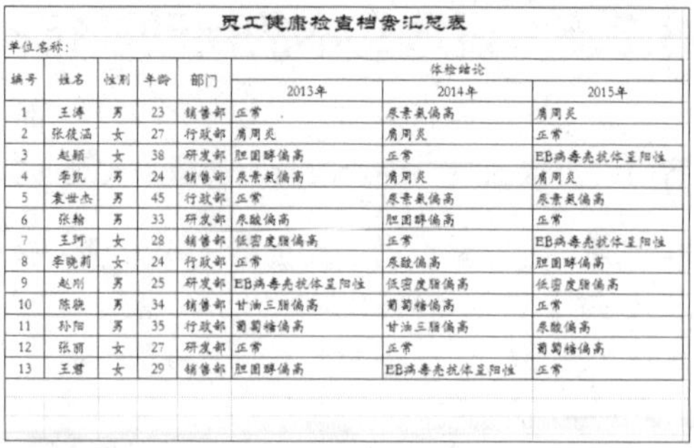

図8-52

8.3 制作员工培训档案表格

为了记录员工自进入公司工作开始所参与过的各种培训活动，便于公司人事部在员工晋升、提级、加薪时作为参考依据，可制作员工培训档案，录入培训记录。在制作该表格的过程中，为了区别表格的标题、表头与文本内容，可对其应用合适的样式。

原始文件：下载资源 \ 实例文件 \ 第 8 章 \ 原始文件 \ 员工培训档案表 .xlsx
最终文件：下载资源 \ 实例文件 \ 第 8 章 \ 最终文件 \ 员工培训档案表 .xlsx

8.3.1 新建标题单元格样式

Excel 2016 中提供了一套默认的单元格样式，用户可根据需要对单元格区域套用合适的单元格样式。如果对已有的样式不满意，还可新建单元格样式。

步骤01 选择要套用单元格样式的单元格。选中要套用预设单元格样式的单元格，这里选择单元格A1，如图8-53所示。

步骤02 选择要套用的样式。❶在"开始"选项卡下"样式"组中单击"单元格样式"的下三角按钮，❷在展开的样式库中选择"标题"样式，如图8-54所示。

图8-53

图8-54

步骤03 套用标题样式后的单元格效果。套用了"标题"样式后，得到的标题效果如图8-55所示。

步骤04 单击"新建单元格样式"选项。若不喜欢该样式，可在展开的下拉列表中单击"新建单元格样式"选项，如图8-56所示。

图8-55

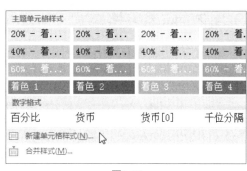

图8-56

步骤05 设置新建样式的名称。弹出"样式"对话框，❶在"样式名"后的文本框中输入"标题样式1"，❷单击"格式"按钮，如图8-57所示。

步骤06 设置新建样式的字体格式。弹出"设置单元格格式"对话框，❶切换至"字体"选项卡，❷设置新建样式的字体格式为华文隶书、加粗、18号，❸设置"颜色"为"蓝色，个性色1"，如图8-58所示。

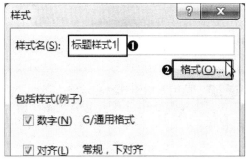

图8-57

图8-58

步骤07 选择要套用的新建样式。连续单击"确定"按钮，返回工作表中。选择标题所在单元格后，❶在"开始"选项卡下"样式"组中单击"单元格样式"的下三角按钮，❷在展开的下拉列表中选择"自定义"选项组下新建的样式，即"标题样式1"，如图8-59所示。

步骤08 套用新建标题样式后的效果。随后，即可看到标题套用新建样式后的效果，如图8-60所示。

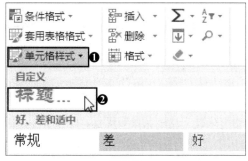

图8-59

图8-60

8.3.2 应用表格格式

在 Excel 中，除了可以为单元格或单元格区域套用单元格样式外，还可以为整个工作表套用预设的表格格式。Excel 2016 中提供了一系列的预设表格样式，选择要套用的样式即可美化表格。

步骤01 选择要套用表格格式的区域。选择要套用表格格式的单元格区域A2:G20，如图8-61所示。

步骤02 选择要套用的表格格式。❶在"开始"选项卡下"样式"组中单击"套用表格格式"的下三角按钮，❷在展开的样式库中选择合适的样式，如图8-62所示。

图8-61

图8-62

步骤03 勾选"表包含标题"复选框。弹出"套用表格式"对话框，❶选择的单元格区域已经自动添加到了"表数据的来源"文本框中，❷勾选"表包含标题"复选框，❸单击"确定"按钮，如图8-63所示。

步骤04 套用表格格式后的效果。随后，即可看到套用所选表格格式后的效果，如图8-64所示。

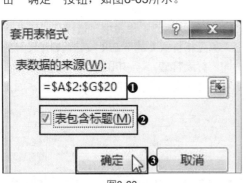

图8-63

图8-64

教你一招 取消筛选按钮

套用了表格格式后，表格中的标题行将出现筛选按钮，如果用户想将筛选按钮去除，将其转换为普通的区域，可按照以下方法操作。

选中套用了表格格式的任意单元格，在"表格工具 - 设计"选项卡下的"工具"组中单击"转换为区域"按钮，如图 8-65 所示。此时将弹出一个提示框，提示用户"是否将表转换为普通区域？"，单击"是"按钮即可。返回工作表中，可发现标题行中的筛选按钮自动消失了，随后将套用了表格格式后被拆分的单元格进行合并，最终得到的效果如图 8-66 所示。

图8-65

图8-66

实例演练 制作人事部月工作计划表

为进一步巩固本章所学知识，加深用户对 Excel 表格中文本的输入与格式设置等知识点的印象，下面将以制作"人事部月工作计划表"为例，综合应用本章的知识点。

原始文件： 无

最终文件： 下载资源\实例文件\第8章\最终文件\人事部月工作计划表.xlsx

步骤01 新建表格并设置数字格式。新建空白工作表后输入并设置好标题和表头字段格式，再选中单元格A3，在"开始"选项卡下单击"数字"组中的对话框启动器，打开"设置单元格格式"对话框。❶在"数字"选项卡下的"分类"列表框中选择"自定义"类别，❷在"类型"文本框中输入"000"，如图8-67所示。

步骤02 自动填充数字。单击"确定"按钮，返回工作表中，在单元格A3中输入"1"，按【Enter】键可看到单元格中的数字自动变为了"001"，接着将鼠标指针放置在单元格A3右下角，按住鼠标左键不放向下拖动，拖曳至单元格A10后释放鼠标左键，❶单击"自动填充选项"图标右侧的下三角按钮，❷在展开的列表中单击"填充序列"单选按钮，如图8-68所示。

图8-67

图8-68

步骤03 更改列宽。接着依次输入其他表格数据内容，将鼠标指针放置在B列和C列的列标之间，当鼠标指针变为✛形状时，按住鼠标左键向右拖动，如图8-69所示。

步骤04 单击"设置单元格格式"选项。❶选中C列中要进行自动换行的单元格区域并右击，❷在弹出的快捷菜单中单击"设置单元格格式"选项，如图8-70所示。

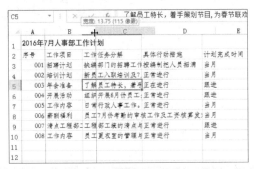

图8-69

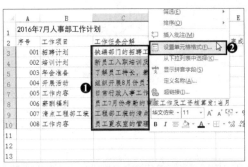

图8-70

步骤05 勾选"自动换行"复选框。弹出"设置单元格格式"对话框，❶切换至"对齐"选项卡，❷在"文本控制"选项组下勾选"自动换行"复选框，如图8-71所示。

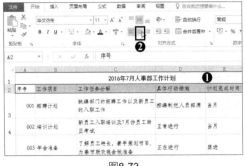

图8-71

步骤06 合并居中单元格。❶选择单元格区域A1:F1，❷在"开始"选项卡下单击"对齐方式"组中的"合并后居中"按钮，如图8-72所示。

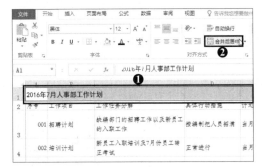

图8-72

步骤07 设置对齐方式。❶选择单元格区域A2:F2，❷在"开始"选项卡下"对齐方式"组中单击"居中"按钮，如图8-73所示。

步骤08 选择单元格样式。❶选中单元格A1，❷在"开始"选项卡下"样式"组中单击"单元格样式"的下三角按钮，❸在展开的列表中选择合适的标题样式，如图8-74所示。

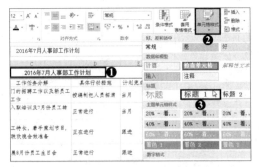

图8-73

图8-74

步骤09 选择要套用的表格格式。❶选择单元格区域A2:F10，❷在"开始"选项卡下"样式"组中单击"套用表格格式"的下三角按钮，❸在展开的样式库中选择合适的样式，如图8-75所示。

步骤10 套用表格格式。弹出"套用表格格式"对话框，勾选"表包含标题"复选框，单击"确定"按钮，如图8-76所示。

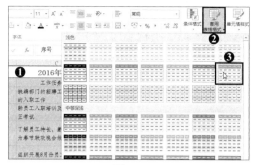

图8-75

图8-76

步骤11 显示套用格式后的效果。 返回工作表中，即可看到套用格式后的效果，如图8-77所示。

步骤12 转换为区域。 选中表格中的任意单元格，❶切换至"表格工具-设计"选项卡，❷在"工具"组中单击"转换为区域"按钮，如图8-78所示。

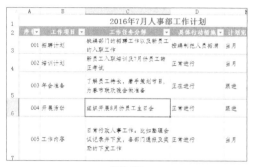

图8-77

图8-78

步骤13 确定转换。 弹出一个提示框，提示是否将表转换为普通区域，单击"是"按钮，如图8-79所示。

步骤14 显示最终的表格效果。 返回工作表中，即可看到表转换为普通区域后的人事部月工作计划表效果，如图8-80所示。

图8-79

图8-80

第9章 使用Excel处理数据

Excel 2016 的数据处理功能非常强大，可以进行数据排序、筛选和分类汇总，当想要突出某些特殊数据时，还可以使用条件格式对这些数据进行突出显示。

本章将以制作办公用品消耗表、办公用品库存表、办公用品领用表和日常费用统计表为例，对 Excel 中的各种数据处理工具进行详细的讲解和分析。

9.1 制作办公用品消耗表

为了更好地管理办公用品，避免出现办公用品乱用的现象，可对一段时间内办公用品所采购的数量、领用的数量、剩余的数量进行记录。本节将以办公用品消耗表为例，对 Excel 中的数据条格式、突出显示单元格规则及新建条件格式规则等内容进行详细地介绍。

原始文件： 下载资源 \ 实例文件 \ 第 9 章 \ 原始文件 \ 办公用品消耗表 .xlsx
最终文件： 下载资源 \ 实例文件 \ 第 9 章 \ 最终文件 \ 办公用品消耗表 .xlsx

9.1.1 为表格应用数据条格式

Excel 中的数据条可以帮助用户对比查看某个单元格相对于其他单元格的值，且数据条的长度代表了单元格中数据的值。数据条越长，代表该单元格中的值越高；反之，数据条越短，代表值越低。

步骤01 **选择区域。**打开原始文件，选择表格中要应用数据条格式的单元格区域，这里选择单元格区域E4:E21，如图9-1所示。

步骤02 **选择数据条格式。**❶在“开始”选项卡下“样式”组中单击“条件格式”的下三角按钮，❷在展开的下拉列表中指向“数据条”选项，❸在展开的级联列表中选择“实心填充”中的“红色数据条”样式，如图9-2所示。

步骤03 **应用数据条格式后的效果。**此时，可以看到选中区域中数据较大的值的数据条较长，越小的数值其数据条就越短，如图9-3所示。

办公用品及库存用品明

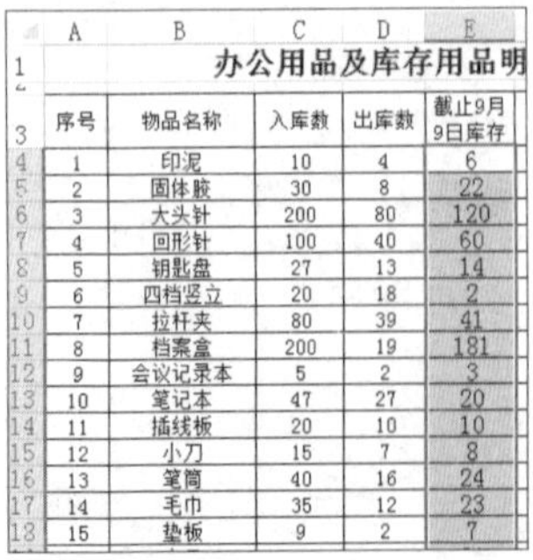

序号	物品名称	入库数	出库数	截止9月9日库存
1	印泥	10	4	6
2	固体胶	30	8	22
3	大头针	200	80	120
4	回形针	100	40	60
5	钥匙盘	27	13	14
6	四档竖立	20	18	2
7	拉杆夹	80	39	41
8	档案盒	200	19	181
9	会议记录本	5	2	3
10	笔记本	47	27	20
11	插线板	20	10	10
12	小刀	15	7	8
13	笔筒	40	16	24
14	毛巾	35	12	23
15	垫板	9	2	7

图9-1

图9-2

用品及库存用品明细

入库数	出库数	截止9月9日库存
10	4	6
30	8	22
200	80	120
100	40	60
27	13	14
20	18	2

图9-3

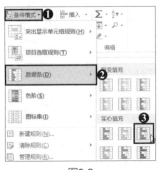

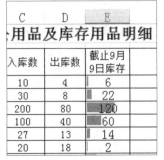

9.1.2 突出显示单元格规则

在 Excel 中，除了可以通过数据条突出显示某些数据外，还可以通过突出显示单元格规则改变单元格中的填充颜色、字形、特殊效果等格式，使得某一类具有共性的单元格突出显示。

步骤01 选择要设置突出显示规则的区域。继续上小节中的操作，选择表格中要突出显示的单元格区域，如单元格区域C4:C21，如图9-4所示。

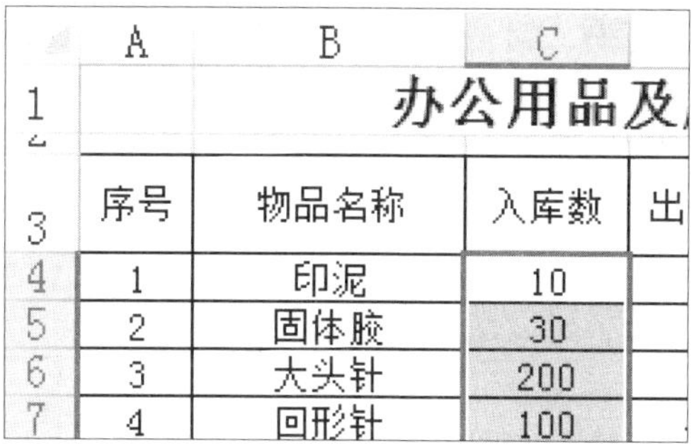

步骤02 选择突出显示规则。❶在"开始"选项卡下"样式"组中单击"条件格式"的下三角按钮，❷在展开的下拉列表中指向"突出显示单元格规则"选项，❸在级联列表中选择"大于"选项，如图9-5所示。

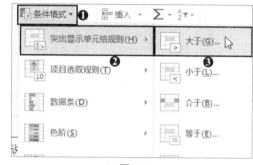

图9-5

图9-4

步骤03 设置规则。弹出"大于"对话框，❶在"为大于以下值的单元格设置格式"下方文本框中输入"100"，❷默认"设置为"中使用的"浅红填充色深红色文本"格式，❸单击"确定"按钮，如图9-6所示。

步骤04 突出显示大于100的值。返回工作表中，此时可以看到所选区域中大于100所在的单元格C6、C11和C21被以浅红的填充色突出显示出来了，如图9-7所示。

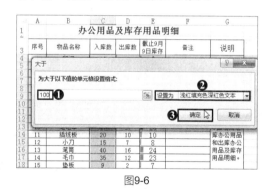

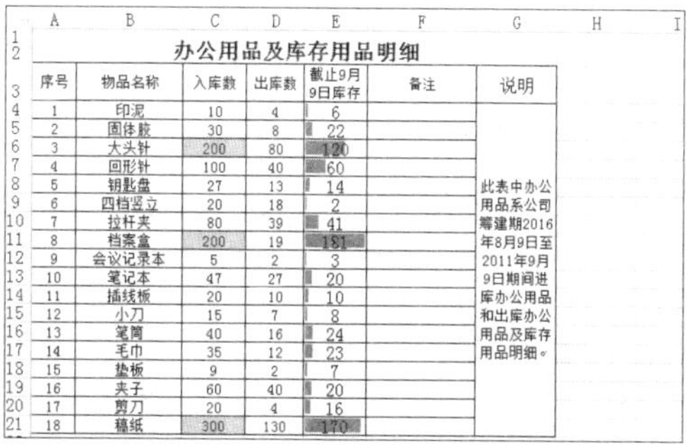

图9-6

图9-7

9.1.3 新建规则

当用户对于所有预设的条件格式规则都不满意时，可以根据自己的需求新建规则并应用到相应的区域中。例如本小节中将"本月结存量"介于 50 到 100 的数据设置为特殊格式。

步骤01 选择要应用新建规则的区域。继续上小节中的操作，选择表格中要应用新建规则的单元格区域，如单元格区域D4:D18，如图9-8所示。

步骤02 单击"新建规则"选项。❶在"开始"选项卡下"样式"组中单击"条件格式"的下三角按钮，❷在展开的列表中单击"新建规则"选项，如图9-9所示。

图9-8

图9-9

步骤03 选择规则类型。弹出"新建格式规则"对话框，在"选择规则类型"列表框中选择"只为包含以下内容的单元格设置格式"规则，如图9-10所示。

步骤04 编辑规则说明。❶在"编辑规则说明"选项组中设置"单元格值介于50到100"之间，❷再单击"格式"按钮，如图9-11所示。

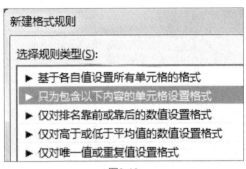

图9-10

图9-11

步骤05 设置新建规则的字体格式。弹出"设置单元格格式"对话框，❶切换至"字体"选项卡，❷在"字形"列表框中单击"加粗倾斜"，❸设置"颜色"为"标准色>深红"，如图9-12所示。

步骤06 选择填充颜色。❶切换至"填充"选项卡，❷在"背景色"选项组中选择合适的填充颜色，如图9-13所示。

图9-12

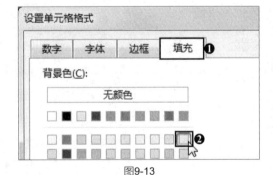

图9-13

步骤07 预览设置的格式。设置完毕后单击"确定"按钮，返回"新建格式规则"对话框，❶在"预览"选项组中可预览设置的单元格格式效果，❷满意则单击"确定"按钮，如图9-14所示。

步骤08 突出显示50到100数值。返回文档中，此时所选择区域中介于50到100的数据所在单元格被突出显示，效果如图9-15所示。

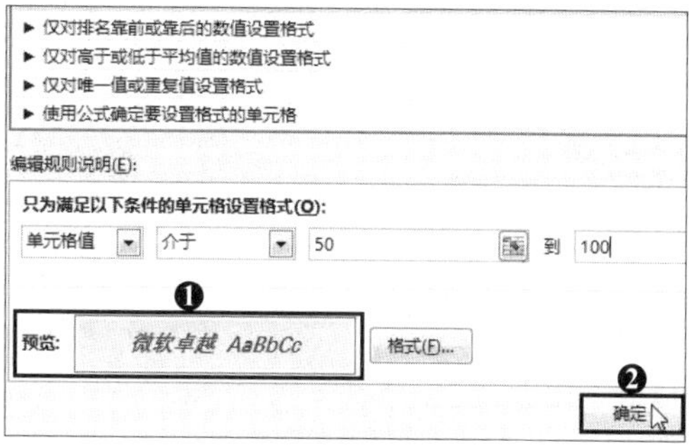

办公用品及库存用品明细			
物品名称	入库数	出库数	截止9月 9日库存	备注
印泥	10	4	6	
固体胶	30	8	22	
大头针	200	80	120	
回形针	100	40	60	
钥匙盘	27	13	14	
四档竖立	20	18	2	
拉杆夹	80	39	41	
档案盒	200	19	181	
会议记录本	5	2	3	

图9-14   图9-15

💡 提示：清除规则

若用户对于应用的规则不满意，可以将设置好的规则清除。在"开始"选项卡下"样式"组中单击"条件格式"的下三角按钮，在展开的列表中指向"清除规则"选项，在展开的级联列表中选择要清除的规则范围。若只是清除当前选中单元格的规则，则单击"清除所选单元格的规则"选项；若要清除整个工作表的规则，可单击"清除整个工作表的规则"选项，如图9-16所示。

图9-16

教你一招 管理规则

当一个表格中的多个规则发生了冲突，或者想要更改这些条件格式规则的优先级时，可以通过工作表中的管理规则功能来实现。

选中整个表格，❶在"开始"选项卡下"样式"组中单击"条件格式"按钮，❷在展开的下拉列表中单击"管理规则"选项，如图9-17所示。弹出"条件格式规则管理器"对话框，在该对话框中显示了选中的工作表中已设置的所有规则，在列表中较高处的规则的优先级高于列表中较低处的规则。默认情况下，新规则总是添加到列表的顶部，因此具有较高的优先级，❸用户可以使用对话框的"上移"和"下移"按钮来更改优先级顺序，如图9-18所示。

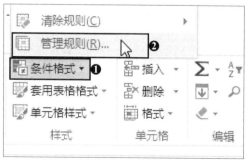

图9-17

图9-18

9.2 制作办公用品库存表

在实际工作中，为了使采购人员能够一目了然地对办公用品的库存情况进行统计，从而及时补充库存，避免影响工作，负责办公用品的部门就必须清楚办公用品的库存情况。所以制作办公用品库存表，以统计办公用品的出库、入库和库存情况就很有必要。而为了清楚哪些办公用品是必须首先进行补充的，可以通过排序功能来实现。

原始文件： 下载资源＼实例文件＼第9章＼原始文件＼办公用品库存表.xlsx
最终文件： 下载资源＼实例文件＼第9章＼最终文件＼简单排序.xlsx、根据条件排序.xlsx、自定义排序.xlsx

9.2.1 升序与降序排列库存数据

若用户只对一列或一行数据进行排序，可在选中了要排序的列或行后，在"数据"选项卡下的"排序和筛选"组中选择升序或降序排列即可。

步骤01 选择升序排列。❶选择要排序列中的任意数据单元格，如选择单元格E6，❷切换至"数据"选项卡，❸在"排序和筛选"组中单击"升序"按钮，如图9-19所示。

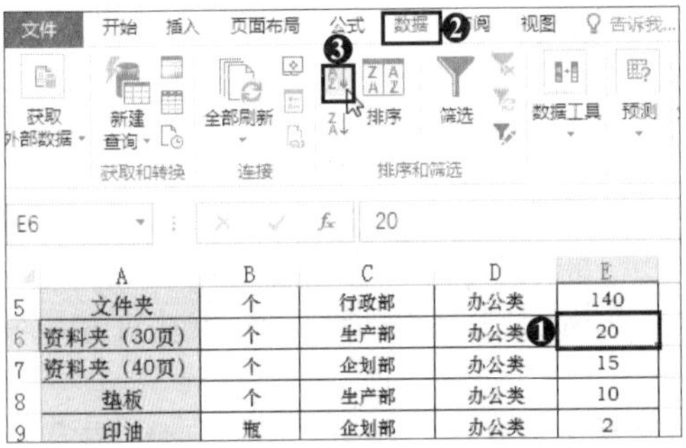

步骤02 升序排列后的效果。此时，"库存"列中的数据按照从小到大的顺序进行了重新排列，如图9-20所示。

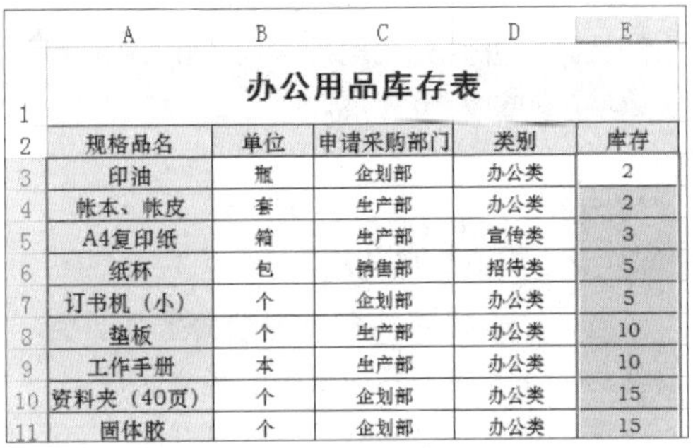

图9-19

图9-20

步骤03 按照降序排列。若在"数据"选项卡下单击"降序"按钮，"库存"列中的数据将按照从大到小的顺序排列，如图9-21所示。

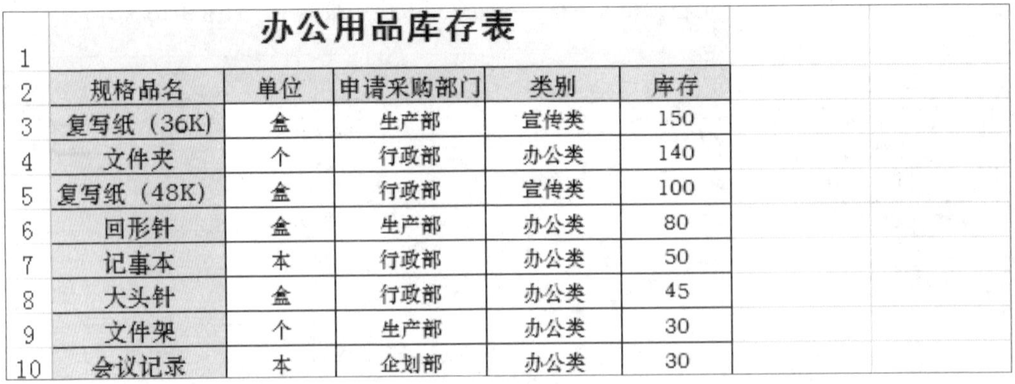

	规格品名	单位	申请采购部门	类别	库存
1	**办公用品库存表**				
2	规格品名	单位	申请采购部门	类别	库存
3	复写纸（36K）	盒	生产部	宣传类	150
4	文件夹	个	行政部	办公类	140
5	复写纸（48K）	盒	行政部	宣传类	100
6	回形针	盒	生产部	办公类	80
7	记事本	本	行政部	办公类	50
8	大头针	盒	行政部	办公类	45
9	文件架	个	生产部	办公类	30
10	会议记录	本	企划部	办公类	30

图9-21

9.2.2 根据条件进行排序

如果要对多列进行排序，就不能按照9.2.1小节的方法进行排序了。此时需要打开"排序"对话框，设置主要关键字和次要关键字，用户可根据实际情况添加多个次要关键字。

步骤01 单击"排序"按钮。继续上小节中的操作，选择数据区域中的任意单元格，在"数据"选项卡下"排序和筛选"组中单击"排序"按钮，如图9-22所示。

步骤02 选择主要关键字。弹出"排序"对话框，❶单击"主要关键字"右侧的下三角按钮，❷在展开的下拉列表中选择"申请采购部门"字段，如图9-23所示。

步骤03 选择排列次序。在"次序"下拉列表中选择主要关键字排列的次序，例如选择"降序"，如图9-24所示。

图9-22

图9-23

图9-24

步骤04 添加并设置次要关键字。若要继续添加第二个排序的字段，❶可单击"添加条件"按钮，添加一个次要关键字。❷设置"次要关键字"为"规格品名"字段，❸在"次序"下方的第二个下拉列表中选择"降序"排列，如图9-25所示。

步骤05 排序后的结果。设置完毕后单击"确定"按钮，返回工作表中，此时可以看到表格中的数据先按照"申请采购部门"的降序排列，若部门相同，再按照"规格品名"降序排列，结果如图9-26所示。

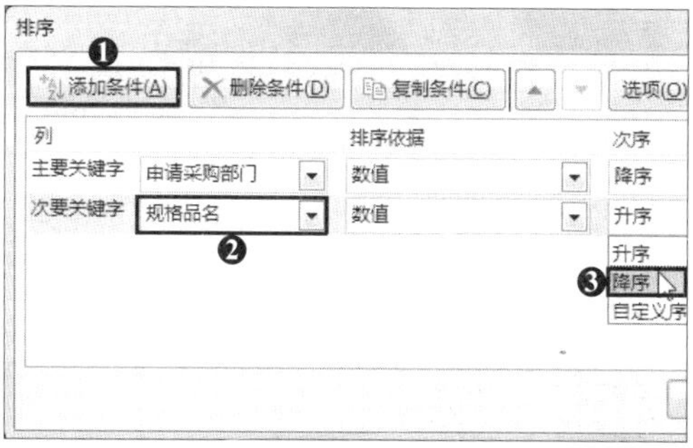

图9-25

规格品名	单位	申请采购部门	类别	库存
纸杯	包	销售部	招待类	5
资料夹（30页）	个	生产部	办公类	20
帐本、帐皮	套	生产部	办公类	2
文件架	个	生产部	办公类	30
回形针	盒	生产部	办公类	80
工作手册	本	生产部	办公类	10
复写纸（36K）	盒	生产部	宣传类	150
垫板	个	生产部	办公类	10
A4复印纸	箱	生产部	宣传类	3
资料夹（40页）	个	企划部	办公类	15
印油	瓶	企划部	办公类	2
会议记录	本	企划部	办公类	30

图9-26

> 💡 **提示：删除排序关键字**
>
> 当添加的多个关键字中，有些字段不再需要时，可将其删除。在"排序"对话框中选择要删除的关键字，然后单击"删除条件"按钮即可。

9.2.3 自定义排序

若用户对已有的单一排序和多条件排序都不满意，可自定义要排序的字段。

步骤01 单击"选项"按钮。继续上小节中的操作，单击"文件"按钮，在弹出的菜单中单击"选项"命令，如图9-27所示。

步骤02 单击"编辑自定义列表"按钮。弹出"Excel选项"对话框，❶切换至"高级"选项卡下，❷在该选项右侧的面板中单击"编辑自定义列表"按钮，如图9-28所示。

步骤03 输入要添加的序列。弹出"自定义序列"对话框，在"输入序列"文本框中输入要添加的序列，每输入完一个类别，按【Enter】键换行输入下一个类别，如图9-29所示。

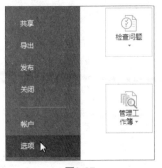

图9-27

图9-28

图9-29

步骤04 确认添加的序列。❶输入完毕后单击右侧的"添加"按钮，❷此时所输入的序列添加到了"自定义序列"列表框中，如图9-30所示。若用户确认添加的序列无误后可单击"确定"按钮。

步骤05 单击"排序"按钮。返回到"Excel选项"对话框中，继续单击"确定"按钮，返回工作表中，在"数据"选项卡下"排序和筛选"组中单击"排序"按钮，如图9-31所示。

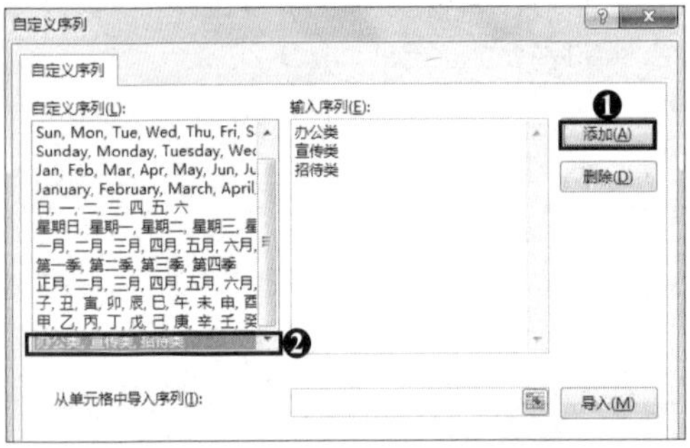

图9-30

图9-31

> **提示：删除添加的序列**
>
> 在图 9-30 中若用户发现添加的序列有误，可在"自定义序列"对话框中选中该序列，然后单击"删除"按钮即可。

步骤06 设置排序字段和次序。弹出"排序"对话框，❶设置"主要关键字"为"类别"，❷在"次序"下拉列表中单击"自定义序列"选项，如图9-32所示。

图9-32

步骤07 选择要排序的序列。弹出"自定义序列"对话框，在"自定义序列"列表框中选择自定义的序列，如图9-33所示，最后单击"确定"按钮。

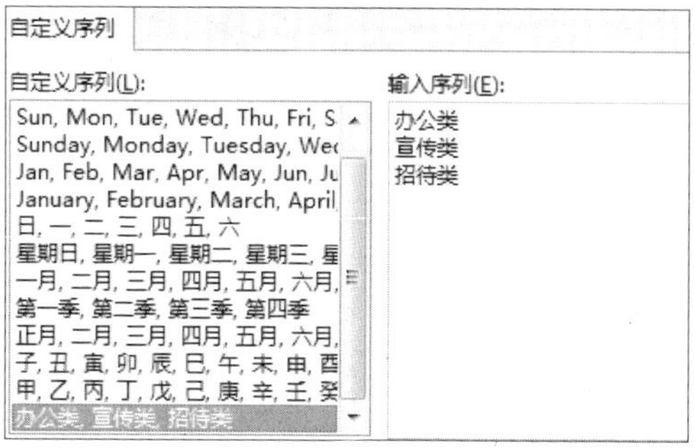

步骤08 确认添加的排序序列。返回"排序"对话框中，此时在"次序"下拉列表中显示出了自定义的序列，如图9-34所示。

图9-33

图9-34

步骤09 自定义排序后的结果。单击"确定"按钮，返回工作表中，此时可以看到"费用类别"列数据按照所设置的自定义序列进行了排列，即排列次序为"办公类、宣传类、招待类"，如图9-35所示。

记事本	本	行政部	办公类	50
笔芯（大容量）	支	企划部	办公类	20
回形针	盒	生产部	办公类	80
大头针	盒	行政部	办公类	45
帐本、帐皮	套	生产部	办公类	2
固体胶	个	企划部	办公类	15
订书机（小）	个	企划部	办公类	5
工作手册	本	生产部	办公类	10
会议记录	本	企划部	办公类	30
复写纸（36K）	盒	生产部	宣传类	150
复写纸（48K）	盒	行政部	宣传类	100
A4复印纸	箱	生产部	宣传类	3
纸杯	包	销售部	招待类	5

图9-35

教你一招 按颜色排序

当表格中的内容多为文本内容，且不同的单元格内容用不同的颜色进行了标示时，可根据颜色来进行排序。

原始文件： 下载资源 \ 实例文件 \ 第 9 章 \ 原始文件 \ 办公用品库存表 1.xlsx
最终文件： 下载资源 \ 实例文件 \ 第 9 章 \ 最终文件 \ 按颜色排序 .xlsx

打开"排序"对话框，设置"主要关键字"和两个次要关键字都为"规格品名"，设置"排序依据"都为"单元格颜色"，分别在对应的"次序"下拉列表中选择要排序的颜色，如图 9-36 所示。单击"确定"按钮，返回工作表中，此时可以看到表格中的内容以颜色为依据进行了排序，如图 9-37 所示。

图9-36

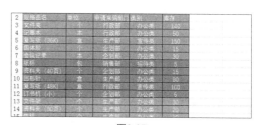

图9-37

9.3 分析部门办公用品领用表

当办公用品购入完毕后，各部门就可以领用了，但为了更好地管理办公用品，避免出现一个部门重复领用而浪费的现象及为了查看某个部门领用的办公用品是否符合该部门的实际使用情况，可以制作一个办公用品领用表。该表格中包括领用物品的详细信息，如领用品的名称、规格、数量、领用日期等项目。本节以办公用品领用登记表为例，通过 Excel 中的筛选功能，对部门的办公用品领用情况进行详细的分析。

原始文件： 下载资源 \ 实例文件 \ 第 9 章 \ 原始文件 \ 办公用品领用表 .xlsx
最终文件： 下载资源 \ 实例文件 \ 第 9 章 \ 最终文件 \ 办公用品领用表 .xlsx

9.3.1 以某一部门为依据对表格内容进行筛选

筛选就是将符合条件的记录显示出来，而将不符合条件的记录暂时隐藏起来。下面首先介绍的是以某一内容为依据对表格内容进行筛选。

步骤01 复制表格。按住【Ctrl】键拖动"办公用品领用表"工作表标签，复制出一个工作表，并将表名称重命名为"自动筛选"，如图9-38所示。

步骤02 单击"筛选"按钮。选中"自动筛选"工作表中的标题行，在"数据"选项卡下"排序和筛选"组中单击"筛选"按钮，如图9-39所示。

纸杯	其他类	苏菊菊
拉边夹	文件夹类	李娟娟
打孔机	夹机类	邓明霞
白板笔	笔类	张大勇
垃圾袋	其他类	苏菊菊
签字笔	笔类	李娟娟
陶瓷茶杯	其他类	张大勇

办公用品领用表 ｜ 自动筛选 ｜ ＋

图9-38

图9-39

步骤03 出现下三角按钮。此时，在表格的每个表头字段右侧出现一个下三角按钮，如图9-40所示。

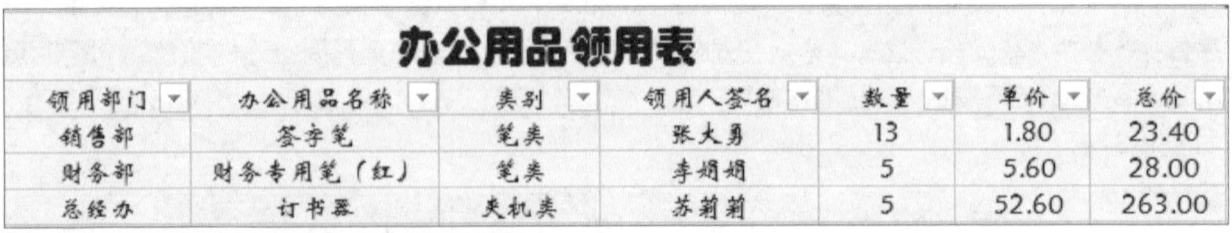

办公用品领用表

领用部门 ▼	办公用品名称 ▼	类别 ▼	领用人签名 ▼	数量 ▼	单价 ▼	总价 ▼
销售部	签字笔	笔类	张大勇	13	1.80	23.40
财务部	财务专用笔（红）	笔类	李娟娟	5	5.60	28.00
总经办	订书器	夹机类	苏菊菊	5	52.60	263.00

图9-40

步骤04 选择要显示的记录。❶单击"领用部门"右侧的下三角按钮，❷在展开的下拉列表中取消勾选"全选"复选框，❸再勾选"销售部"复选框，如图9-41所示。

步骤05 筛选的结果。此时，在工作表中就只显示出了"销售部"领用办公用品的记录，如图9-42所示。

搜索
(全选)
财务部
销售部
研发部
总经办
办公用品领用表.xlsx - Excel
数据
审阅
视图
常规
对齐方式
数字
确定
取消
公用品领用表
领用部门
办公用品名称
类别
领用人签名

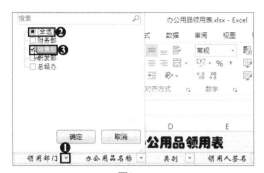

图9-41

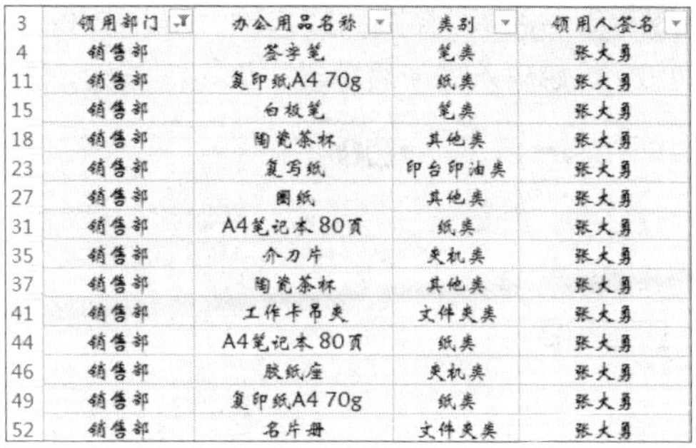

3 领用部门 办公用品名称 类别 领用人签名
4 销售部 签字笔 笔类 张大勇
11 销售部 复印纸A4 70g 纸类 张大勇
15 销售部 白板笔 笔类 张大勇
18 销售部 陶瓷茶杯 其他类 张大勇
23 销售部 复写纸 印台印油类 张大勇
27 销售部 图纸 其他类 张大勇
31 销售部 A4笔记本 80页 纸类 张大勇
35 销售部 介刀片 夹机类 张大勇
37 销售部 陶瓷茶杯 其他类 张大勇
41 销售部 工作卡吊夹 文件夹类 张大勇
44 销售部 A4笔记本 80页 纸类 张大勇
46 销售部 胶纸座 夹机类 张大勇
49 销售部 复印纸A4 70g 纸类 张大勇
52 销售部 名片册 文件夹类 张大勇

图9-42

9.3.2 使用“搜索”框搜索文本

当所筛选字段的分类很多时，例如要筛选“办公用品名称”列中领用“直尺”记录，如果还是采用 9.3.1 小节的方法，则很难在展开的筛选下拉列表中选择到“直尺”，而直接在下拉列表中的“搜索”框中输入“直尺”进行搜索就方便快捷多了。

步骤01 输入要搜索的关键字。继续上小节的操作，复制“办公用品领用表”，将复制得到的新工作表重命名为“使用搜索框搜索”，应用相同的方法启动筛选功能。❶单击“办公用品名称”右侧的下三角按钮，❷在展开下拉列表的“搜索”框中输入“直尺”，如图9-43所示。

步骤02 搜索“直尺”的记录。单击“确定”按钮，返回工作表中，此时可看到“使用搜索框搜索”工作表中只显示了“直尺”的领用记录，如图9-44所示。

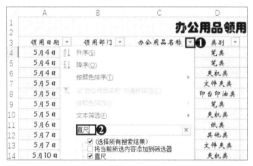

办公用品领用
领用日期
领用部门
办公用品名称
类别
升序(S)
降序(O)
按颜色排序(T)
文本筛选(F)
直尺
(选择所有搜索结果)
将当前所选内容添加到筛选器
直尺

图9-43

办公用品领用
领用日期 领用部门 办公用品名称 类别
24 5月14日 研发部 直尺 笔类
34 5月18日 财务部 直尺 笔类
38 5月20日 研发部 直尺 笔类
办公用品领用表
自动筛选
使用搜索框搜索
就绪 在 49 条记录中找到 3 个

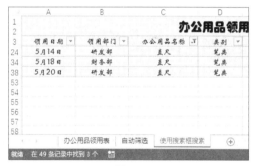

图9-44

提示：清除当前筛选

若要清除“办公用品名称”筛选，恢复原始数据，可在展开的筛选下拉列表中单击“从‘办公用品名称’中清除筛选”选项即可。

9.3.3 筛选出5个最大项

若用户想知道某列数据中排名前面几位的记录，可以使用数字筛选功能，根据自己的实际需求，选择要筛选的条件，并更改要显示的项目。本小节讲解如何筛选出 5 个最大的数量项目。

步骤01 单击“10个最大的值”选项。继续上小节中的操作，复制“办公用品领用表”，将复制得到的新工作表重命名为“筛选前5项”，再用相同的方法启动筛选功能。❶单击“数量”单元格右侧的下三角按钮，❷在展开的下拉列表中指向“数字筛选”选项，❸再在其展开的下拉列表中单击“前10项”选项，如图9-45所示。

步骤02 设置要筛选的项目数。弹出"自动筛选前10个"对话框，❶在中间的文本框中输入"5"，❷输入完毕后单击"确定"按钮，如图9-46所示。

图9-45

图9-46

步骤03 筛选出的前面5个最大项。返回工作表中，此时领用数量最大的5个项目被筛选了出来，如图9-47所示。

	办公用品领用表						
领用部门 ▼	办公用品名称 ▼	类别 ▼	领用人签名 ▼	数量 ▼	单价 ▼	总价 ▼
销售部	签字笔	笔类	张大勇	13	1.80	23.40
财务部	财务专用笔（黑）	笔类	李娟娟	10	4.30	43.00
总经办	纸杯	其他类	苏莉莉	8	4.50	36.00
销售部	介刀片	夹机类	张大勇	8	4.50	36.00
财务部	纸杯	其他类	李娟娟	10	4.50	45.00

图9-47

9.3.4 自定义筛选

如果前面介绍的三种筛选方式都不能筛选出需要的结果时，可使用自定义筛选功能进行筛选。在自定义筛选中，用户可以根据实际需要设置筛选条件。例如要筛选出领用数量大于"10"或小于"3"的记录，就可以使用自定义的筛选方式。

步骤01 单击"自定义筛选"选项。继续上小节中的操作，复制"办公用品领用表"，将复制得到的新工作表重命名为"自定义筛选"，启动筛选功能。❶单击"数量"右侧的下三角按钮，❷在展开的下拉列表中指向"数字筛选"选项，❸再在其展开的下拉列表中单击"自定义筛选"选项，如图9-48所示。

步骤02 设置第一个筛选条件。弹出"自定义自动筛选方式"对话框，❶设置"数量"为"大于"，❷并在其后的文本框中输入"10"，如图9-49所示。

图9-48

图9-49

步骤03 **设置第二个筛选条件。**选择第一个条件与第二个条件的关系，❶这里单击“或”单选按钮，即在筛选时满足第一个条件与第二个条件中的任意一个即可，❷并继续设置第二个筛选条件为“小于”“3”，如图9-50所示。

步骤04 **自定义筛选的结果。**单击“确定”按钮，返回工作表中，此时在工作表中显示出了领用数量大于10或小于3的记录，如图9-51所示。

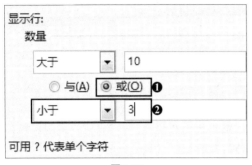

图9-50

	领用日期	领用部门	办公用品名称	类别	领用人签名	数量
4	5月4日	销售部	签字笔	笔类	张大勇	13
7	5月5日	研发部	A4文件夹	文件夹类	邓明霞	1
10	5月5日	研发部	装订机	夹机类	邓明霞	2
11	5月6日	销售部	复印纸A4 70g	纸类	张大勇	2
13	5月7日	财务部	拉边夹	文件夹类	李娟娟	1
14	5月10日	研发部	打孔机	夹机类	邓明霞	1
15	5月10日	销售部	白板笔	笔类	张大勇	1
16	5月10日	总经办	垃圾袋	其他类	苏莉莉	2
20	5月11日	总经办	涂改液	笔类	苏莉莉	2
22	5月12日	研发部	A5笔记本 40页	纸类	邓明霞	2
29	5月17日	财务部	网线水晶头	其他类	李娟娟	1
30	5月17日	总经办	加厚档案袋	文件夹类	苏莉莉	2
36	5月18日	研发部	工作卡吊绳	文件夹类	邓明霞	2
42	5月25日	总经办	复写纸	印台印油类	苏莉莉	2
43	5月25日	研发部	垃圾袋	其他类	邓明霞	2
44	5月25日	销售部	A4笔记本 80页	纸类	张大勇	1
52	5月31日	销售部	名片册	文件夹类	张大勇	2

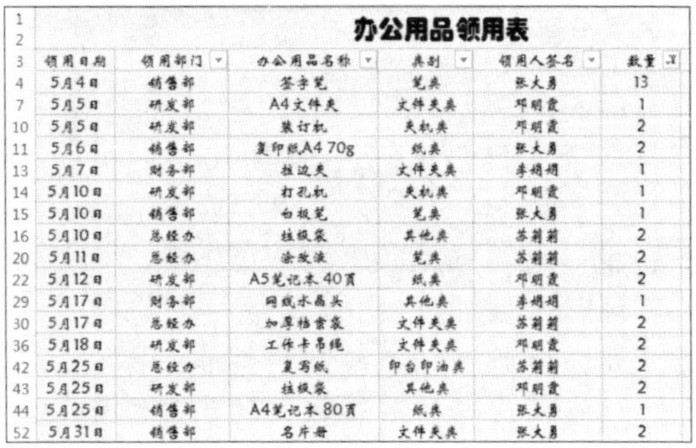

图9-51

9.3.5 高级筛选

利用 Excel 提供的高级筛选功能可以筛选出同时满足两个或两个以上约束条件的记录。本小节要求筛选出财务部领用的笔类数量大于 5 支的记录。

步骤01 **添加筛选条件。**继续上小节中的操作，复制“办公用品领用表”，将复制得到的新工作表重命名为“高级筛选”。根据要筛选的要求，在工作表中的任意空白位置处输入筛选条件，如图9-52所示。

步骤02 **单击“高级”按钮。**选中数据区域任意单元格，在“数据”选项卡下“排序和筛选”组中单击“高级”按钮，如图9-53所示。

C	D	E	F	G	H
垃圾袋	其他类	邓明霞	2	2.50	5.00
A4笔记本 80页	纸类	张大勇	1	19.00	19.00
图纸	其他类	苏莉莉	3	1.50	4.50
胶纸座	夹机类	张大勇	4	7.80	31.20
工作卡吊绳	文件夹类	苏莉莉	7	1.20	8.40
胶杯	其他类	李娟娟	5	0.50	2.50
复印纸A4 70g	纸类	张大勇	6	86.00	516.00
胶水	印台印油类	李娟娟	3	3.80	11.40
纸杯	其他类	李娟娟	10	4.50	45.00
名片册	文件夹类	张大勇	2	15.00	30.00
	领用部门		类别		数量
	财务部		笔类		>5

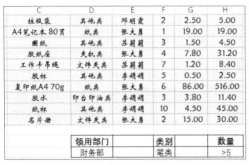

图9-52

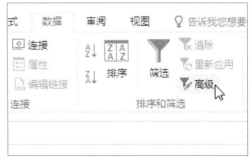

图9-53

步骤03 **“高级筛选”对话框。**弹出“高级筛选”对话框，单元格区域A3:H52已经自动添加到了“列表区域”文本框中，要添加条件区域，可单击“条件区域”文本框右侧的单元格引用按钮，如图9-54所示。

步骤04 **选择筛选条件区域。**返回工作表中，按住鼠标左键进行拖动，选择步骤01中添加的筛选条件所在区域，这里选择单元格区域D54:H55，如图9-55所示。

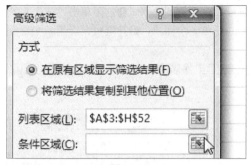

图9-54

领用部门	类别	数量
财务部	笔类	>5

图9-55

步骤05 设置筛选结果的放置位置。再次单击折叠按钮返回"高级筛选"对话框中，❶单击"将筛选结果复制到其他位置"单选按钮，❷再设置"复制到"的筛选结果区域为A56:H62，如图9-56所示。

步骤06 高级筛选的结果。单击"确定"按钮，返回工作表中，此时在选择的放置筛选结果的区域中显示出了筛选出来的财务部领用笔类数量大于5支的记录，如图9-57所示。

图9-56

图9-57

💡 **提示：选择不重复的记录**

若勾选"高级筛选"对话框中的"选择不重复的记录"复选框后，当有多行相同的记录满足条件时，就可以只显示或复制其中的一行，而排除重复的行。

教你一招 使用通配符查找

在自定义筛选中，用户还可以使用通配符进行模糊查找，其中可用"？"代表单个字符，用"*"代表任意多个字符。下面介绍使用通配符查找出办公领用表中所有与A4有关的记录。

原始文件： 下载资源 \ 实例文件 \ 第 9 章 \ 原始文件 \ 办公用品领用表 .xlsx
最终文件： 下载资源 \ 实例文件 \ 第 9 章 \ 最终文件 \ 使用通配符筛选 .xlsx

打开原始文件，选中数据区域中的任意单元格，启动标题行的筛选按钮，然后单击"办公用品名称"右侧的下三角按钮，在展开的下拉列表中执行"文本筛选 > 自定义筛选"操作。弹出"自定义自动筛选方式"对话框，在"办公用品名称"下拉列表中选择"等于"，再在其后的文本框中输入"A4*"，如图 9-58 所示。单击"确定"按钮，返回工作表中，此时工作表中显示了自动筛选出的与 A4 有关的所有记录，如图 9-59 所示。

图9-58

图9-59

9.4 分析公司部门日常费用统计表

为了知晓公司在日常工作中的各种消费，便于提醒公司避免各种不必要的耗费，可制作日常费用统计表。本节将利用 Excel 中的分类汇总功能，汇总、比较各种日常费用的花费情况。

原始文件： 下载资源 \ 实例文件 \ 第 9 章 \ 原始文件 \ 公司各项花销 .xlsx

最终文件： 下载资源 \ 实例文件 \ 第 9 章 \ 最终文件 \ 公司各项花销 .xlsx

9.4.1 按名称对表格进行排序

在分类汇总之前，首先需要对分类的字段进行排序，例如要按照费用的名称进行分类汇总，就先要对费用类别进行排序。

步骤01 单击"排序"按钮。❶打开原始文件，选中数据区域中的单元格D2，❷在"数据"选项卡下"排序和筛选"组中单击"排序"按钮，如图9-60所示。

步骤02 选择主要关键字。弹出"排序"对话框，❶单击"主要关键字"右侧的下三角按钮，❷在展开的下拉列表中选择"费用类别"字段，如图9-61所示。

图9-60

图9-61

步骤03 排序后的结果。单击"确定"按钮，返回工作表中，此时可以看到表格中的数据按照"费用类别"进行了排序，如图9-62所示。

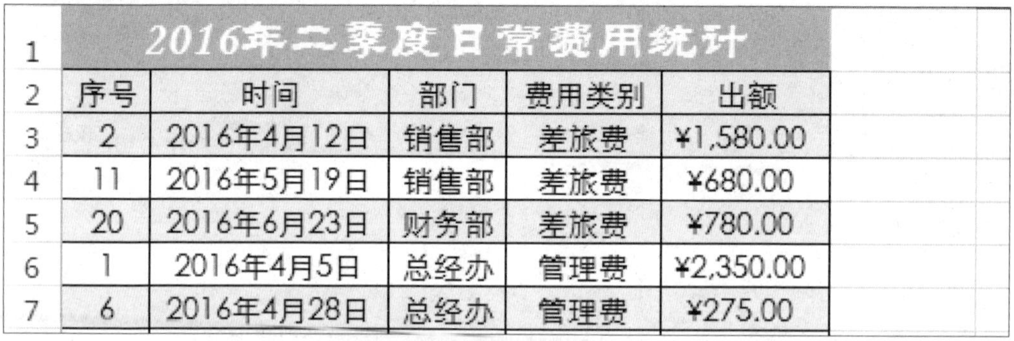

1	2016年二季度日常费用统计				
2	序号	时间	部门	费用类别	出额
3	2	2016年4月12日	销售部	差旅费	¥1,580.00
4	11	2016年5月19日	销售部	差旅费	¥680.00
5	20	2016年6月23日	财务部	差旅费	¥780.00
6	1	2016年4月5日	总经办	管理费	¥2,350.00
7	6	2016年4月28日	总经办	管理费	¥275.00

图9-62

9.4.2 添加求和分类汇总

对表格中的数据按照分类字段进行排序后，接下来就可以根据该字段对表格中的数据进行汇总，即按照不同的费用类别汇总费用。

步骤01 单击"分类汇总"按钮。继续上小节中的操作，选中数据区域中的任意单元格，在"数据"选项卡下"分级显示"组中单击"分类汇总"按钮，如图9-63所示。

图9-63

步骤02 选择分类字段。弹出"分类汇总"对话框，❶单击"分类字段"右侧的下三角按钮，❷在展开的下拉列表中选择"费用类别"，如图9-64所示。

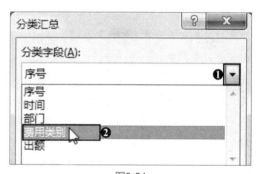

图9-64

步骤03 设置汇总方式和汇总字段。❶设置"汇总方式"为"求和"，❷再在"选定汇总项"列表框中勾选"出额"复选框，如图9-65所示，最后再单击"确定"按钮。

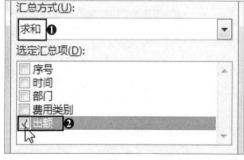

图9-65

步骤04 求和分类汇总的结果。返回工作表中，可看到按照不同的费用类别对出额进行的汇总，如图9-66所示。

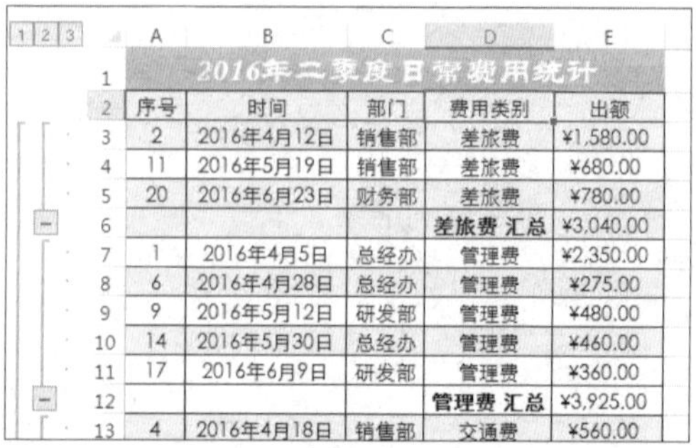

图9-66

9.4.3　嵌套平均分类汇总

嵌套分类汇总又叫多级分类汇总，就是对已经汇总的表格再进行一次分类汇总，即两种汇总结果同时存在于一个工作表中。

步骤01　单击"分类汇总"按钮。继续上小节中的操作，选中分类汇总区域任意单元格，在"数据"选项卡下"分级显示"组中单击"分类汇总"按钮，如图9-67所示。

步骤02　设置嵌套分类汇总。弹出"分类汇总"对话框，❶设置"分类字段"为"费用类别"，❷设置"汇总方式"为"平均值"，❸在"选定汇总项"列表框中勾选汇总字段，如勾选"出额"复选框，❹取消勾选"替换当前分类汇总"复选框，如图9-68所示。

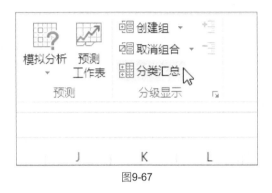

图9-67

图9-68

步骤03　嵌套分类汇总的结果。单击"确定"按钮，返回工作表中，此时不仅按照不同的费用类别汇总出了不同费用的总计值，还计算出了不同费用的平均值，如图9-69所示。

	A	B	C	D	E
1			2016年二季度日常费用统计		
2	序号	时间	部门	费用类别	出额
3	2	2016年4月12日	销售部	差旅费	¥1,580.00
4	11	2016年5月19日	销售部	差旅费	¥680.00
5	20	2016年6月23日	财务部	差旅费	¥780.00
6				差旅费 平均值	¥1,013.33
7				差旅费 汇总	¥3,040.00

图9-69

> **提示：每组数据分页**
>
> 在"分类汇总"对话框中若勾选了"每组数据分页"复选框，则表示将把不同组的数据放在不同的页面上。

9.4.4　分级显示数据

为了方便查看数据，可将分类汇总后暂时不需要的数据隐藏起来，减小界面的占用空间，当需要查看被隐藏的数据时，可再将其显示出来。

步骤01 折叠明细数据。继续上小节中的操作，单击表格左侧的 **-** 按钮可隐藏相对应级别的数据，且 **-** 变为 **+** 按钮。单击"差旅费 平均值"和"管理费 平均值"对应的 **-** 按钮，将隐藏中间的明细数据，只显示汇总的平均值结果，如图9-70所示。

步骤02 展开明细数据。单击 **+** 按钮可显示相应级别的数据。单击"差旅费 平均值"左侧的 **+** 按钮，将显示对应的差旅费明细数据，如图9-71所示。

1 2 3 4	A	B	C	D	E
1			2016年二季度日常费用统计		
2	序号	时间	部门	费用类别	金额
6				差旅费 平均值	¥1,013.33
7				差旅费 汇总	¥3,040.00
13				管理费 平均值	¥785.00
14				管理费 汇总	¥3,925.00
15	4	2016年4月18日	销售部	交通费	¥560.00
16	8	2016年5月8日	研发部	交通费	¥960.00
17	12	2016年5月22日	总经办	交通费	¥125.00
18	15	2016年6月2日	财务部	交通费	¥1,690.00
19	18	2016年6月14日	销售部	交通费	¥245.00
20				交通费 平均值	¥716.00
21				交通费 汇总	¥3,580.00
22	5	2016年4月25日	人事部	培训费	¥800.00

图9-70

1 2 3 4	A	B	C	D	E
1			2016年二季度日常费用统计		
2	序号	时间	部门	费用类别	金额
3	2	2016年4月12日	销售部	差旅费	¥1,580.00
4	11	2016年5月19日	销售部	差旅费	¥680.00
5	20	2016年6月23日	财务部	差旅费	¥780.00
6				差旅费 平均值	¥1,013.33
7				差旅费 汇总	¥3,040.00
13				管理费 平均值	¥785.00
14				管理费 汇总	¥3,925.00
15	4	2016年4月18日	销售部	交通费	¥560.00
16	8	2016年5月8日	研发部	交通费	¥960.00
17	12	2016年5月22日	总经办	交通费	¥125.00
18	15	2016年6月2日	财务部	交通费	¥1,690.00
19	18	2016年6月14日	销售部	交通费	¥245.00

图9-71

步骤03 显示3级数据。在左侧的分级区域中还显示了不同的级别，❶单击级别"3"，将只显示3级汇总数据，❷即只显示各种费用的平均值和求和结果，如图9-72所示。

步骤04 显示2级数据。若用户只想显示各类费用的求和结果，❶可单击级别"2"，❷显示结果如图9-73所示。

1 2 ❶3 4	A	B	C	D	E
1			2016年二季度日常费用统计		
2	序号	时间	部门	费用类别	金额
6				差旅费 平均值	¥1,013.33
7				差旅费 汇总	¥3,040.00
13				❷管理费 平均值	¥785.00
14				管理费 汇总	¥3,925.00
20				交通费 平均值	¥716.00
21				交通费 汇总	¥3,580.00
25				培训费 平均值	¥753.33
26				培训费 汇总	¥2,260.00
32				通讯费 平均值	¥292.00
33				通讯费 汇总	¥1,460.00
34				总计平均值	¥679.29
35				总计	¥14,265.00

图9-72

1 ❶2 3 4	A	B	C	D	E
1			2016年二季度日常费用统计		
2	序号	时间	部门	费用类别	金额
7				差旅费 汇总	¥3,040.00
14				管理费 汇总	¥3,925.00
21				交通费 汇总	¥3,580.00
26				❷培训费 汇总	¥2,260.00
33				通讯费 汇总	¥1,460.00
34				总计平均值	¥679.29
35				总计	¥14,265.00
36					
37					
38					
39					
40					

图9-73

教你一招 删除分类汇总

进行分类汇总之后，想要在不影响表格中的数据记录的情况下，返回未分类汇总前的效果，可清除分类汇总。

在"数据"选项卡下单击"分类汇总"按钮，弹出"分类汇总"对话框，单击"全部删除"按钮，如图9-74所示。

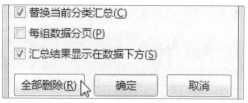

☑ 替换当前分类汇总(C)
☐ 每组数据分页(P)
☑ 汇总结果显示在数据下方(S)

[全部删除(R)] [确定] [取消]

图9-74

实例演练 分析办公用品采购统计表

为进一步巩固本章所学知识，加深读者对 Excel 中处理数据功能的理解和运用，下面以分析办公用品采购统计表为例，综合应用条件格式、排序及分类汇总功能对表格中的数据进行分析。

原始文件：下载资源\实例文件\第 9 章\原始文件\办公用品采购统计表 .xlsx

最终文件：下载资源\实例文件\第 9 章\最终文件\办公用品采购统计表 .xlsx

步骤01 **选择数据条样式。**打开原始文件，❶选择单元格区域F2:F19，❷在“开始”选项卡下“样式”组中单击“条件格式”的下三角按钮，❸在展开下拉列表中指向“数据条”选项，❹在级联列表中单击“实心填充>橙色数据条”样式，如图9-75所示。

图9-75

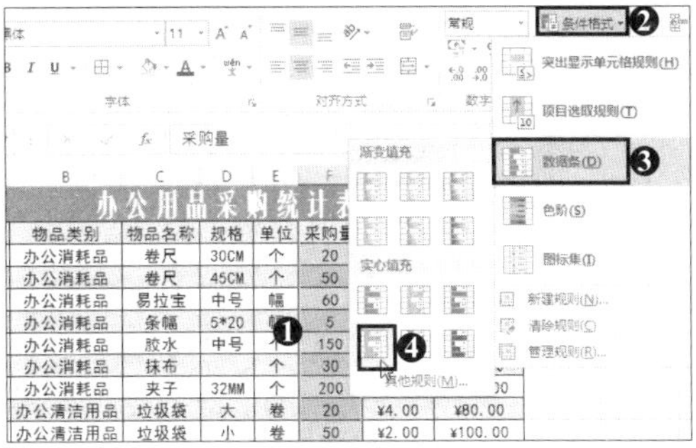

步骤02 **使用数据条标示入库量大小。**此时，在单元格区域F3:F19中使用了橙色的数据条对采购量中的数据大小进行了标示，采购量越大，数据条就越长，采购量越小，数据条就越短，如图9-76所示。

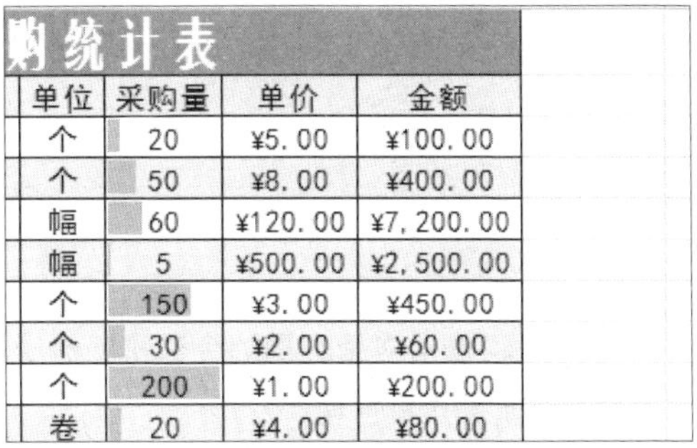

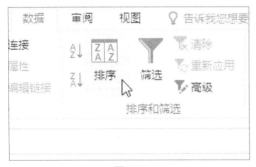

单位	采购量	单价	金额
个	20	¥5.00	¥100.00
个	50	¥8.00	¥400.00
幅	60	¥120.00	¥7,200.00
幅	5	¥500.00	¥2,500.00
个	150	¥3.00	¥450.00
个	30	¥2.00	¥60.00
个	200	¥1.00	¥200.00
卷	20	¥4.00	¥80.00

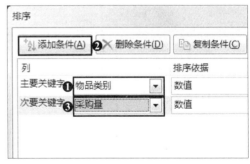

图9-76

步骤03 **单击“排序”按钮。**选中数据区域任意单元格，在“数据”选项卡下“排序和筛选”组中单击“排序”按钮，如图9-77所示。

图9-77

步骤04 **设置排序方式。**弹出“排序”对话框，❶设置“主要关键字”为“物品类别”，❷单击“添加条件”按钮，❸设置“次要关键字”为“采购量”，如图9-78所示。

图9-78

步骤05 **排序的结果。**单击“确定”按钮，返回工作表中，此时可以看到表格中数据的排序结果，如图9-79所示。

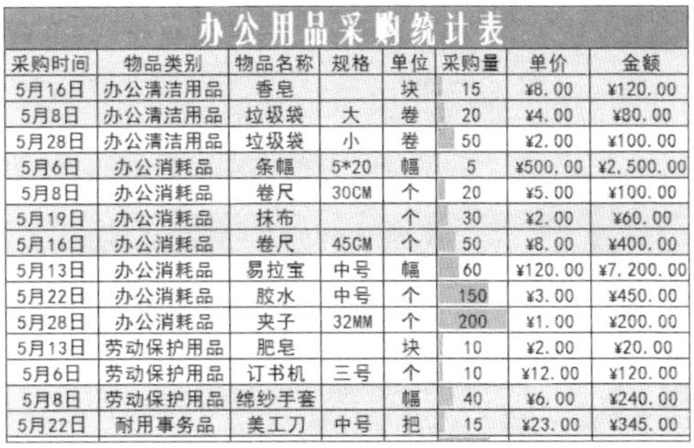

办公用品采购统计表

采购时间	物品类别	物品名称	规格	单位	采购量	单价	金额
5月16日	办公清洁用品	香皂		块	15	¥8.00	¥120.00
5月8日	办公清洁用品	垃圾袋	大	卷	20	¥4.00	¥80.00
5月28日	办公清洁用品	垃圾袋	小	卷	50	¥2.00	¥100.00
5月6日	办公消耗品	条幅	5*20	幅	5	¥500.00	¥2,500.00
5月8日	办公消耗品	卷尺	30CM	个	20	¥5.00	¥100.00
5月19日	办公消耗品	抹布		个	30	¥2.00	¥60.00
5月16日	办公消耗品	卷尺	45CM	个	50	¥8.00	¥400.00
5月13日	办公消耗品	易拉宝	中号	幅	60	¥120.00	¥7,200.00
5月22日	办公消耗品	胶水	中号	个	150	¥3.00	¥450.00
5月28日	办公消耗品	夹子	32MM	个	200	¥1.00	¥200.00
5月13日	劳动保护用品	肥皂		块	10	¥2.00	¥20.00
5月6日	劳动保护用品	订书机	三号	个	10	¥12.00	¥120.00
5月8日	劳动保护用品	绵纱手套		幅	40	¥6.00	¥240.00
5月22日	耐用事务品	美工刀	中号	把	15	¥23.00	¥345.00

图9-79

步骤06 分类汇总数据。在"数据"选项卡下"分级显示"组中单击"分类汇总"按钮，如图9-80所示。

图9-80

步骤07 设置分类汇总项目。弹出"分类汇总"对话框，❶设置"分类字段"为"物品类别"，❷"汇总方式"为"求和"，❸在"选定汇总项"下勾选"金额"复选框，❹单击"确定"按钮，如图9-81所示。

图9-81

步骤08 显示分类汇总的结果。返回工作表中，即可看到根据物品类别的金额进行分类汇总的结果，如图9-82所示。

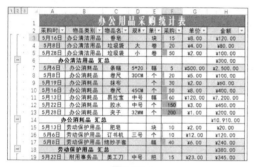

图9-82

步骤09 隐藏明细。单击左上角分级区域中的级别数字，❶如单击级别"2"，❷可看到表格中只显示了物品类别的汇总数据，如图9-83所示。

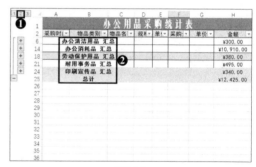

图9-83

读书笔记

第10章 使用Excel进行数据计算

在日常的商务办公中，除了要对表格中的数据进行编辑和处理外，还需要在已经制作好的表格中进行数据计算。而计算就需要使用 Excel 中的公式功能，在计算完毕后，为了查看公式的正确性，追踪和引用单元格功能及查看公式的功能也不可或缺。对于复杂的数据运算，还可以使用 Excel 中的函数功能完成。

本章将通过销售人员工资表和员工年假表，对 Excel 2016 中的公式和函数功能进行详细地介绍。

10.1 统计销售人员工资表

销售人员的工资与普通文职人员的工资不同，一般销售人员的工资会在应发工资的基础上加上销售业绩的提成。而应发工资的组成部分则有很多类型，当然，根据公司的制度不同，所发放的工资类别也有所差别。但是，一般情况下，应发工资都包含基本工资、住房补助、应扣请假费、应扣保险、应扣公积金等。所以，在制作销售人员工资表时，由于要对多个类别进行加、减或者是乘等运算，掌握好 Excel 中的公式功能就很有必要。

本节将使用 Excel 中的公式计算出销售人员的工资。

原始文件： 下载资源 \ 实例文件 \ 第 10 章 \ 原始文件 \ 销售人员工资 .xlsx
最终文件： 下载资源 \ 实例文件 \ 第 10 章 \ 最终文件 \ 销售人员工资 .xlsx

10.1.1 认识公式

公式是对工作表数据进行运算的方程式。公式可以进行数学运算，例如加法和乘法，还可以比较工作表数据或合并文本。

公式中元素的结构或次序决定了最终的计算结果。Excel 中的公式遵循一个特定的语法和次序：最前面是等号（=），后面是参与计算的元素（运算数），这些参与计算的元素又是通过运算符隔开的。每个运算数可以是不改变的数值（常量）、单元格或引用单元格区域、标志、名称或工作表函数。其一般的结构如下所示。

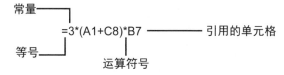

Excel 中的公式在引用单元格数据时，既可以引用同一工作表中的其他单元格，也可以引用同一工作簿中不同工作表中的单元格，还可以引用不同工作簿中的工作表的单元格。

10.1.2 使用相对引用求合计数值

当工资表中的员工较多时，如果一个个地计算各个员工的应发工资，不仅会降低工作效率，还可能会出现错误。此时，可以通过 Excel 中的相对引用功能，引用当前单元格与公式所在单元格相对位置中的数值来计算员工工资。

步骤01 输入公式等号并选择第一个参数。打开原始文件，选中要输入公式的单元格 G3，❶在其中输入"="，❷然后选择要参与运算的第一个参数，即单元格 C3，如图 10-1 所示。

步骤02 输入运算符并选择第二个参数。在选择第二个参数之前，❶首先需要在单元格 G3 中输入两个参数之间要添加的运算符，这里输入"+"，❷接着选择第二个参数单元格 D3，如图 10-2 所示。

图10-1

图10-2

步骤03 继续完善公式。按照步骤02的方法，继续输入运算符并选择相应的参数，将公式完善，最终得到的公式为"=C3+D3-E3-F3"，如图 10-3 所示。即实发工资=基本工资+住房补贴-应扣公积金-应扣社保金额。

步骤04 返回计算结果。按【Enter】键，在单元格 G3 中返回第一位员工的应发工资金额，如图 10-4 所示。

图10-3

图10-4

步骤05 向下拖动复制公式。将鼠标指针放置在单元格 G3 右下角，当鼠标指针变成十字形状后，按住鼠标左键不放向下拖动，如图 10-5 所示。

步骤06 相对引用的结果。拖曳至单元格 G22 后释放鼠标左键，得到其他员工的实发工资，结果如图 10-6 所示。可以发现复制的公式中 C、D、E 和 F 列中引用的单元格都会随着 G 列单元格的变化而变化，在单元格 G4 中的公式自动更改为了"=C4+D4-E4-F4"。

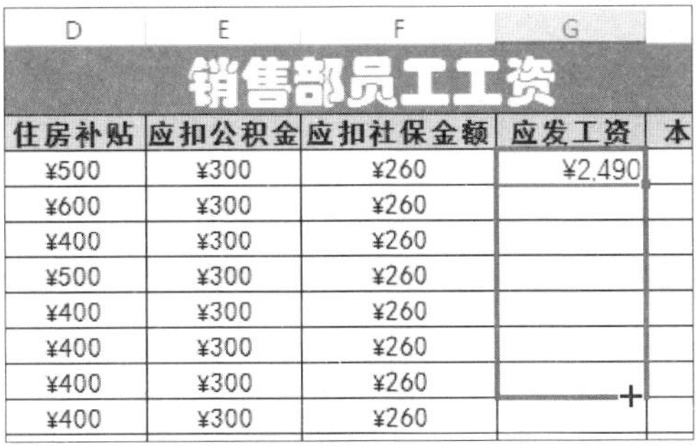

住房补贴	应扣公积金	应扣社保金额	应发工资	本
¥500	¥300	¥260	¥2,490	
¥600	¥300	¥260		
¥400	¥300	¥260		
¥500	¥300	¥260		
¥400	¥300	¥260		
¥400	¥300	¥260		
¥400	¥300	¥260		
¥400	¥300	¥260		

图10-5

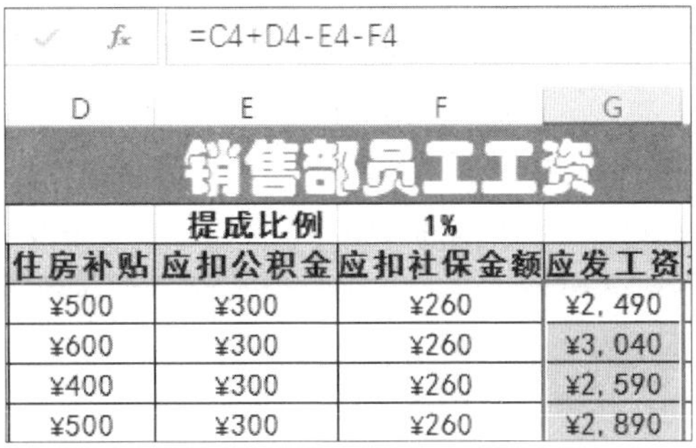

=C4+D4-E4-F4

	提成比例	1%	
住房补贴	应扣公积金	应扣社保金额	应发工资
¥500	¥300	¥260	¥2,490
¥600	¥300	¥260	¥3,040
¥400	¥300	¥260	¥2,590
¥500	¥300	¥260	¥2,890

图10-6

10.1.3 使用绝对引用求提成数据

在 Excel 的公式中，除了可以使用相对引用来引用单元格中的值外，还可以使用绝对引用。当公式中使用了该引用方式时，无论公式粘贴到任何单元格中，绝对引用的单元格值都是保持不变的。

步骤01 **添加提成比例。**继续上小节中的操作，填写本月销售业绩后，公司规定员工的提成比例为当月销售业绩的1%，这里在标题行下方插入一行，然后输入提成比例为“1%”，如图10-7所示。

步骤02 **输入公式计算业绩提成。**业绩提成=本月销售业绩×提成比例。所以在单元格I4中输入公式“=H4*F2”，如图10-8所示。

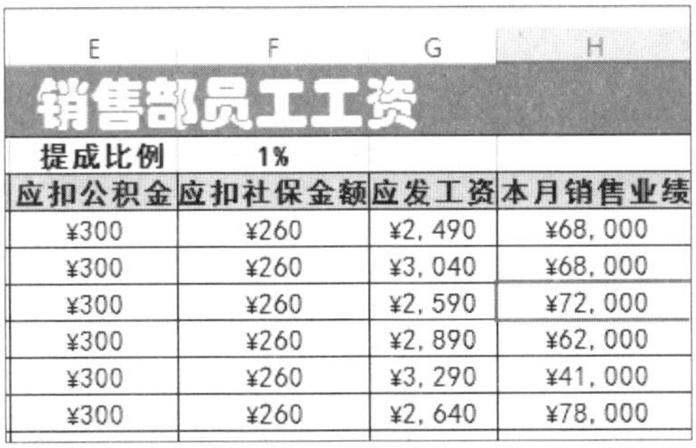

提成比例	1%		
应扣公积金	应扣社保金额	应发工资	本月销售业绩
¥300	¥260	¥2,490	¥68,000
¥300	¥260	¥3,040	¥68,000
¥300	¥260	¥2,590	¥72,000
¥300	¥260	¥2,890	¥62,000
¥300	¥260	¥3,290	¥41,000
¥300	¥260	¥2,640	¥78,000

图10-7

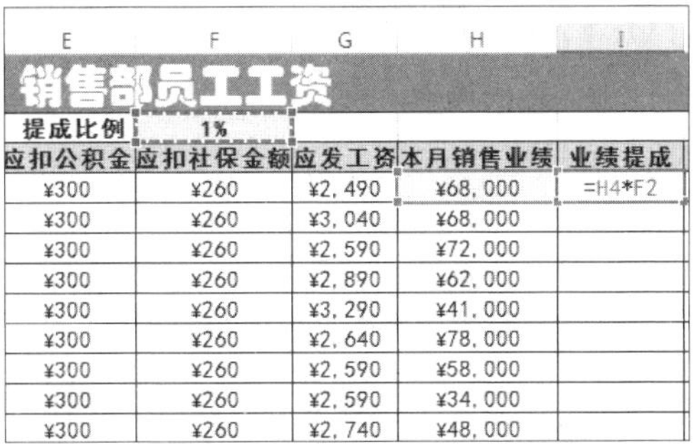

提成比例	1%			
应扣公积金	应扣社保金额	应发工资	本月销售业绩	业绩提成
¥300	¥260	¥2,490	¥68,000	=H4*F2
¥300	¥260	¥3,040	¥68,000	
¥300	¥260	¥2,590	¥72,000	
¥300	¥260	¥2,890	¥62,000	
¥300	¥260	¥3,290	¥41,000	
¥300	¥260	¥2,640	¥78,000	
¥300	¥260	¥2,590	¥58,000	
¥300	¥260	¥2,590	¥34,000	
¥300	¥260	¥2,740	¥48,000	

图10-8

步骤03 **添加绝对符号。**由于这里“提成比例”是固定不变的，即公式中的参数F2是不变的，选择公式中的F2，按【F4】键，为其添加上绝对符号“$”，如图10-9所示。

步骤04 **返回提成额。**按【Enter】键，在单元格I4中返回第一名员工的提成额为“¥680”，结果如图10-10所示。

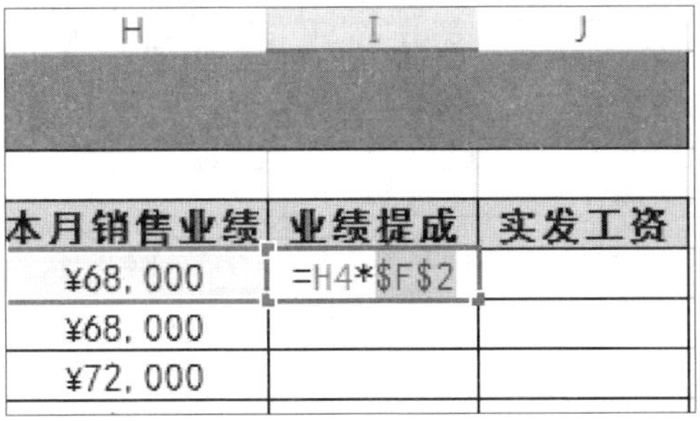

本月销售业绩	业绩提成	实发工资
¥68,000	=H4*$F$2	
¥68,000		
¥72,000		

图10-9

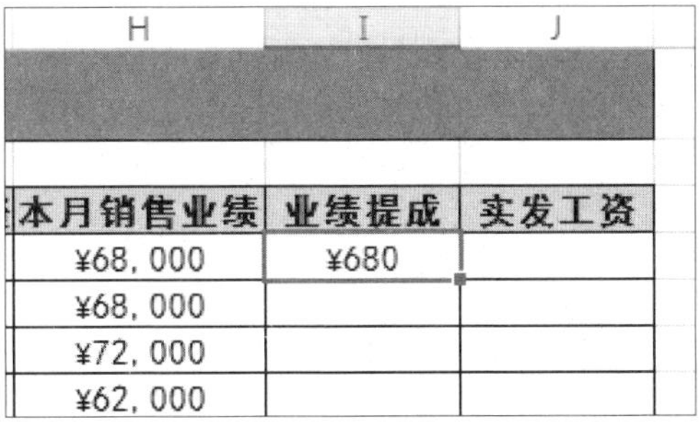

本月销售业绩	业绩提成	实发工资
¥68,000	¥680	
¥68,000		
¥72,000		
¥62,000		

图10-10

步骤05 向下拖动复制公式。选中单元格I4，将鼠标指针放置在单元格I4右下角，当鼠标指针变成十字形状后，按住鼠标左键不放向下拖动，如图10-11所示。

步骤06 绝对引用的结果。拖曳至单元格I23后释放鼠标左键，得到其他员工的业绩提成额，结果如图10-12所示。用户可以发现复制的公式中H列中引用的单元格都会随着I列单元格的变化而变化，而添加了绝对符号的单元格F2将不变，在单元格I6中的公式自动更改为了"=H6*$F$2"。

G	H	I	J
资			
应发工资	本月销售业绩	业绩提成	实发工资
¥2,490	¥68,000	¥680	
¥3,040	¥68,000		
¥2,590	¥72,000		
¥2,890	¥62,000		
¥3,290	¥41,000		
¥2,640	¥78,000		

图10-11

fx	=H6*$F$2		
G	H	I	
额应发工资	本月销售业绩	业绩提成	
¥2,490	¥68,000	¥680	
¥3,040	¥68,000	¥680	
¥2,590	¥72,000	¥720	
¥2,890	¥62,000	¥620	
¥3,290	¥41,000	¥410	

图10-12

10.1.4 使用混合引用求实发工资

在实际工作中，Excel 中的公式在引用单元格时，除了行和列会随着单元格的改变而进行相应的变化，或者是无论被计算的单元格怎么改变，引用的单元格固定不变以外，还会出现另外一种引用方式，即混合引用。

混合引用指的是被引用的单元格行的位置固定不变，但是列位置随着计算的单元格相对改变；或者是被引用的行位置相对改变，但是列位置却不改变。

步骤01 在同一工作表中选择参数。继续上小节中的操作，根据公式：实发工资=应发工资+业绩提成-应扣请假费。在单元格J4中输入公式"=G4+I4-"，如图10-13所示。

步骤02 在不同的工作表中选择参数。❶然后切换至"员工出勤扣款表"工作表中，❷单击单元格D3，即选择单元格D3作为公式的最后一个参数，如图10-14所示。

G	H	I	J
资			
应发工资	本月销售业绩	业绩提成	实发工资
¥2,490	¥68,000	¥680	=G4+I4-
¥3,040	¥68,000	¥680	
¥2,590	¥72,000	¥720	
¥2,890	¥62,000	¥620	
¥3,290	¥41,000	¥410	
¥2,640	¥78,000	¥780	

图10-13

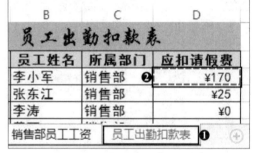

图10-14

步骤03 添加绝对符号。将光标定位在编辑栏的参数"D3"前面，输入绝对符号"$"，如图10-15所示。即D列固定不变，而只改变D列对应行的值。

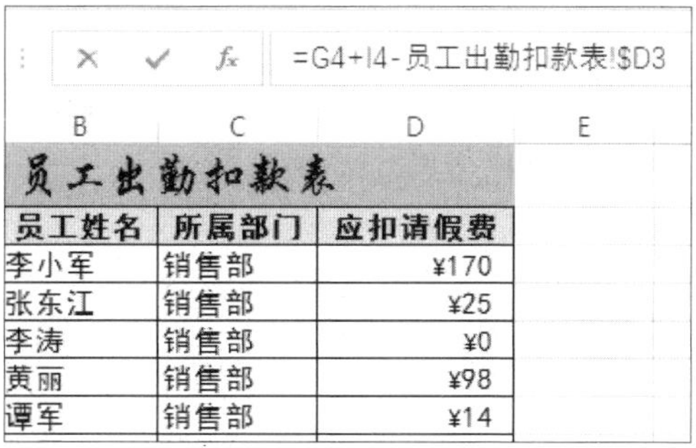

步骤04 返回计算结果。按【Enter】键，返回"销售部员工工资"工作表中，❶在单元格J4中显示出了计算的第一位员工的实发工资，❷在编辑栏中显示出了该单元格的完整公式，如图10-16所示。

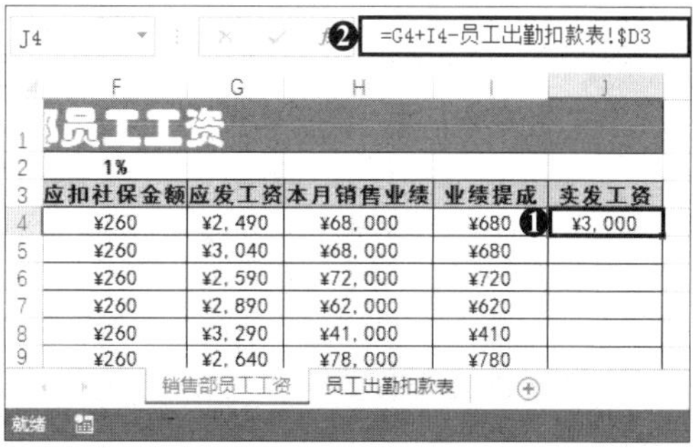

				fx	=G4+I4-员工出勤扣款表!\$D3
	B	C	D	E	
1	员工出勤扣款表				
2	员工姓名	所属部门	应扣请假费		
3	李小军	销售部	¥170		
4	张东江	销售部	¥25		
5	李涛	销售部	¥0		
6	黄丽	销售部	¥98		
7	谭军	销售部	¥14		

图10-15

图10-16

步骤05 向下拖动复制公式。选中单元格J4，将鼠标指针放置在单元格J4右下角，当鼠标指针变成十字形状后，按住鼠标左键不放向下拖动，如图10-17所示。

步骤06 混合引用结果。拖曳至单元格J23后释放鼠标左键，得到其他员工的实发工资，在该工作表中，可以发现复制的公式中G列和I列中引用的单元格都会随着J列单元格的变化而变化，而添加了绝对符号的单元格D3中的D列不变，行数在变，例如单元格J5中的公式自动更改为了"=G5+I5-出勤扣款!\$D4"，如图10-18所示。

图10-17

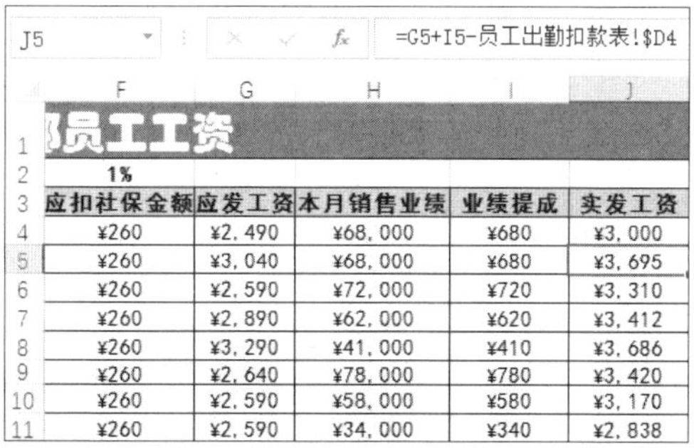

图10-18

10.2 查看销售人员工资表

对于刚建立的销售人员工资表，用户对于计算公式中引用了哪些单元格可能会十分清楚，但是经过一段时间后，有可能对销售人员工资表中的引用关系就变得生疏了。此时，如果想要查看公式中引用了哪些单元格值，或者是想要了解公式在引用单元格时是否出错，可以通过 Excel 中的追踪单元格、查看公式和公式求值功能来达到目的。

原始文件：下载资源 \ 实例文件 \ 第 10 章 \ 原始文件 \ 员工工资明细表 .xlsx
最终文件：无

10.2.1 追踪引用和从属单元格

在 Excel 2016 中，追踪单元格功能既可以追踪出公式所引用的单元格，也可以追踪到公式的从属单元格。而无论是追踪的单元格还是被追踪的单元格，其都将以图形的方式显示公式中引用和从属关系。该功能便于检查公式中单元格数据的流向，也便于分析公式中用到的数据来源。

步骤01 单击"追踪引用单元格"按钮。❶打开原始文件，选择任意含有公式的单元格，如选择单元格G4，❷在"公式"选项卡下"公式审核"组中单击"追踪引用单元格"按钮，如图10-19所示。

图10-19

步骤02 追踪的引用单元格。此时单元格C4和单元格G4之间出现一个箭头，箭头的所指方向便是数据的流向，如图10-20所示。蓝色圆点表示所在的单元格的引用单元格，蓝色箭头指向的单元格是从属单元格。

图10-20

步骤03 在不同工作表中追踪单元格。如果公式或函数的引用单元格不在同一工作表中，选中单元格J4后单击"追踪引用单元格"按钮，单元格之间的关系箭头如图10-21所示。此时双击箭头。

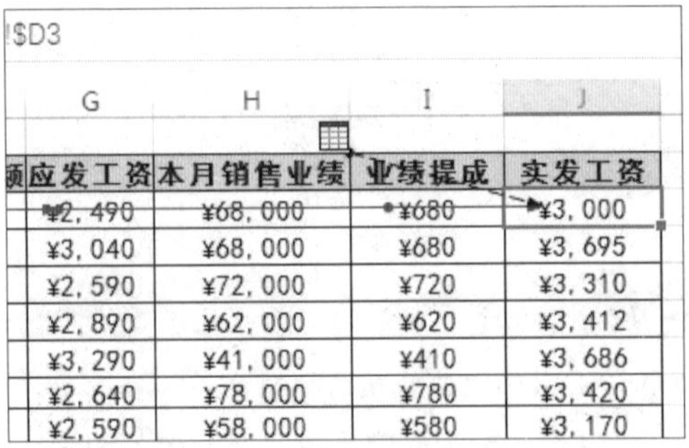

图10-21

步骤04 定位其他工作表引用的单元格。弹出"定位"对话框，在"定位"列表框中双击所需的引用，如图10-22所示。

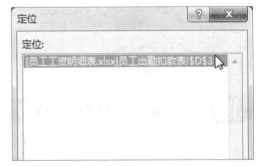

图10-22

步骤05 选中其他工作表中引用的单元格。此时系统自动关闭"定位"对话框，并选择其他工作表引用的单元格，即"员工出勤扣款表"表中的单元格D3，就是公式中引用的单元格，如图10-23所示。

步骤06 单击"追踪从属单元格"按钮。❶选中单元格F2，❷在"公式"选项卡下"公式审核"组中单击"追踪从属单元格"按钮，如图10-24所示。

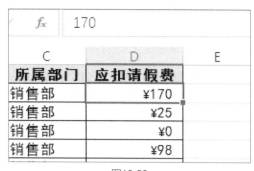

图10-23

图10-24

步骤07 追踪的从属单元格。此时可以看到在表格中出现了从单元格F2发出的箭头，所指向的单元格即为引用了单元格F2的单元格，如图10-25所示。

2				提成比例	1%				
3	员工姓名	基本工资	住房补贴	应扣公积金	应扣社保金额	应发工资	本月销售业绩	业绩提成	实发工资
4	李小军	¥2,550	¥500	¥300	¥260	¥2,490	¥68,000	¥680	¥3,000
5	张东江	¥3,000	¥600	¥300	¥260	¥3,040	¥68,000	¥680	¥3,695
6	李涛	¥2,750	¥400	¥300	¥260	¥2,590	¥72,000	¥720	¥3,310
7	黄丽	¥2,950	¥500	¥300	¥260	¥2,890	¥62,000	¥620	¥3,412
8	谭军	¥3,450	¥400	¥300	¥260	¥3,290	¥41,000	¥410	¥3,686
9	杨军	¥2,800	¥400	¥300	¥260	¥2,640	¥78,000	¥780	¥3,420
10	马光明	¥2,750	¥400	¥300	¥260	¥2,590	¥58,000	¥580	¥3,170
11	谭工勤	¥2,750	¥400	¥300	¥260	¥2,590	¥34,000	¥340	¥2,838
12	李兴民	¥2,800	¥500	¥300	¥260	¥2,740	¥48,000	¥480	¥3,220
13	张燕	¥2,750	¥500	¥300	¥260	¥2,690	¥48,000	¥480	¥3,124
14	赵柯	¥3,400	¥400	¥300	¥260	¥3,240	¥49,000	¥490	¥3,730
15	雷耀宇	¥3,000	¥400	¥300	¥260	¥2,840	¥40,000	¥400	¥3,215
16	谢明涛	¥2,750	¥500	¥300	¥260	¥2,690	¥41,000	¥410	¥3,100
17	陈贤	¥2,750	¥400	¥300	¥260	¥2,590	¥45,000	¥450	¥2,994
18	贺小美	¥3,150	¥400	¥300	¥260	¥2,990	¥49,000	¥490	¥3,480
19	杨兴华	¥2,950	¥500	¥300	¥260	¥2,890	¥55,000	¥550	¥3,342
20	李鸣	¥3,000	¥500	¥300	¥260	¥2,940	¥65,000	¥650	¥3,590
21	王涛	¥3,000	¥500	¥300	¥260	¥2,940	¥59,000	¥590	¥3,530
22	何平	¥2,950	¥400	¥300	¥260	¥2,790	¥67,000	¥670	¥3,263
23	冉静	¥2,950	¥400	¥300	¥260	¥2,790	¥75,000	¥750	¥3,540

图10-25

10.2.2 显示应用的公式

当用户想要将之前计算工资的公式应用到其他分公司的工资表中，但又由于计算公式太多而造成记忆模糊时，可以通过 Excel 中的显示公式功能查看单元格中的公式。

步骤01 单击"显示公式"按钮。继续上小节中的操作，在"公式"选项卡下"公式审核"组中单击"显示公式"按钮，如图10-26所示。

步骤02 显示工作表中的公式。此时工作表中的所有公式都显示在相应的单元格中，如图10-27所示。当再次单击"显示公式"时，会恢复公式求值的最终结果。

图10-26

应发工资	本月销售业绩	业绩提成	实发工资
=C4+D4-E4-F4	68000	=H4*$F$2	=G4+I4-员工出勤扣款表!$D3
=C5+D5-E5-F5	68000	=H5*$F$2	=G5+I5-员工出勤扣款表!$D4
=C6+D6-E6-F6	72000	=H6*$F$2	=G6+I6-员工出勤扣款表!$D5
=C7+D7-E7-F7	62000	=H7*$F$2	=G7+I7-员工出勤扣款表!$D6
=C8+D8-E8-F8	41000	=H8*$F$2	=G8+I8-员工出勤扣款表!$D7
=C9+D9-E9-F9	78000	=H9*$F$2	=G9+I9-员工出勤扣款表!$D8
=C10+D10-E10-F10	58000	=H10*$F$2	=G10+I10-员工出勤扣款表!$D9
=C11+D11-E11-F11	34000	=H11*$F$2	=G11+I11-员工出勤扣款表!$D10
=C12+D12-E12-F12	48000	=H12*$F$2	=G12+I12-员工出勤扣款表!$D11
=C13+D13-E13-F13	48000	=H13*$F$2	=G13+I13-员工出勤扣款表!$D12
=C14+D14-E14-F14	49000	=H14*$F$2	=G14+I14-员工出勤扣款表!$D13
=C15+D15-E15-F15	40000	=H15*$F$2	=G15+I15-员工出勤扣款表!$D14
=C16+D16-E16-F16	41000	=H16*$F$2	=G16+I16-员工出勤扣款表!$D15
=C17+D17-E17-F17	45000	=H17*$F$2	=G17+I17-员工出勤扣款表!$D16
=C18+D18-E18-F18	49000	=H18*$F$2	=G18+I18-员工出勤扣款表!$D17
=C19+D19-E19-F19	59000	=H19*$F$2	=G19+I19-员工出勤扣款表!$D18
=C20+D20-E20-F20	65000	=H20*$F$2	=G20+I20-员工出勤扣款表!$D19

图10-27

10.2.3 查看公式求值

如果对公式的求值过程有疑问，可以利用公式求值功能分段检查公式的返回结果。

步骤01 单击"公式求值"按钮。继续上小节中的操作，选择单元格J4，在"公式"选项卡下"公式审核"组中单击"公式求值"按钮，如图10-28所示。

步骤02 求值第一步。弹出"公式求值"对话框，❶在"求值"列表框中显示出了选中单元格的完整公式，其中公式的参数下方添加了横线的为即将求得的值，❷单击"求值"按钮，如图10-29所示。

图10-28

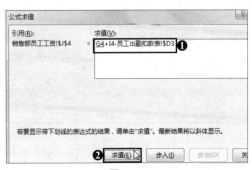

图10-29

步骤03 求值第二步。❶此时在"求值"列表框中显示出单元格G4的值"2490"，❷继续单击"求值"按钮，如图10-30所示。

步骤04 求值第三步。❶在"求值"列表框中显示出单元格I4的值"680"，❷继续单击"求值"按钮，如图10-31所示。

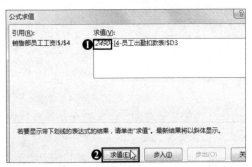

图10-30

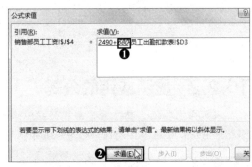

图10-31

步骤05 求值最后一步。求值第四步中将计算出"2490+680"的计算结果，❶继续单击"求值"按钮，将得出求值的最后一步，即"3170-170"，❷再单击"求值"按钮，如图10-32所示。

图10-32

步骤06 求值结果。❶此时在"求值"列表框中显示出了求得的结果为"3000"，❷单击"关闭"按钮，关闭"公式求值"对话框，如图10-33所示。

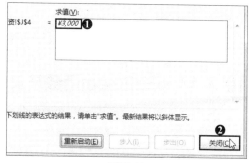

图10-33

使用公式和函数出错的几种常见原因

如果输入的公式不符合格式或者其他要求，就无法在 Excel 工作表的单元格中显示运算的结果，该单元格中会显示错误值信息，如"####!""#DIV/0!""#N/A""#NAME?""#NULL!""#NUM!""#REF!""#VALUE!"。了解这些错误值信息的含义，可以帮助用户修改单元格中的公式。

####!：公式产生的结果或输入的常数太长，当前单元格宽度不够，不能正确地显示出来，将单元格加宽就可以避免这种错误。

#DIV/0!：公式中产生了除数或者分母为 0 的错误，这时候就要检查：（1）公式中是否引用了空白的单元格或数值为 0 的单元格作为除数；（2）引用的宏程序是否包含有返回"#DIV/0!"值的宏函数；（3）是否有函数在特定条件下返回"#DIV/0!"错误值。

#N/A：引用的单元格中没有可以使用的数值，在建立数学模型缺少个别数据时，可以在相应的单元格中输入 #N/A，以免引用空单元格。

#NAME?：公式中含有不能识别的名字或者字符，这时候就要检查公式中引用的单元格名字是否输入了不正确的字符。

#NULL!：试图为公式中两个不相交的区域指定交叉点，这时候就要检查是否使用了不正确的区域操作符或者不正确的单元格引用。

#NUM!：公式中某个函数的参数不对，这时候就要检查函数的每个参数是否正确。

#REF!：引用中有无效的单元格，移动、复制和删除公式中的引用区域时，应当注意是否破坏了公式中的单元格引用，检查公式中是否有无效的单元格引用。

#VALUE!：在需要数值或者逻辑值的地方输入了文本，检查公式或者函数的数值和参数。

10.3 制作员工年假表

为了让员工在一定程度上感受到公司休假制度的公平性，根据员工工龄制作年假表就显得至关重要，因为这不仅关系到员工应该享受的待遇，也是每个公司应该承担的义务。年假指的是员工每年应有的休假时间，其一般是根据员工在本公司的工龄所计算出来的，在年假期间，员工的薪水是全额支付的。

在本案例中，年假的计算规则如下：如果员工的工龄小于 1 年，则年假为 0 天；如果员工的工龄大于等于 1 年但是小于 3 年，则年假为 7 天；如果员工的工龄大于 3 年，则年假为 7 天 +（工龄 -2）天。

原始文件：下载资源＼实例文件＼第10章＼原始文件＼员工工龄统计表.xlsx
最终文件：下载资源＼实例文件＼第10章＼最终文件＼员工工龄统计表.xlsx

10.3.1 认识Excel函数及其类型

Excel 将具有特定功能的一组公式组合在一起，就形成了函数。与直接用公式进行计算相比，使用函数进行计算的速度会更快。例如公式"=(A1+A2+A3+A4+A5+A6+A7+A8)/8"与使用函数公式"=AVERAGE(A1:A8)"是等价的，但是使用函数速度更快，占用的空间也更少，同时可以减少输入出错的机会。

函数一般包括 3 个部分：等号、函数名和参数，形如"=SUM(A1:F10)"，此函数表示对单元格区域 A1:F10 内所有数据求和。

Excel 提供了大量的函数，常用的函数有以下几种类型：

数学和三角函数：可以处理简单和复杂的数学计算。

文本函数：文本函数用于在公式中处理字符串。

逻辑函数：使用逻辑函数可以进行真假值判断，或者进行符号检验。

统计函数：可以对选定区域的数据进行统计分析。

查找与引用函数：可以在数据清单或者表格中查找特定数据，或者查找某一单元格的引用。

日期和时间函数：用于公式中分析和处理日期与时间值。

财务函数：主要用于财务中的数据计算。

10.3.2 统计员工工龄

根据年假的计算规则，要计算出员工的带薪年假天数，首先需要计算出员工的工龄，即员工进入公司的年限。员工的工龄应该等于当前时间减去员工进入公司时间并且向下取整，即工作了一年半按一年来算。这里需要使用到 YEAR 和 TODAY 两个函数。YEAR 函数返回的是日期的年份值，TODAY 函数返回的是日期格式的当前日期。

步骤01 单击"插入函数"按钮。❶打开原始文件，选择要插入函数的单元格，这里选择单元格E3，❷在"公式"选项卡下的"函数库"组中单击"插入函数"按钮，如图10-34所示。

步骤02 选择函数类型。弹出"插入函数"对话框，❶单击"或选择类别"右侧的下三角按钮，❷在展开的下拉列表中选择"日期与时间"函数，如图10-35所示。

图10-34

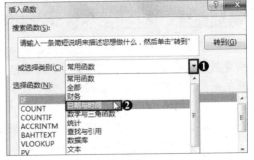

图10-35

在"插入函数"对话框的"搜索函数"文本框中输入需要的计算目标，如输入"乘积"，然后单击"转到"按钮，Excel 会自动在"选择函数"的列表框中选中第一个函数，即 PRODUCT 函数供用户使用。

步骤03 选择函数。在下方的"选择函数"列表框中显示出了所有的日期与时间函数，选择"YEAR"函数，如图10-36所示，单击"确定"按钮。

步骤04 输入函数参数。弹出"函数参数"对话框，在"Serial_number"文本框中输入 YEAR函数的参数，这里由于还嵌套了一个TODAY函数，❶所以首先输入"TODAY()-"，❷再单击文本框右侧的单元格引用按钮，如图10-37所示。

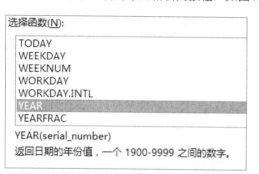

图10-36

图10-37

YEAR 函数用于返回某日期对应的年份。返回值为 1900 到 9999 之间的整数。

语法：YEAR(serial_number)。其中参数 serial_number 为一个日期值，其中包含要查找年份的日期。

步骤05 选择参数。返回工作表中选择要参与运算的参数，这里选择单元格D3，如图10-38所示。

步骤06 完善公式。再次单击单元格引用按钮，返回"函数参数"对话框，继续将参数完善，最终得到的参数为"(TODAY()-D3)-1900"，如图10-39所示，最后单击"确定"按钮。

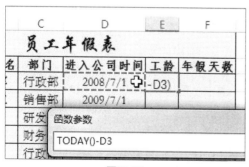

图10-38

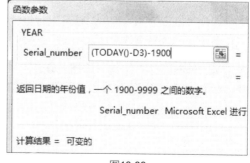

图10-39

TODAY 函数用于返回当前的日期。语法：TORAY()。TODAY 函数语法中没有参数。

步骤07 返回计算结果。返回工作表中，在单元格E3中返回的计算结果为"1900/1/8"，该值为日期格式，如图10-40所示。

=YEAR(TODAY()-D3)-1900

部门	进入公司时间	工龄	年
行政部	2008/7/1	1900/1/8	
销售部	2009/7/1		
研发部	2010/7/1		

员工年假表

图10-40

步骤08 更改数字格式。❶选中单元格E3，❷在"开始"选项卡下单击"数字格式"右侧的下三角按钮，❸在展开的下拉列表中选择其格式为"常规"，如图10-41所示。

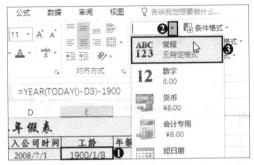

图10-41

步骤09 向下拖动复制公式。❶随后即可看到单元格E3中的工龄，选中单元格E3，❷将鼠标指针放置在单元格E3右下角，当鼠标指针变成十字形状后，按住鼠标左键向下拖动复制公式，如图10-42所示。

=YEAR(TODAY()-D3)-1900

年假表

入公司时间	工龄	年假天数
2008/7/1	8 ❶	
2009/7/1		
2010/7/1		
2011/7/1		
2013/7/1		❷

图10-42

步骤10 返回其他员工的工龄。拖曳至单元格E22后释放鼠标左键，得到各员工的工龄，结果如图10-43所示。

员工年假表

员工编号	员工姓名	部门	进入公司时间	工龄	年假天数
1	李小军	行政部	2008/7/1	8	
2	张东江	销售部	2009/7/1	7	
3	李涛	研发部	2010/7/1	6	
4	黄丽	财务部	2011/7/1	5	
5	谭军	行政部	2013/7/1	3	
6	杨军	财务部	2010/7/1	6	
7	马光明	销售部	2012/7/1	4	
8	谭工勤	研发部	2014/7/1	2	
9	李兴民	销售部	2006/7/1	10	
10	张燕	行政部	2014/7/1	2	
11	赵柯	研发部	2011/7/1	5	
12	雷耀宇	销售部	2015/7/1	1	

图10-43

10.3.3 利用IF函数嵌套计算带薪年假天数

在计算出员工的工龄后，就可以根据计算规则算出各个员工的带薪年假天数了，此时可以使用 IF 函数来计算。

步骤01 单击"插入函数"按钮。❶选中要插入函数的单元格F3，❷单击编辑栏中的"插入函数"按钮，如图10-44所示。

员工年假表

部门	进入公司时间	工龄	年假天数
行政部	2008/7/1	8	
销售部	2009/7/1	7	❶
研发部	2010/7/1	6	

图10-44

步骤02 选择IF函数。弹出"插入函数"对话框，❶设置"或选择类别"为"逻辑"函数，❷再从"选择函数"列表框中选择"IF"，如图10-45所示。

步骤03 弹出"函数参数"对话框。单击"确定"按钮，弹出"函数参数"对话框，在该对话框中显示出了IF函数中的三个参数，单击"Logical_test"参数右侧的单元格引用按钮，如图10-46所示。

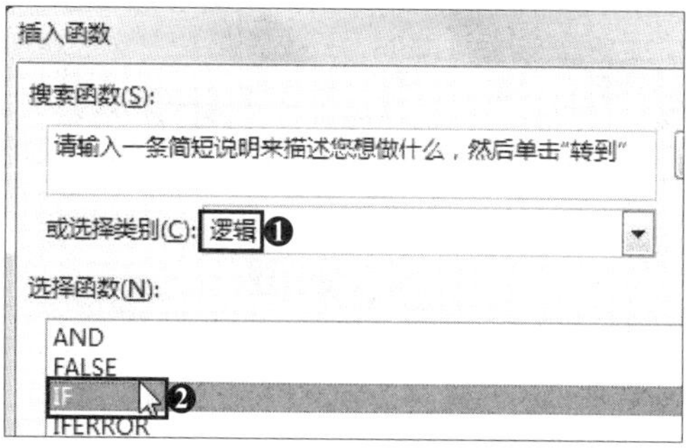

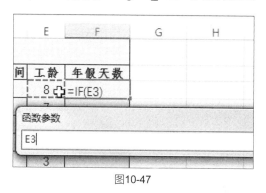

图10-45

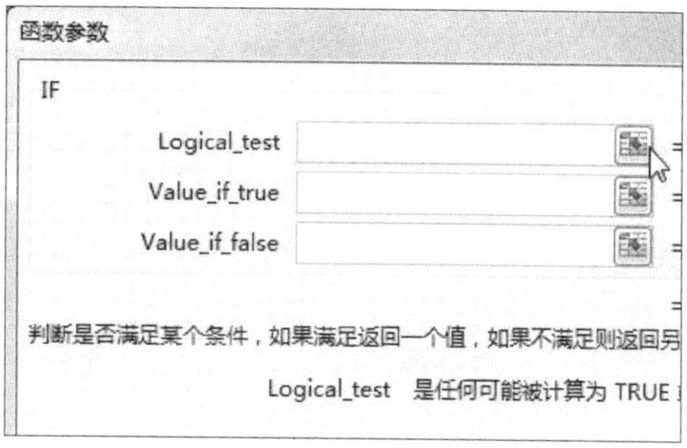

图10-46

步骤04 选择参数。返回工作表中选择要参与运算的单元格，如单元格E3，如图10-47所示。

步骤05 完成"Logical_test"参数的设置。再次单击单元格引用按钮，返回"函数参数"对话框，继续完成"Logical_test"参数的设置，在E3后面输入">=1"，如图10-48所示。

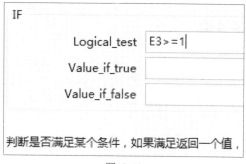

图10-47

图10-48

💡 **提示：IF 函数简介**

如果指定条件的计算结果为 TRUE，IF 函数将返回某个值；如果该条件的计算结果为 FALSE，则返回另一个值。

语法：IF(logical_test,[value_if_true],[value_if_false])

参数含义：

"logical_test"：必需。计算结果可能为 TRUE 或 FALSE 的任意值或表达式。

"value_if_true"：可选项。"logical_test"参数的计算结果为 TRUE 时所要返回的值。

"value_if_false"：可选项。"logical_test"参数的计算结果为 FALSE 时所要返回的值。

步骤06 输入其他参数。❶在"Value_if_true"文本框中输入"IF(E3<3,7,7+(E3-3))"，❷在"Value_if_false"文本框中输入"0"，如图10-49所示。

步骤07 返回年假天数。单击"确定"按钮，返回工作表中，❶此时在单元格F3中显示出了第一名员工应放年假的天数为"12"天，❷在编辑栏中显示出了完整的公式，如图10-50所示。

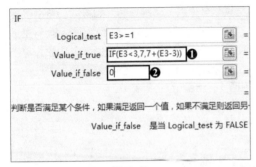

图10-49

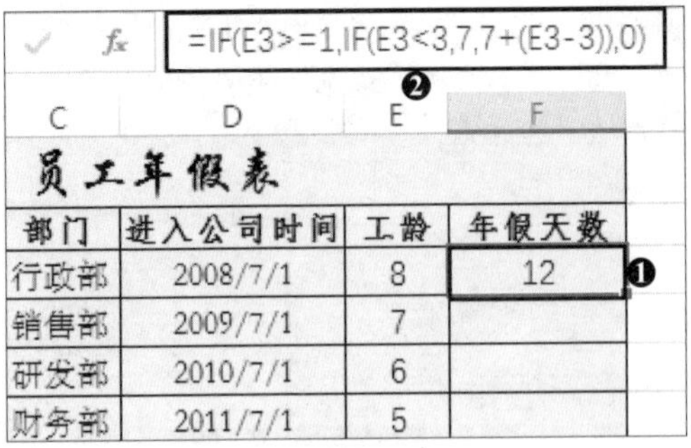

图10-50

步骤08 复制公式。拖动单元格F3右下角的控制柄向下复制公式，拖曳至单元格F22后释放鼠标左键，得到其他员工的带薪年假天数，结果如图10-51所示。

图10-51

 "自动求和"功能

在 Excel 中，除了可以通过公式逐个地选中行单元格或者是列单元格进行求和计算及使用 SUM 函数求和以外，还可以直接使用 Excel 中提供的自动求和功能来实现多个行单元格或列单元格的求和计算。使用该功能可以快速对多个行、列数据进行求和，是 Excel 中最常见的一种表格求和运算方式。

原始文件： 下载资源 \ 实例文件 \ 第 10 章 \ 原始文件 \ 各地区销售额 .xlsx
最终文件： 下载资源 \ 实例文件 \ 第 10 章 \ 最终文件 \ 各地区销售额 .xlsx

打开原始文件，选中要插入函数的单元格 F2，❶在"公式"选项卡下单击"自动求和"按钮右侧的下三角按钮，❷在展开的下拉列表中选择"求和"选项，如图 10-52 所示。此时在单元格 F2 中自动插入了求和公式"=SUM(B2:E2)"，如图 10-53 所示。按【Enter】键即可得到西部地区的总销量，拖动 F2 单元格右下角控制柄向下复制公式至单元格 F6，得到其他地区的销量。

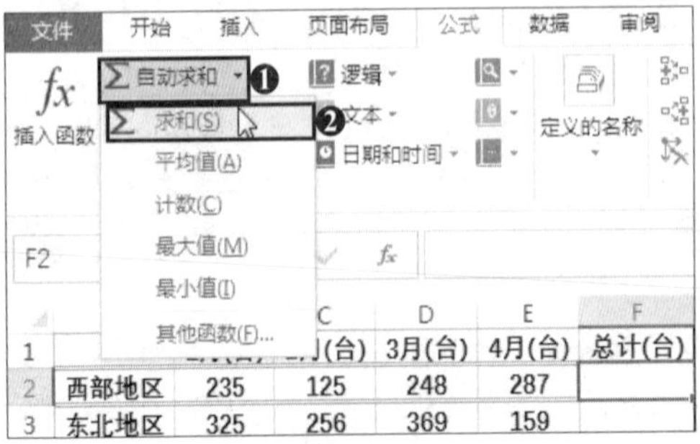

图10-52

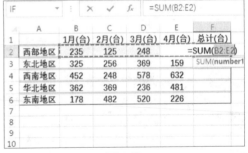

图10-53

实例演练 制作个人所得税代扣代缴表

员工每月获得的工资达到一定数目之后，应该缴纳一定的所得税，也就是个人所得税。该金额的计算方式是：通过员工的每月工资减去个人承担的基本保险金及公积金后，减去固定的起征点金额，然后在此金额的基础上乘以不同等级的百分比税率。下面将使用公式和函数对个人所得税进行计算。

原始文件： 下载资源 \ 实例文件 \ 第 10 章 \ 原始文件 \ 个人所得税代扣代缴表 .xlsx
最终文件： 下载资源 \ 实例文件 \ 第 10 章 \ 最终文件 \ 个人所得税代扣代缴表 .xlsx

步骤01 输入公式计算应扣公积金。打开原始文件，由于公司规定公积金的扣额应等于基本工资的3%，所以在单元格D3中输入公式"=C3*3%"，如图10-54所示。

	A	B	C	D
1				个人所
2	员工编号	员工姓名	基本工资	应扣公积金
3	0001	李小军	¥5,000	=C3*3%
4	0002	张东江	¥4,890	
5	0003	李涛	¥5,630	
6	0004	黄丽	¥4,700	
7	0005	谭军	¥4,250	
8	0006	杨军	¥4,250	
9	0007	马光明	¥5,000	
10	0008	谭工勤	¥6,970	

图10-54

步骤03 复制公式后的结果。拖曳至单元格D22后释放鼠标左键，得到其他员工的应扣公积金额，如图10-56所示。

员工姓名	基本工资	应扣公积金	应扣社保金额
李小军	¥5,000	¥150.00	¥150
张东江	¥4,890	¥146.70	¥150
李涛	¥5,630	¥168.90	¥150
黄丽	¥4,700	¥141.00	¥150
谭军	¥4,250	¥127.50	¥150
杨军	¥4,250	¥127.50	¥150
马光明	¥5,000	¥150.00	¥150
谭工勤	¥6,970	¥209.10	¥150
李兴民	¥4,210	¥126.30	¥150
张燕	¥4,210	¥126.30	¥150
赵珂	¥3,800	¥114.00	¥150
晋耀宇	¥3,870	¥116.10	¥150
谢明涛	¥5,000	¥180.00	¥150

图10-56

步骤02 向下拖动复制公式。按【Enter】键得到第一名员工的应扣公积金额。将鼠标指针放置在单元格D3右下角，当鼠标指针变成十字形状后，按住鼠标左键不放向下拖动，如图10-55所示。

员工姓名	基本工资	应扣公积金
李小军	¥5,000	¥150.00
张东江	¥4,890	
李涛	¥5,630	
黄丽	¥4,700	
谭军	¥4,250	+
杨军	¥4,250	
马光明	¥5,000	
谭工勤	¥6,970	

图10-55

步骤04 输入公式计算应纳税所得额。应纳税所得额=基本工资-应扣公积金-应扣社保金额-3500，❶所以在单元格F3中输入公式"=C3-D3-E3-3500"，❷按【Enter】键得到计算结果，如图10-57所示。

fx =C3-D3-E3-3500 ❶

E	F
所得税代扣代缴表	
应扣社保金额	应纳税所得额
¥150	¥1,200.00
¥150	❷
¥150	

图10-57

步骤05 复制公式。将单元格F3中的公式复制到其他单元格中，得到其他员工的应纳税所得额，结果如图10-58所示。

f_x =C4-D4-E4-3500

C	D	E	F
个人所得税代扣代缴表			
基本工资	应扣公积金	应扣社保金额	应纳税所得额
¥5,000	¥150.00	¥150	¥1,200.00
¥4,890	¥146.70	¥150	¥1,093.30
¥5,630	¥168.90	¥150	¥1,811.10
¥4,700	¥141.00	¥150	¥909.00
¥4,250	¥127.50	¥150	¥472.50
¥4,250	¥127.50	¥150	¥472.50
¥5,000	¥150.00	¥150	¥1,200.00
¥6,970	¥209.10	¥150	¥3,110.90

图10-58

步骤06 输入公式计算应扣所得税。在单元格G3输入公式"=ROUND(IF(F3<0,0,IF(F3<500,F3*5%,IF(F3<2000,F3*10%-25,IF(F3<5000,F3*15%-125,IF(F3<20000,F3*20%-375,IF(F3<40000,F3*25%-1375,IF(F3<60000,F3*30%-3375,F3*35%-6375)))))))，0)"，如图10-59所示。

IF | × ✓ f_x =ROUND(IF(F3<0,0,IF(F3<500,F3*5%,IF(F3<2000,F3*10%-25,IF(F3<5000,F3*15%-125,IF(F3<20000,F3*20%-375,IF(F3<40000,F3*25%-1375,IF(F3<60000,F3*30%-3375,F3*35%-6375))))))),0)

	A	B	C	D	E	F	G	H	I
1				个人所得税代扣代缴表					
2	员工编号	员工姓名	基本工资	应扣公积金	应扣社保金额	应纳税所得额	应扣所得税		
3	0001	李小军	¥5,000	¥150.00	¥150	¥1,200.00	=ROUND(IF(F3<0,0,IF(F3<500,F3*		
4	0002	张东江	¥4,890	¥146.70	¥150	¥1,093.30	5%,IF(F3<2000,F3*10%-25,IF(F3<		
5	0003	李涛	¥5,630	¥168.90	¥150	¥1,811.10	5000,F3*15%-125,IF(F3<20000,F3*		
6	0004	黄丽	¥4,700	¥141.00	¥150	¥909.00	20%-375,IF(F3<40000,F3*25%-		
7	0005	谭军	¥4,250	¥127.50	¥150	¥472.50	1375,IF(F3<60000,F3*30%-3375,F3*		
8	0006	杨军	¥4,250	¥127.50	¥150	¥472.50	35%-6375)))))),0)		
9	0007	马光明	¥5,000	¥150.00	¥150	¥1,200.00			
10	0008	谭工勤	¥6,970	¥209.10	¥150	¥3,110.90			
11	0009	李兴民	¥4,210	¥126.30	¥150	¥433.70			
12	0010	张燕	¥4,210	¥126.30	¥150	¥433.70			
13	0011	赵柯	¥3,800	¥114.00	¥150	¥36.00			
14	0012	雷耀宇	¥3,870	¥116.10	¥150	¥103.90			

图10-59

步骤07 向下复制公式。按【Enter】键，再将鼠标指针放置在单元格G3右下角，当鼠标指针变成十字形状后，按住鼠标左键不放向下复制公式，得到其他员工的应扣税额，结果如图10-60所示。

	D	E	F	G
1		个人所得税代扣代缴表		
2	应扣公积金	应扣社保金额	应纳税所得额	应扣所得税
3	¥150.00	¥150	¥1,200.00	¥95.00
4	¥146.70	¥150	¥1,093.30	¥84.00
5	¥168.90	¥150	¥1,811.10	¥156.00
6	¥141.00	¥150	¥909.00	¥66.00
7	¥127.50	¥150	¥472.50	¥24.00
8	¥127.50	¥150	¥472.50	¥24.00
9	¥150.00	¥150	¥1,200.00	¥95.00
10	¥209.10	¥150	¥3,110.90	¥342.00
11	¥126.30	¥150	¥433.70	¥22.00
12	¥126.30	¥150	¥433.70	¥22.00
13	¥114.00	¥150	¥36.00	¥2.00
14	¥116.10	¥150	¥103.90	¥5.00
15	¥180.00	¥150	¥2,170.00	¥201.00

图10-60

第11章
使用Excel制作图形化的表格

在实际的工作中，为了让领导一目了然地分析出表格中的数据结果，可将数据图形化。而在 Excel 中，数据图形化的方式除了可以插入图表，还可以使用数据透视表和图的形式让数据分析更清晰直观。

本章将以员工请假统计分析图、出勤情况统计分析图、公司季度经费花销表和员工一季度出勤状况表为例，对 Excel 中的图表和数据透视表、图进行详细的介绍。

11.1　制作员工请假统计分析图

对于任何公司或企业而言，员工的请假情况都必须有一个详细的记录，因为每个员工一个月的出勤情况与当月的工资是直接挂钩的。如果没有一个严格的登记制度，且公司员工常常请假、旷工或是生病，同时又没有合理的人员补充，那么该公司的业绩将会严重受损。

本节将制作图表，对员工的各种请假原因进行分析，在这个过程中，为了让分析的统计图更能展现分析结果，将对图表进行元素的添加、更改图表类型和图表布局等操作。

原始文件： 下载资源 \ 实例文件 \ 第 11 章 \ 原始文件 \ 员工请假记录表 .xlsx
最终文件： 下载资源 \ 实例文件 \ 第 11 章 \ 最终文件 \ 员工请假记录表 .xlsx

11.1.1　插入图表

在 Excel 2016 中提供了很多类型的图表，如柱形图、折线图和饼图等，在这些图表之下，又包含很多子类型的图表。但是无论是何种类型的图表，其创建的过程都一样。此处以插入柱形图为例进行介绍。

步骤01 创建请假原因统计表。打开原始文件，在"Sheet1"工作表中创建请假原因统计表，如图11-1所示。

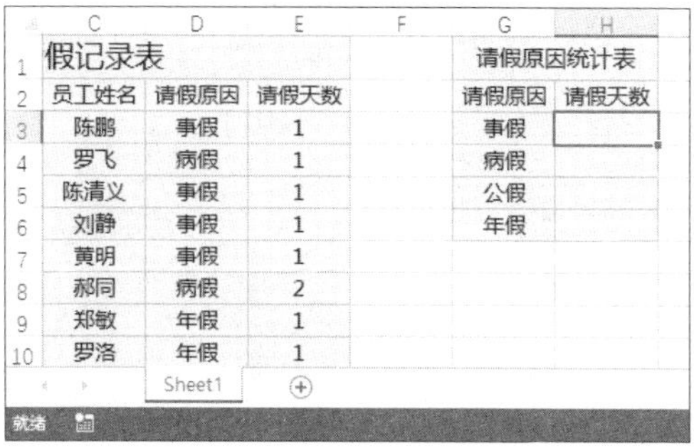

步骤02 计算请假天数。选中单元格H3，在其中输入计算公式"=SUMIF($D$3:$D$30, G3,$E$3:$E$30)"，如图11-2所示，按【Enter】键计算出本月请事假的总天数。

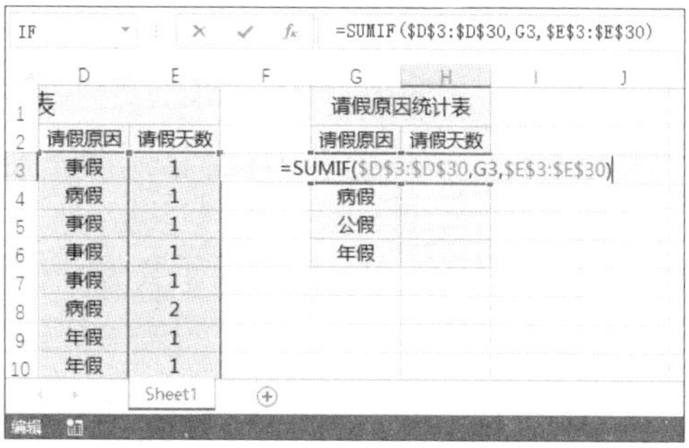

图11-1

图11-2

步骤03 复制公式。将单元格H3中的公式向下复制到单元格H6中，计算出各类请假原因的请假天数，❶选择单元格区域G3:H6，❷在"插入"选项卡下"图表"组中单击"插入柱形图或条形图"的下三角按钮，❸在展开的列表中单击"簇状柱形图"选项，如图11-3所示。

步骤04 显示创建的图表。此时，根据选定的数据创建了如图11-4所示的簇状柱形图。

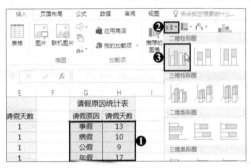

图11-3

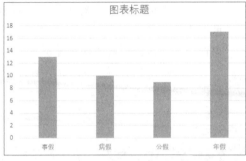

图11-4

11.1.2 设置图表标题和数据表

要想让观者快速了解图表要表达的主题，可以为图表添加一个贴切的标题。而如果要想让观者在图表上既能看到直观的图形，又能看到详细的数据，可以在图表中插入数据表。

步骤01 输入图表标题。继续上小节中的操作，更改图表标题文本，如更改为"月请假原因情况分析"，如图11-5所示，然后单击图表外的任意位置即可。

步骤02 单击"显示图例项标示"选项。选中图表，❶在"图表工具-设计"选项卡下"图表布局"组中单击"添加图表元素"按钮，❷在展开的下拉菜单中单击"数据表>显示图例项标示"选项，如图11-6所示。

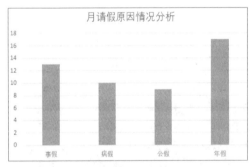

图11-5

图11-6

步骤03 显示图例项标示的效果。此时在图表的底部显示了图表原数据表格，如图11-7所示。

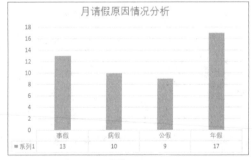

图11-7

如果不想要在图表中显示图表标题，可将其删除，切换到"图表工具 - 设计"选项卡，在"图表布局"组中单击"添加图表元素"按钮，在展开的下拉列表中单击"图表标题 > 无"选项。

11.1.3 为图表添加数据标签

在 Excel 的图表中，除了可以添加数据表显示各个系列的详细数据外，还可以直接在图表的每个数据系列上添加数据标签，具体操作如下。

步骤01 添加数据标签。继续上小节中的操作，❶单击图表右上角的"图表元素"按钮，❷在展开的列表中单击"数据标签>数据标签外"选项，如图11-8所示。

步骤02 显示添加标签后的效果。随后即可看到添加数据标签后的图表效果，如图11-9所示。

图11-8

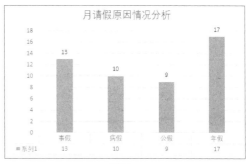

图11-9

在上小节的图表中添加的数据标签只简单地显示出了数据值，如果还想要展示更为清晰的系列名称，可单击"数据标签 > 更多选项"选项，在弹出的窗格中设置合适的数据标签即可。

有时为了让图表中的数据更加明晰，可以为图表的坐标轴添加相应的坐标轴标题，表明横、纵坐标轴表现的数据意义。

选中图表，❶在"图表工具 - 设计"选项卡下"图表布局"组中单击"添加图表元素"的下三角按钮，❷在展开的下拉列表中单击"轴标题 > 主要纵坐标轴"选项，如图 11-10 所示，即可看到图表的纵坐标轴外添加了坐标轴标题框，在其中输入需要的文本内容即可，如图 11-11 所示。

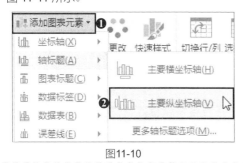

图11-10

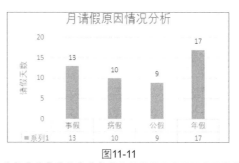

图11-11

11.1.4 更改图表类型

当创建好数据图表后，若发现数据图表不能很明确地将需要的数据表现出来时，可以通过更改图表类型功能，选择合适的图表来表现数据。

步骤01 选中图表。继续上小节中的操作，选中要更改图表类型的图表，如图11-12所示。

步骤02 单击"更改图表类型"按钮。❶切换至"图表工具-设计"选项卡下，❷在"类型"组中单击"更改图表类型"按钮，如图11-13所示。

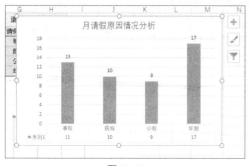

图11-12

图11-13

步骤03 重新选择图表类型。弹出"更改图表类型"对话框，❶在"所有图表"选项卡下单击"饼图"选项，❷在右侧的面板中单击"饼图"图标，如图11-14所示。

步骤04 显示更改图表类型后的效果。单击"确定"按钮，返回工作表中，即可看到选中的柱形图转换为饼图，如图11-15所示。

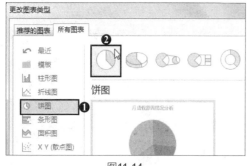

图11-14

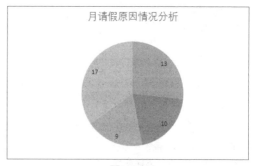

图11-15

11.1.5 添加图例

在上小节中更改了图表类型后，发现如果只根据图表，是无法区分各个饼图版块所代表的类别名称的，此时可以在图表中添加图例，来区分不同颜色所代表的请假原因。

步骤01 单击"设置坐标轴格式"命令。继续上小节中的操作，❶在"图表工具-设计"选项卡下"图表布局"组中单击"添加图表元素"的下三角按钮，❷在展开的列表中单击"图例>其他图例选项"选项，如图11-16所示。

步骤02 设置图例格式。在工作表的右侧弹出了"设置图例格式"任务窗格，在"图例选项"选项卡下单击"靠右"单选按钮，如图11-17所示。

图11-16

图11-17

步骤03 显示设置图例格式后的效果。随后单击"关闭"按钮，关闭窗格，可看到图表的中添加的图例效果，如图11-18所示。

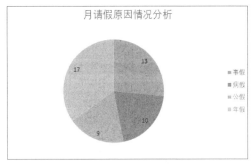

图11-18

11.1.6 更改图表布局

在创建好图表，并添加了需要的图表元素后，如果想要图表更符合大众的审美，可为图表选择新的布局样式。

步骤01 选中图表。继续上小节中的操作，❶在"图表工具-设计"选项卡下"图表布局"组中单击"快速布局"的下三角按钮，❷在展开的列表中选择合适的布局样式，如选择"布局1"，如图11-19所示。

步骤02 更改图表布局样式后的效果。随后，即可看到更改图表布局的效果，如图11-20所示。

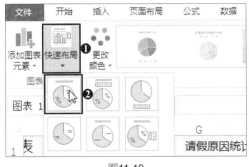

图11-19

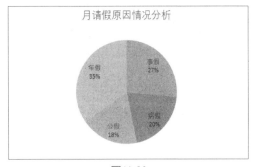

图11-20

教你一招 **将图表保存为模板**

经过以上小节的操作，设置好图表的各种格式后，如果要在以后的工作中还应用已经设置好的图表样式，可以将其保存为模板，在日后创建该类图表时，直接根据模板图表创建即可。

❶右击要保存为模板的图表，❷在弹出的菜单中单击"另存为模版"命令，如图11-21所示。

弹出"保存图表模板"对话框，❸默认保存位置，❹在"文件名"文本框中输入图表模板的名称，如图 11-22 所示，最后单击"保存"按钮即可将图表保存为模板。

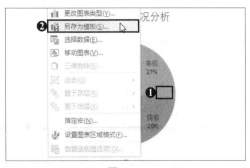

图11-21

图11-22

11.2 制作员工出勤情况统计分析图

员工出勤情况是指员工在一段时间内，如一个月内，每天实到人数与应到人数的情况变化。假设某公司已创建了员工出勤情况分析图，但它不能清晰、明确地表现员工出勤情况变化趋势，用户可以更改现有图表类型、图表源数据及添加趋势线重新进行分析处理。

原始文件：下载资源\实例文件\第 11 章\原始文件\员工出勤情况统计分析.xlsx
最终文件：下载资源\实例文件\第 11 章\最终文件\员工出勤情况统计分析.xlsx

11.2.1 更改图表数据源

在本小节中，已有的图表表现的是缺勤人数的情况，如果要表现实到人数的统计图效果，则需更改图表的数据源。

步骤01 计算实到人数。打开原始文件，❶在单元格C4中输入计算公式"=$B$1-B4"，❷输入完成后按【Enter】键，即可得到对应日期的实到人数，如图11-23所示。

步骤02 复制计算公式。利用自动填充功能，将单元格C4中的公式复制到单元格区域C5:C25中，得到如图11-24所示的计算结果。

| C4 | | | | f_x | =$B$1-B4 | |

	A	B	C
1	公司员工总人数	40	人
2			
3	日期	缺勤人数	实到人数
4	2016/5/2	1	39
5	2016/5/3	2	
6	2016/5/4	0	
7	2016/5/5	3	
8	2016/5/6	0	
9	2016/5/9	4	
10	2016/5/10	0	

图11-23

	A	B	C
1	公司员工总人数	40	人
3	日期	缺勤人数	实到人数
4	2016/5/2	1	39
5	2016/5/3	2	38
6	2016/5/4	0	40
7	2016/5/5	3	37
8	2016/5/6	0	40
9	2016/5/9	4	36
10	2016/5/10	0	40
11	2016/5/11	0	40
12	2016/5/12	0	40

图11-24

步骤03 选择数据。❶选中工作表中的"缺勤人数统计图"，❷切换至"图表工具-设计"选项卡，❸在"数据"组中单击"选择数据"按钮，如图11-25所示。

步骤04 编辑数据系列。弹出"选择数据源"对话框，❶可在"图表数据区域"后的文本框中看到原图表的数据源，❷在"图例项（系列）"列表框中可看到已有的数据系列为"缺勤人数"，❸单击"编辑"按钮，如图11-26所示。

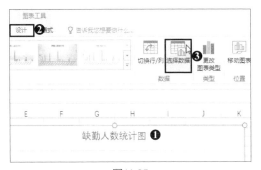

图11-25

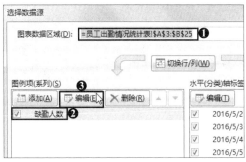

图11-26

步骤05　重新设置系列名称及系列值。弹出"编辑数据系列"对话框，❶在"系列名称"文本框中输入"=员工出勤情况统计表!$C$3"，❷在"系列值"文本框中输入"=员工出勤情况统计表!$C$4:$C$25"，❸单击"确定"按钮，如图11-27所示。

步骤06　完成数据源的更改。返回"选择数据源"对话框，❶可在"图表数据区域"后的文本框中看到新编辑的图表数据源，❷在"图例项（系列）"列表框中可看到编辑后的数据系列为"实到人数"，❸单击"确定"按钮，如图11-28所示。

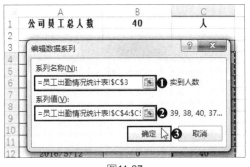

图11-27

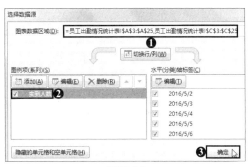

图11-28

步骤07　显示更改数据后的图表效果。返回工作表中，即可看到选中的图表数据进行了相应的调整，更改图表标题，得到如图11-29所示的图表效果。

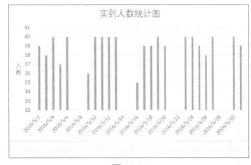

图11-29

11.2.2　选择要使用的图表样式

　　默认创建的图表一般都不会很美观，而且展现的数据效果也不是很清晰，此时可以更改图表样式，从而美化图表并更清晰地展现表格数据。

步骤01 选中图表。继续上小节中的操作，❶选中要应用图表样式的图表，❷切换至"图表工具-设计"选项卡下，❸单击"图表样式"组中的快翻按钮，如图11-30所示。

步骤02 选择图表样式。在展开的图表样式库中选择需要的样式，如选择"样式9"，如图11-31所示。

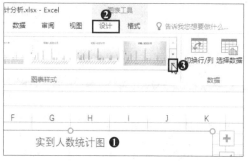

图11-30

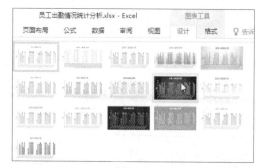

图11-31

步骤03 显示套用图表样式后的效果。随后即可看到选中的图表应用了指定的图表样式，效果如图11-32所示。

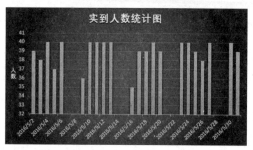

图11-32

11.2.3 设置坐标轴格式

在制作好图表并套用样式后，可以发现图表水平轴中的数据与表格中的日期数据并不完全相符，没有表现出数据源中的全部日期数据。此时可以通过设置坐标轴格式，将表格中的全部日期数据展现出来。

步骤01 设置坐标轴格式。继续上小节中的操作，❶右击图表中的"水平（类别）轴"，❷在弹出的快捷菜单中单击"设置坐标轴格式"选项，如图11-33所示。

步骤02 设置坐标轴类型。在工作表的右侧弹出了"设置坐标轴格式"任务窗格，❶切换至"坐标轴选项"选项卡，❷在"坐标轴类型"选项组下单击"文本坐标轴"单选按钮，如图11-34所示。

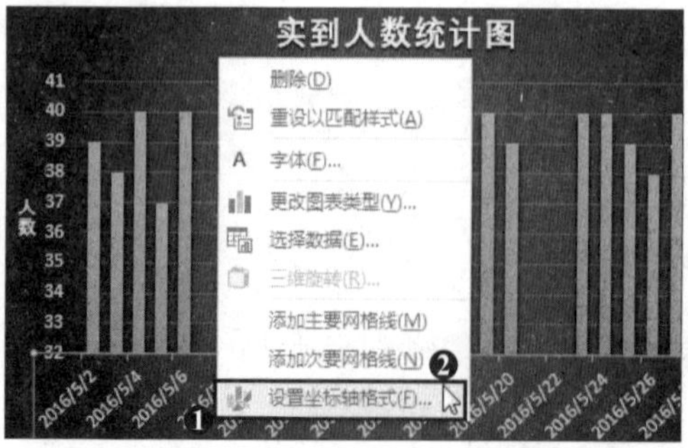

图11-33

图11-34

步骤03 设置刻度线。在"刻度线"选项组下，❶单击"主要类型"右侧的下三角按钮，❷在展开的列表中单击"无"选项，如图11-35所示。

步骤04 显示设置坐标轴格式后的图表效果。关闭窗格，可看到设置坐标轴格式后的图表效果，如图11-36所示。

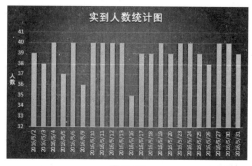

图11-35

图11-36

11.2.4 移动图表

在创建好图表后，该图表一般会自动显示在数据所在的工作表中，如果想要将图表移动到新的工作表中，可进行图表的移动操作。

步骤01 单击"移动图表"按钮。继续上小节中的操作，❶选中图表，❷切换至"图表工具-设计"选项卡下，❸单击"位置"组中的"移动图表"按钮，如图11-37所示。

步骤02 选择放置图表的位置。弹出"移动图表"对话框，❶单击"新工作表"单选按钮，❷在文本框中输入工作表的名称"员工实到人数分析图"，❸单击"确定"按钮，如图11-38所示。

图11-37

图11-38

步骤03 显示移动图表后的效果。可看到工作簿中新添加了一个"员工实到人数分析图"工作表，且选中的图表移动到了该工作表中，如图11-39所示。

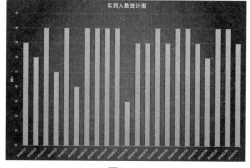

图11-39

11.3　制作公司季度经费花销表

通常一个公司的部门不止一个，花销种类也不止一种，要快捷、准确地分析各部门的各项花销数据，可使用 Excel 的数据透视表功能。

原始文件：下载资源\实例文件\第 11 章\原始文件\公司各项花销 .xlsx
最终文件：下载资源\实例文件\第 11 章\最终文件\公司各项花销 .xlsx

11.3.1　创建数据透视表

数据透视表是一种对大量数据快速汇总和建立交叉列表的交互式表格。通过该报表可以随意转换表格中的行和列，以查看源数据的不同汇总结果。下面介绍数据透视表的创建过程。

步骤01 单击"数据透视表"选项。打开原始文件，选中表格中的任意数据单元格，❶切换至"插入"选项卡，❷在"表格"组中单击"数据透视表"按钮，如图11-40所示。

步骤02 选择放置数据透视表的位置。弹出"创建数据透视表"对话框，❶此时单元格区域A2:E23自动添加到"表/区域"文本框中，❷在"选择放置数据透视表的位置"选项组中单击"新工作表"单选按钮，即将数据透视表放在新工作表中，如图11-41所示，单击"确定"按钮。

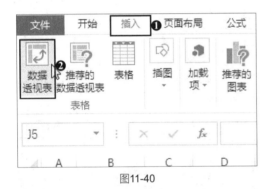

图11-40　　　　　　　　　　　　图11-41

步骤03 重命名数据透视表。❶此时，系统自动新建一个工作表，将该新工作表重命名为"部门开支"，❷在该工作表中可看到放置了数据透视表的模型，如图11-42所示。

步骤04 添加字段。在"数据透视表字段"任务窗格中勾选要分析的字段，这里勾选"时间""部门""费用类别"和"出额"复选框，如图11-43所示。

步骤05 创建的数据透视表。此时在工作表中可以看到创建的数据透视表，如图11-44所示。

图11-42　　　　　　　　　　图11-43　　　　　　　　　图11-44

11.3.2 移动数据透视表字段

在默认情况下，在"数据透视表字段"任务窗格中勾选要添加的字段后，这些字段会自动分配到下方的合适区域中。如果用户对字段的默认位置不满意，可以按照需要移动各字段的位置。

步骤01 移动到列标签。继续上小节中的操作，❶在"数据透视表字段列表"任务窗格中单击"行"标签区域中的"部门"字段，❷在展开的列表中单击"移动到列标签"选项，如图11-45所示。

步骤02 移动到报表筛选。❶单击"行"标签区域中的"时间"字段，❷在展开的列表中单击"移动到报表筛选"选项，如图11-46所示。

图11-45

图11-46

步骤03 字段重新布局后的效果。将字段移动完毕后，可以看到字段重新分配到各个区域的效果，如图11-47所示。

步骤04 重新分布字段后的数据透视表。重新分布字段后，得到的数据透视表如图11-48所示。此时系统按照不同的部门对各项费用进行了汇总。

图11-47

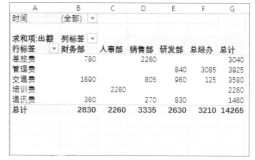

图11-48

11.3.3 更改数据透视表的汇总方式和数字格式

默认情况下创建的数据透视表的汇总方式大多为求和，数字格式为常规格式。如果想要展现的数据为其他方式，如平均值、最大值或者是最小值等，可根据需要更改汇总方式。如果想要让数据值含有货币符号，可设置数字格式为货币的形式。

步骤01 单击"字段设置"按钮。继续上小节中的操作，在"数据透视表工具-分析"选项卡下的"活动字段"组中单击"字段设置"按钮，如图11-49所示。

步骤02 选择值汇总方式。弹出"值字段设置"对话框，在"计算类型"列表框中选中平均值，如图11-50所示，最后单击"确定"按钮。

图11-49

图11-50

步骤03 更改汇总方式后的数据透视表。此时，数据透视表按照不同的部门显示出各项费用的平均值，如图11-51所示。

平均值项:出额	列标签					
行标签	财务部	人事部	销售部	研发部	总经办	总计
差旅费	780		1130			1013.333333
管理费				420	1028.333333	785
交通费	1690		402.5	960	125	716
培训费		753.3333333				753.3333333
通讯费	360		270	276.6666667		292
总计	943.3333333	753.3333333	667	438.3333333	802.5	679.2857143

图11-51

步骤04 单击"值字段设置"选项。接下来更改数据透视表中的数字格式。❶右击数据透视表中的任意值字段单元格，❷在弹出的快捷菜单中单击"值字段设置"选项，如图11-52所示。

步骤05 单击"数字格式"按钮。弹出"值字段设置"对话框，直接单击"数字格式"按钮，如图11-53所示。

图11-52

图11-53

步骤06 设置数字格式。弹出"设置单元格格式"对话框，❶在"分类"列表框中选择数字的类别，如选择"货币"选项，❷在"小数位数"文本框中输入保留的小数位数，这里输入"2"，如图11-54所示。

步骤07 更改数字格式后的数据透视表。连续单击"确定"按钮，返回数据透视表中，此时可以看到透视表中的数据都变成了设置的数字格式，如图11-55所示。

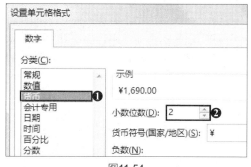

图11-54

图11-55

11.3.4 更改数据透视表的值显示方式

如果用户不仅需要知道各部门所花销的总费用，还想了解各部门花销所占的百分比情况，可以更改数据透视表中的值显示方式，将值的显示方式更改为百分比形式即可。

步骤01 启动"值字段设置"对话框。继续上小节中的操作，将值字段的汇总方式返回原先的"求和"方式，在"数据透视表工具-分析"选项卡下"活动字段"组中单击"字段设置"按钮，如图11-56所示。

图11-56

步骤02 选择值显示方式。弹出"值字段设置"对话框，❶切换至"值显示方式"选项卡，❷单击"值显示方式"右侧的下三角按钮，❸在展开的列表中单击"总计的百分比"选项，如图11-57所示。

步骤03 按总计的百分比显示数据。此时，在数据透视表中各项费用按照百分比的形式显示，可以从表格中很明显地看出各部门花销所占的百分比及各项费用所占的百分比，如图11-58所示。

图11-57

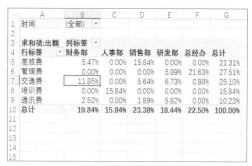

图11-58

11.3.5　套用透视表预设样式

Excel 为数据透视表提供了一些预设的表格样式，用户可以直接选择要套用的样式，对数据透视表进行美化。

步骤01 选择数据透视表样式。继续上小节中的操作，在"数据透视表-设计"选项卡下单击"数据透视表样式"组中的快翻按钮，在展开的样式库中选择如图11-59所示的样式。

步骤02 套用数据透视表样式后的效果。套用了上一步中选择的样式后得到的数据透视表效果如图11-60所示。

图11-59　　　　　　　　　　　　　　图11-60

11.3.6　使用切片器分析数据

在 Excel 中，可以使用报表筛选器来筛选数据透视表中的数据，但在对多个项目进行筛选时，很难看到当前的筛选状态。此时，可以使用 Excel 中的切片器功能来筛选多个项目的数据。

步骤01 单击"插入切片器"选项。继续上小节中的操作，在"数据透视表工具-分析"选项卡下的"筛选"组中单击"插入切片器"按钮，如图11-61所示。

步骤02 选择要创建的切片器字段。弹出"插入切片器"对话框，在该对话框中选择要插入的切片器字段，勾选"时间"和"出额"复选框，如图11-62所示。

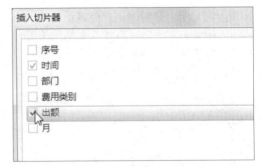

图11-61　　　　　　　　　　　　　　图11-62

步骤03 插入的切片器。单击"确定"按钮，返回数据透视表中，可看到工作表中插入了"时间"和"出额"切片器，将鼠标指针放置在"出额"切片器上，当鼠标指针变为形状时，按住鼠标左键，可随意拖动切片器，移动切片器的位置，如图11-63所示。

步骤04 利用切片器筛选数据。在"时间"切片器中单击"4月18日"，如图11-64所示，随后在"出额"切片器中会自动选中该日对应的出额数据。

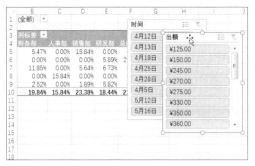

图11-63

图11-64

步骤05 打开切片器样式库。❶此时，在数据透视表中也进行了自动筛选，只显示出了"4月18日"费用的花费情况。❷选中要套用样式的切片器，❸在"切片器工具-选项"选项卡下单击"切片器样式"组的快翻按钮，如图11-65所示。

步骤06 选择切片器样式。在展开的样式库选择如图11-66所示的切片器样式。

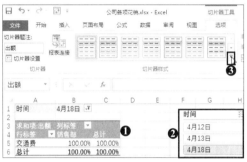

图11-65

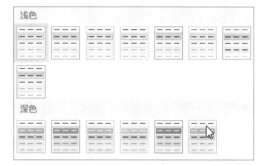

图11-66

步骤07 显示套用样式后的切片器。为"时间"和"出额"两个切片器套用相同的切片器样式，得到的效果如图11-67所示。

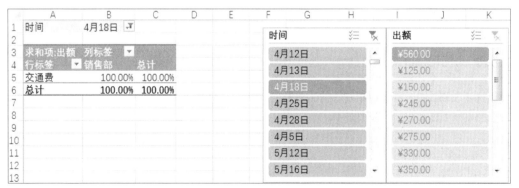

图11-67

💡 提示：清除筛选结果

如果用户需要进行其他的筛选，则需要先清除当前筛选结果。具体的操作方法为：在要清除筛选的切片器中，单击切片器右上角的"清除筛选器"按钮。

11.4 制作员工一季度出勤状况表

在使用数据透视表分析了数据后，可以在已汇总的表格中插入数据透视图来进行直观的统计分析。或者同时插入数据透视表和数据透视图，从而通过表和图综合分析员工的出勤状况。

原始文件：下载资源\实例文件\第11章\原始文件\员工一季度出勤统计表.xlsx
最终文件：下载资源\实例文件\第11章\最终文件\员工一季度出勤统计表.xlsx

11.4.1 同时插入数据透视表和数据透视图

数据透视图以图形表现数据透视表中的数据，比数据透视表更加直观，且比一般图表多出了动态调整功能。本小节将具体介绍同时插入数据透视表和数据透视图的方法。

步骤01 同时创建数据透视表和数据透视图。打开原始文件，❶单击数据区域中的任意单元格，❷切换至"插入"选项卡下，❸单击"图表"组中"数据透视图"的下三角按钮，❹在展开的列表中选择"数据透视图和数据透视表"选项，如图11-68所示。

步骤02 选择放置数据透视表和数据透视图的位置。弹出"创建数据透视表"对话框，❶保持默认的"表/区域"，❷单击"新工作表"单选按钮，如图11-69所示，最后单击"确定"按钮。

图11-68

图11-69

步骤03 显示创建的数据透视表和数据透视图。新建了一个工作表，在其中可看到空白的数据透视表和数据透视图框架及右侧的"数据透视图字段"任务窗格，如图11-70所示。

步骤04 添加字段。在"数据透视图字段"任务窗格中，勾选要添加到透视表中的字段，如图11-71所示。

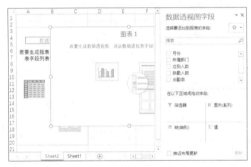

图11-70

图11-71

步骤05 添加字段后的数据透视表和数据透视图效果。可看到勾选字段后的数据透视表和数据透视图效果，如图11-72所示。

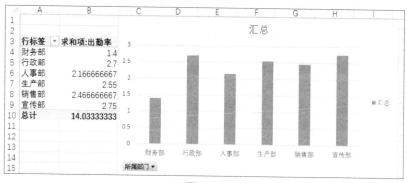

图11-72

11.4.2 对数据透视图中的数据进行筛选

Excel 中的切片器功能除了可以快速分段和筛选数据透视表中的数据，还可以分段和筛选数据透视图中的数据，其操作方法与筛选数据透视表数据相似。

步骤01 插入切片器。继续上小节中的操作，❶选中数据透视图，❷在"数据透视图工具-分析"选项卡下单击"筛选"组中的"插入切片器"按钮，如图11-73所示。

步骤02 选择切片器字段。弹出"插入切片器"对话框，勾选"月份"复选框，如图11-74所示，最后单击"确定"按钮。

图11-73

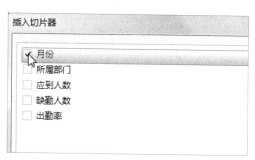

图11-74

步骤03 选择切片器字段。返回工作表中，可看到创建的"月份"切片器，在切片器中单击"3月"按钮，如图11-75所示。

步骤04 筛选后的数据透视表和数据透视图效果。可看到筛选后的数据透视表和数据透视图效果，在数据透视图中可看到各部门3月份的出额统计情况，如图11-76所示。

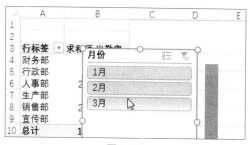

图11-75

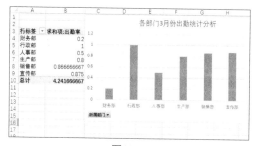

图11-76

实例演练　制作员工病假分析图

公司员工请假的原因一般分为事假、病假、公假、年假四类，针对不同请假原因扣除的工资是不同的，例如事假扣除请假当日的工资，病假扣除请假当日工资的 50%，公假与年假都不扣除工资。现已统计出各种请假原因的人数，接下来将通过图表来分析各个月份的员工请假情况。

原始文件： 下载资源 \ 实例文件 \ 第 11 章 \ 原始文件 \ 员工一季度请假次数统计 .xlsx、图片 1.tif

最终文件： 下载资源 \ 实例文件 \ 第 11 章 \ 最终文件 \ 员工一季度请假次数统计 .xlsx

步骤01 **插入图表。** 打开原始文件，选中工作表中的任意空白单元格，❶切换至"插入"选项卡下，❷在"图表"组中单击"插入柱形图或条形图"按钮，❸在展开的列表中单击"簇状柱形图"，如图11-77所示。

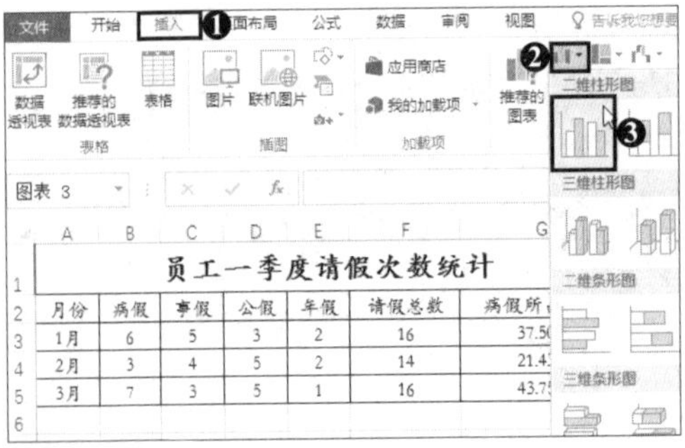

步骤02 **选择数据。** ❶选中创建的图表，❷切换至"图表工具-设计"选项卡，❸单击"数据"组中的"选择数据"按钮，如图11-78所示。

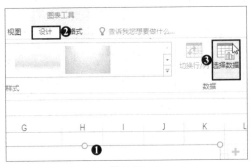

图11-77

图11-78

步骤03 **添加数据系列。** 弹出"选择数据源"对话框，单击"图例项"列表框中的"添加"按钮，如图11-79所示。

步骤04 **编辑数据系列。** 弹出"编辑数据系列"对话框，❶输入系列名称及系列值的引用单元格，❷单击"确定"按钮，如图11-80所示。

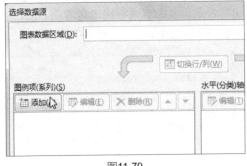

图11-79

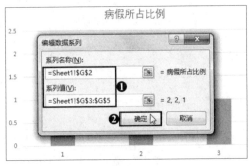

图11-80

步骤05 完成图例项的添加。返回对话框中，可看到添加的图例项"病假所占比例"，如图11-81所示。

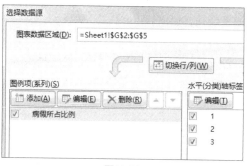

图11-81

步骤06 显示图表效果。单击"确定"按钮，返回工作表中，可看到创建的柱形图效果，如图11-82所示。

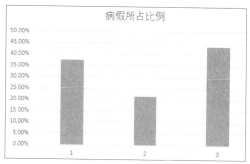

图11-82

步骤07 更改图表布局。❶选中图表，❷在"图表工具-设计"选项卡下"图表布局"组中单击"快速布局"的下三角按钮，❸在展开的列表中选择需要的布局样式，如图11-83所示。

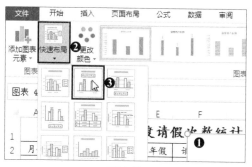

图11-83

步骤08 显示更改图表布局后的效果。此时，选中图表应用了新的图表布局样式，效果如图11-84所示。

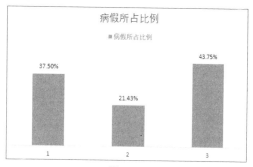

图11-84

步骤09 添加坐标轴标题。❶单击图表右上角的"图表元素"按钮，❷在展开的列表中勾选"坐标轴标题"复选框，如图11-85所示。

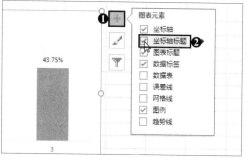

图11-85

步骤10 单击"设置坐标轴标题格式"选项。❶在添加的横纵坐标轴标题上输入对应的文本内容，❷右击纵坐标轴标题，❸在弹出的快捷菜单中单击"设置坐标轴标题格式"选项，如图11-86所示。

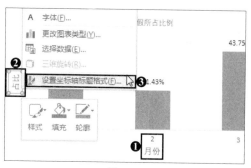

图11-86

步骤11 设置文字方向。❶在弹出的"设置坐标轴标题格式"任务窗格中单击"大小与属性"选项卡，❷单击"文字方向"右侧的下三角按钮，❸在展开的列表中单击"竖排"，如图11-87所示。

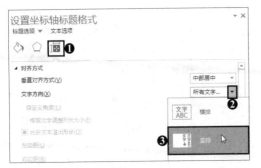

图11-87

步骤13 单击"文件"按钮。在"插入图片来自"组下单击"文件"按钮，如图11-89所示。

图11-89

步骤15 设置边框。返回工作表中，❶继续在任务窗格中单击"边框"组下的"实线"单选按钮，❷选择合适的边框颜色，如图11-91所示。

图11-91

步骤12 填充数据系列。双击图表中的数据系列，弹出"设置数据系列格式"任务窗格，❶切换至"填充与线条"选项卡，❷在"填充"选项组下单击"图片或纹理填充"单选按钮，如图11-88所示。

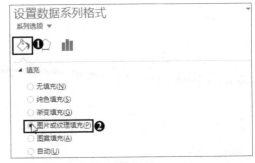

图11-88

步骤14 选择图片。弹出"插入图片"对话框，❶切换至图片的保存位置，❷双击要插入的图片，如图11-90所示。

图11-90

步骤16 显示最终的图表效果。关闭任务窗格，更改图表标题文字并删除图例，即可得到如图11-92所示的效果。

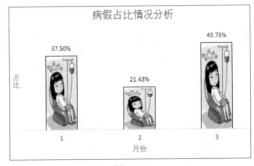

图11-92

第12章
使用Excel审阅和保护数据

在 Excel 中，大量重要的敏感数据被集中存放在表格里，为了保护数据不被其他用户随意更改，可对其执行 Excel 中的保护操作。如果发现表格中的多个相同数据录入错误，可以使用替换或者是宏功能进行修改，而为了查看录入的某个数据是否有误，可使用查找功能。随后，为了保证查看的数据不被其他数据混淆视线，可使用隐藏功能将暂时不需要查看的数据进行隐藏。

在本章中，将以产品销售记录表、客户跟进表、客户管理表和社保交费统计表为例，对表格中的查找和替换、隐藏和冻结、保护和共享等功能进行详细的介绍。

12.1 数据的查找和替换

Excel 工作表可以存放大量数据，当用户需要查找或替换某些数据时，逐一查找是比较笨拙的办法，使用"查找和替换"功能则能事半功倍。

原始文件: 下载资源 \ 实例文件 \ 第 12 章 \ 原始文件 \ 产品销售记录表 .xlsx
最终文件: 下载资源 \ 实例文件 \ 第 12 章 \ 最终文件 \ 产品销售记录表 .xlsx

12.1.1 在表格中查找数据

Excel 提供的查找功能既可以查找符合关键字的单元格数据，又可以查找符合指定格式的单元格数据。本小节将对工作表中的查找功能进行详细介绍。

步骤01 单击"查找"选项。打开原始文件，选中任意单元格，❶单击"开始"选项卡下"编辑"组中"查找和选择"的下三角按钮，❷在展开的下拉列表中单击"查找"选项，如图12-1所示。

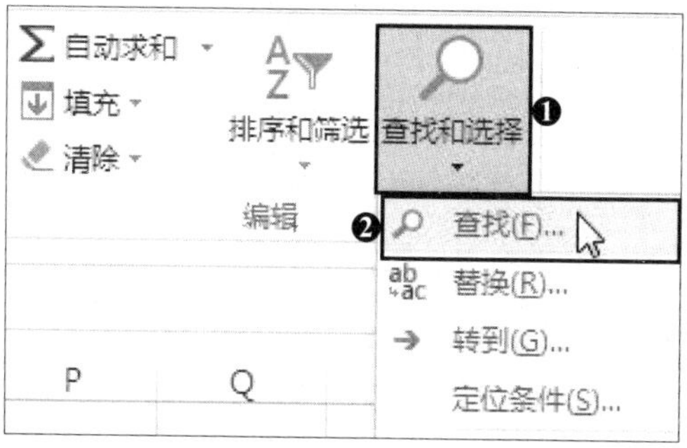

步骤02 输入需要查找的内容。弹出"查找和替换"对话框，❶在"查找内容"后的文本框中输入"投影仪"，❷单击"查找全部"按钮，如图12-2所示。

图12-1

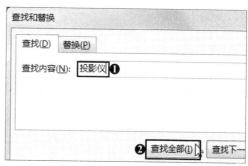

图12-2

步骤03 **查看查找结果。** 此时可在对话框中看到含有"投影仪"文本内容的单元格,并提示用户有"4个单元格被找到",如图12-3所示。

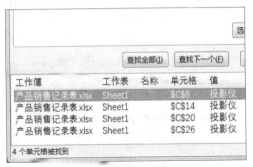

图12-3

步骤05 **单击"格式"按钮。** 在"查找和替换"对话框中单击"查找内容"右侧的"格式"按钮,如图12-5所示。

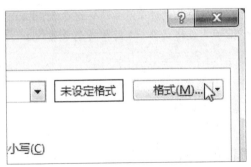

图12-5

步骤07 **设置填充颜色。** ❶切换至"填充"选项卡,❷在"背景色"下单击"蓝色,个性色1,淡色80%",如图12-7所示,最后单击"确定"按钮。

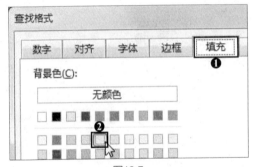

图12-7

步骤04 **单击"选项"按钮。** ❶删除"查找内容"文本框中的文本,❷单击"选项"按钮,如图12-4所示。

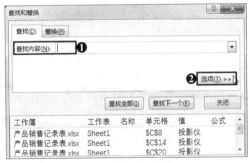

图12-4

步骤06 **设置字体格式。** 弹出"查找格式"对话框,❶切换到"字体"选项卡下,❷设置"字体"为"等线",❸"字号"为"12"磅,❹"字体颜色"为"黑色,文字1",如图12-6所示。

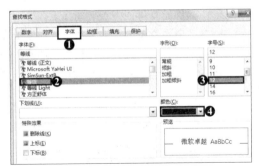

图12-6

步骤08 **查看符合预设格式的单元格。** 返回"查找和替换"对话框,❶单击"查找全部"按钮,❷可看到符合预设格式的单元格数量为100个,如图12-8所示。

图12-8

12.1.2 替换表格中的数据

当表格中某些具有相同属性的数据需要修改时，逐个修改十分浪费时间，此时可以使用替换功能一次性修改相同属性的数据。

步骤01 在表格中选择单元格。继续上小节中的操作，选中表格中的单元格，如选择单元格C4，如图12-9所示。

步骤02 单击"替换"选项。❶单击"开始"选项卡下"编辑"组中"查找和选择"的下三角按钮，❷在展开的下拉列表中单击"替换"选项，如图12-10所示。

图12-9

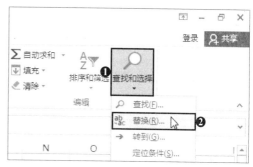

图12-10

步骤03 输入标题文本。弹出"查找和替换"对话框，❶在"查找内容"后的文本框输入"书柜"，在"替换为"后的文本框输入"扫描仪"，❷单击"全部替换"，如图12-11所示。

步骤04 完成替换。弹出对话框，提示用户"全部完成。完成4处替换"，单击"确定"按钮，如图12-12所示。

图12-11

图12-12

12.2 数据的隐藏和冻结窗格

Excel 中通常会有一些特别复杂或者是行数较多的数据，查看的时候不会很方便，此时可以利用 Excel 中的数据隐藏功能和冻结窗格功能进行设置。

原始文件： 下载资源\实例文件\第 12 章\原始文件\客户跟进表格 .xlsx
最终文件： 下载资源\实例文件\第 12 章\最终文件\客户跟进表格 .xlsx

12.2.1 隐藏单元格中的数据

当表格中的数据较多时，可将暂时不需要查看的数据隐藏起来，便于其他数据的查看。

步骤01 单击"数字"组中的对话框启动器。打开原始文件，选中需要隐藏的单元格，单击"数字"组中的对话框启动器，如图12-13所示。

步骤02 自定义单元格格式。弹出"设置单元格格式"对话框，❶单击"自定义"选项，❷在"类型"文本框中输入";;;"，如图12-14所示。

步骤03 查看隐藏数据后的单元格效果。单击"确定"按钮，返回工作簿窗口，可看到选中单元格中的文本内容被隐藏了，如图12-15所示。

图12-13

图12-14

图12-15

12.2.2 隐藏工作表中的行或列

隐藏工作表中的行或列是为了保留要查看的数据，操作比隐藏单元格简单，可以利用快捷菜单完成。

步骤01 隐藏列。继续上小节中的操作，❶选择G列并右击列标，❷在弹出的快捷菜单中单击"隐藏"命令，如图12-16所示。

步骤02 显示隐藏效果。此时可以看见G列已被隐藏，F列与H列相邻，如图12-17所示。还可以使用相同方法隐藏工作表中的行。

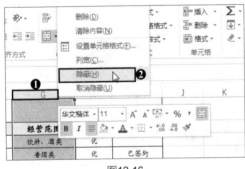
图12-16

公司客户跟进表				
地址	邮编	联系电话	信誉	
北京上海路13号	100010	1234 5678	优	
上海北京路苏宁街1号	200010	2234 5678	优	
南京云安路小柳街3号	300010	3456 7890	良	
青岛上海路苏州街5号	500010	1345 6870	差	
沈阳青岛路北京胡同9号	600010	1354 5160	优	
北京市海淀区苏州桥街12号	100060	1234 6879	优	
北京市朝阳区东大旺路8号	100070	2354 8791	良	
北京上海路14号	285780	3234 5678	优	
上海北京路苏宁街5号	289361.4286	4234 5678	优	
南京云安路小柳街39号	292942.8571	3457 7890	良	

图12-17

12.2.3 冻结窗格

制作一个 Excel 表格时，如果列数较多，行数也较多时，一旦向下滚屏，上面的标题行也会跟着滚动，在处理下方数据时往往难以分清各列数据对应的标题。此时可以利用"冻结窗格"功能解决这个问题。

步骤01 冻结首行。继续上小节中的操作，❶选中单元格A1，❷切换到"视图"选项卡下，❸在"窗口"组中单击"冻结窗格"的下三角按钮，❹在展开的下拉列表中单击"冻结首行"选项，如图12-18所示。

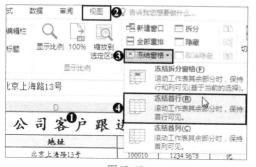

图12-18

步骤02 显示冻结首行的效果。滑动鼠标中间的滚轮，可发现无论滚动至何处，第1行始终显示在顶部而不会被隐藏，如图12-19所示。但我们想让第2行也被冻结，下面接着操作。

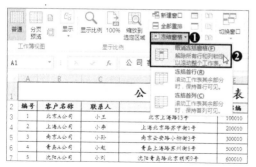

图12-19

步骤03 取消冻结的窗格。在"视图"选项卡下的"窗口"组中，❶单击"冻结窗格"的下三角按钮，❷在展开的下拉列表中单击"取消冻结窗格"选项，如图12-20所示。

图12-20

步骤04 冻结拆分窗格。❶单击行号"3"，选中第3行，❷在"窗口"组中单击"冻结窗格"的下三角按钮，❸在展开的下拉列表中单击"冻结拆分窗格"选项，如图12-21所示。

图12-21

步骤05 查看冻结拆分窗格的效果。此时可以看到，第2行和第3行之间有一条灰色的冻结线，滑动鼠标滚轮，可发现第1行和第2行将不会随着鼠标的滑动而隐藏，如图12-22所示。

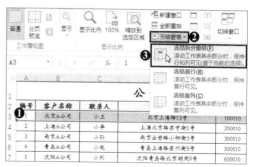

图12-22

12.3 批注与修订客户跟进表格

为了反映出企业与其他企业合作的情况与特殊情况出现后的跟进状况，可制作客户跟进表，该表是根据企业职工的流动情况编制的一种月报表，能够为企业的持续发展起到推动作用。在跟进完成后，完成的报表需要提交给上级领导进行批注和修订。本节将结合实例介绍如何对工作表进行批注和修订工作。

原始文件： 下载资源\实例文件\第12章\原始文件\客户跟进表格1.xlsx
最终文件： 下载资源\实例文件\第12章\最终文件\客户跟进表格1.xlsx

12.3.1 在单元格中插入与编辑批注

当用户在审阅其他用户创建的工作表时，如果想表达自己的不同意见，但又不希望直接修改作者的数据，可以在单元格中插入批注。

步骤01 新建批注。打开原始文件，❶在工作表中选中单元格I4，❷切换至"审阅"选项卡，❸在"批注"组中单击"新建批注"按钮，如图12-23所示。

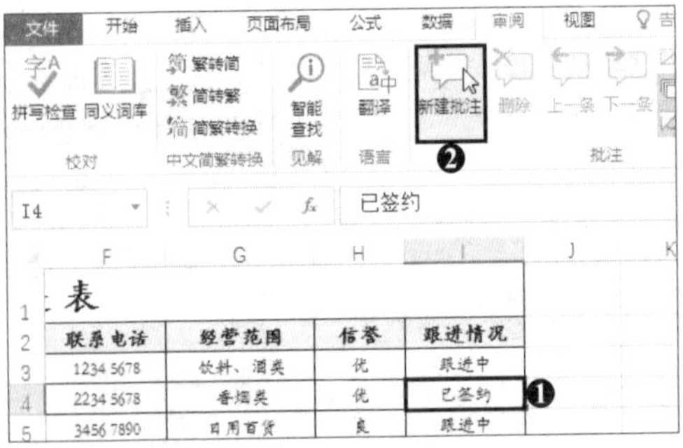

图12-23

步骤02 输入批注内容。随后，工作表中会显示一个批注框，并由一个箭头指向单元格I4，在批注框中输入批注内容，如图12-24所示。

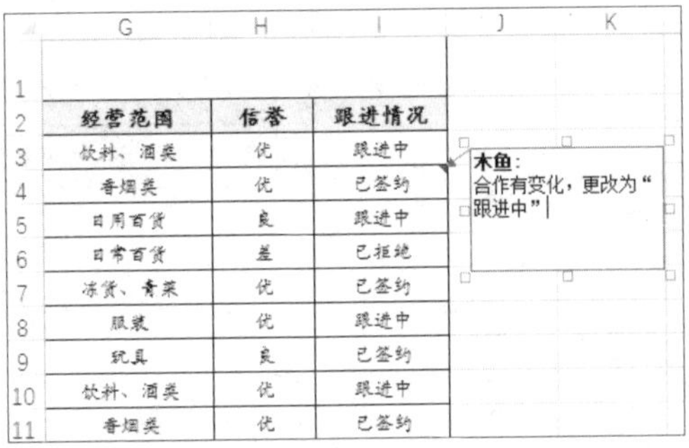

图12-24

步骤03 继续新建批注并输入批注内容。选择单元格H6，新建一个批注，在批注框中输入文本内容，如图12-25所示。

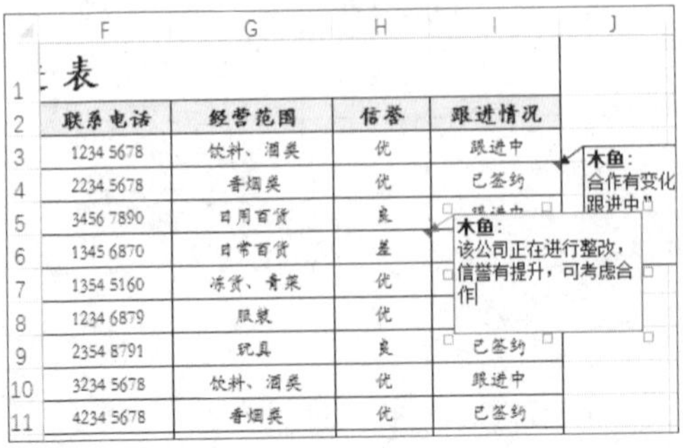

图12-25

步骤04 编辑批注。对于已经插入的批注，如果要修改，❶先选中要修改的单元格，如选择单元格H6，❷在"批注"组中单击"编辑批注"按钮，如图12-26所示。

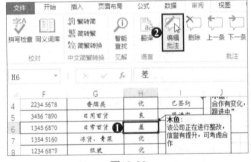

图12-26

步骤05 增大批注框。继续在单元格H6右侧的批注框中输入文本内容，输入完毕后，由于文本内容较多，无法看清全部的内容，可将鼠标指针放置在批注框的外侧控点上，按住鼠标左键拖动，即可改变批注框的大小，如图12-27所示。

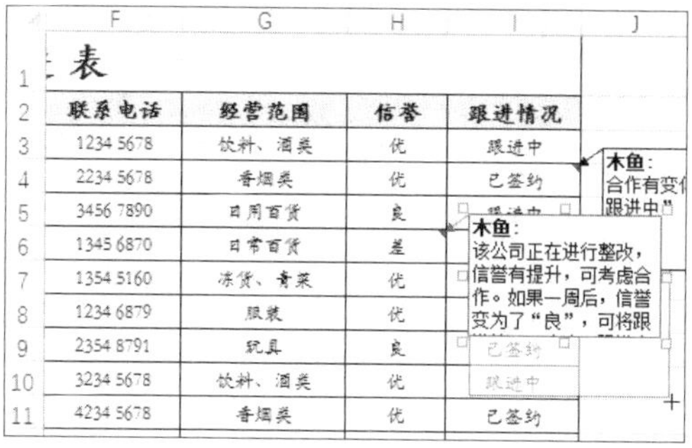

步骤06 编辑批注并更改批注框大小后的效果。随后即可看到编辑批注并更改批注框大小后的效果，如图12-28所示。

图12-27　　　　　　　　　　图12-28

步骤07 设置显示所有批注。由于批注框会遮挡表格中的其他内容，可将其隐藏，选中有批注框的单元格，在"审阅"选项卡下单击"批注"组中的"显示所有批注"按钮，如图12-29所示。

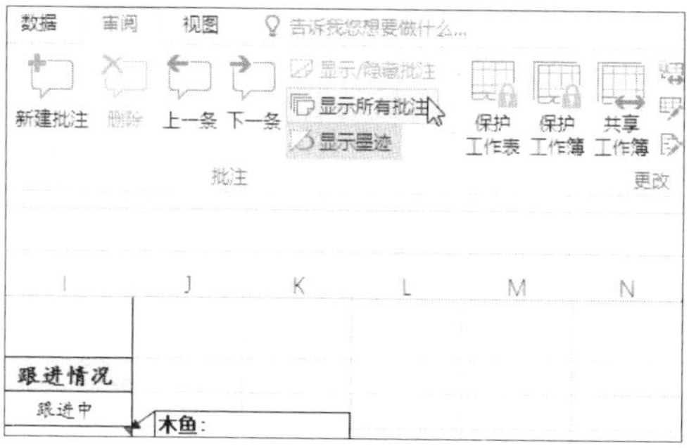

步骤08 设置显示所有批注后的效果。随后可看到隐藏批注框后的表格效果，如图12-30所示。

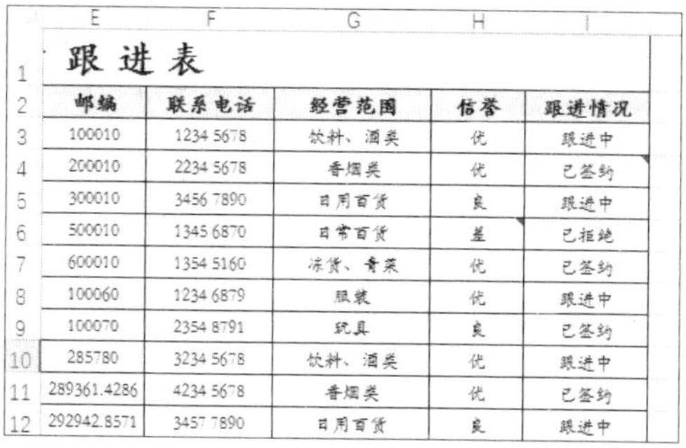

图12-29　　　　　　　　　　图12-30

12.3.2　修订工作表

如果觉得使用批注审阅工作表比较麻烦，可以直接使用修订功能，直接在原工作表中更改数据。通过这种方式，当原作者在查阅工作簿时，可以轻松地识别其他用户做出的更改。

步骤01 突出显示修订。继续上小节中的操作，❶在"审阅"选项卡下"更改"组中单击"修订"右侧的下三角按钮，❷在展开的下拉列表中单击"突出显示修订"选项，如图12-31所示。

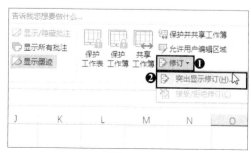

图12-31

步骤02 设置修订选项。弹出"突出显示修订"对话框，勾选"编辑时跟踪修订信息，同时共享工作簿"复选框，如图12-32所示。

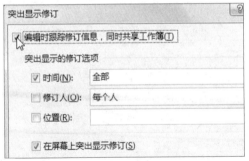

图12-32

步骤04 修订工作表。此时再对工作表中的任意单元格进行修改，如更改单元格I4中的文本内容，在该单元格的左上角会显示一个蓝色的小三角形，当选中单元格时，会以批注框的形式显示修订内容，如图12-34所示。

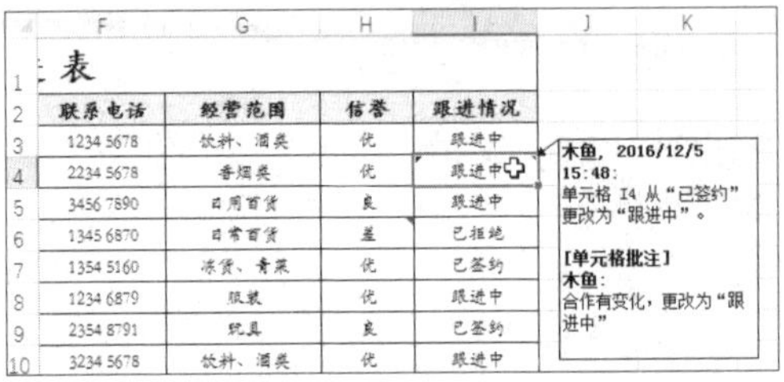

步骤03 单击"确定"按钮。弹出提示对话框，提示"此操作将导致保存文档。是否继续？"，单击"确定"按钮，如图12-33所示。

图12-33

图12-34

12.4 保护和共享客户管理表格

在编辑好数据表格后，为了确保客户的数据安全，可对表格进行保护。而如果表格有误，想在同一时间内允许多个人员编辑该表格，可对其进行共享操作。

12.4.1 创建共享工作簿

共享工作簿不仅能让多个用户同时编辑和查看同一工作表格，还可以让用户在编辑的同时，了解其他人的工作情况。

原始文件： 下载资源 \ 实例文件 \ 第 12 章 \ 原始文件 \ 客户管理表格 .xlsx
最终文件： 下载资源 \ 实例文件 \ 第 12 章 \ 最终文件 \ 客户管理表格 .xlsx

步骤01 单击"共享工作簿"按钮。打开原始文件，在"审阅"选项卡 "更改"组中单击"共享工作簿"按钮，如图12-35所示。

图12-35

步骤02 勾选复选框。弹出"共享工作簿"对话框，在"编辑"选项卡中勾选"允许多用户同时编辑，同时允许工作簿合并"复选框，如图12-36所示。

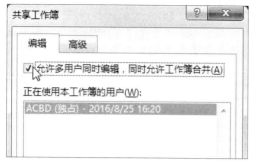

图12-36

步骤04 设置自动更新时间间隔。在"更新"选项组中单击"自动更新间隔"单选按钮，设置时间为"15"分钟，如图12-38所示，最后单击"确定"按钮。

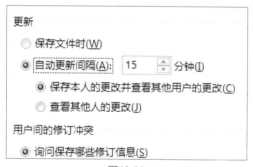

图12-38

步骤06 保存为共享工作簿。此时工作簿会保存为共享工作簿，在标题栏的名称后面会显示"［共享］"字样，如图12-40所示。

步骤03 设置保存修订记录的天数。❶切换到"高级"标签，❷在"修订"选项组单击"保存修订记录"单选按钮，设置天数为"10"天，如图12-37所示。

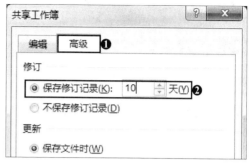

图12-37

步骤05 单击"确定"按钮。随后屏幕上弹出提示对话框，单击"确定"按钮，如图12-39所示。

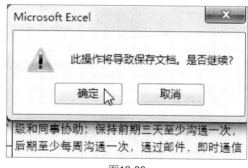

图12-39

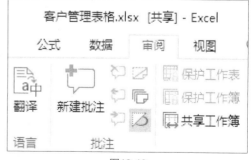

图12-40

12.4.2 保护共享工作簿

工作簿除了可以单独地进行共享操作，还可以在共享的同时被保护。具体的操作方法如下。

原始文件: 下载资源\实例文件\第 12 章\原始文件\客户管理表格 1.xlsx

最终文件: 下载资源\实例文件\第 12 章\最终文件\客户管理表格 1.xlsx

步骤01 单击"保护共享工作簿"按钮。打开原始文件,在"审阅"选项卡下"更改"组中单击"保护并共享工作簿"按钮,如图 12-41 所示。

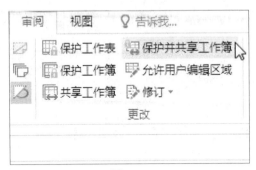

图12-41

步骤02 设置密码。弹出"保护共享工作簿"对话框,❶勾选"以跟踪修订方式共享"复选框,❷在"密码"框中输入"123",❸单击"确定"按钮,如图12-42所示。

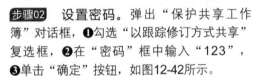
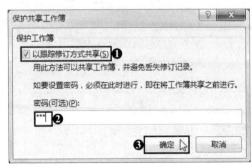

图12-42

步骤03 确认密码。弹出"确认密码"对话框,❶再次输入相同的密码,❷单击"确定"按钮,如图12-43所示。

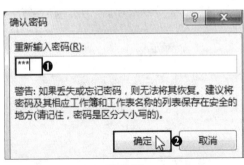

图12-43

步骤04 单击"确定"按钮。弹出提示对话框,单击"确定"按钮,如图12-44所示。

图12-44

步骤05 保护共享工作簿的效果。此时工作簿的标栏题栏的名称后面会显示"[共享]"字样,如图12-45所示。与上一节中创建的共享工作簿不同的是,该工作簿在被共享的同时也被保护了起来。

图12-45

12.4.3　取消共享工作簿保护

如果共享工作簿不再需要保护，可以取消共享工作簿的保护，但要取消共享工作簿保护就必须有取消保护的密码，也就是必须是工作簿的管理员或用户得到了管理员的许可并知道取消保护的密码，否则未授权的普通用户不能随意取消共享工作簿保护。

 原始文件： 下载资源＼实例文件＼第 12 章＼原始文件＼客户管理表格 2.xlsx
最终文件： 下载资源＼实例文件＼第 12 章＼最终文件＼客户管理表格 2.xlsx

步骤01 单击"撤销对共享工作簿的保护"按钮。打开原始文件，在"审阅"选项卡下"更改"组中单击"撤销对共享工作簿的保护"按钮，如图12-46所示。

步骤02 输入密码。弹出"取消共享保护"对话框，❶在"密码"框中输入"123"，❷然后单击"确定"按钮，如图12-47所示。

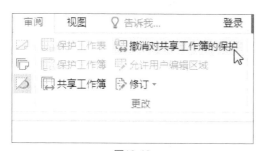

图12-46

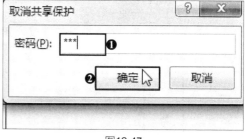

图12-47

步骤03 单击"是"按钮。随后屏幕上弹出提示对话框，单击"是"按钮确定取消共享保护，如图12-48所示。

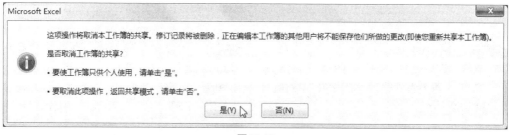

图12-48

步骤04 取消共享保护后的工作簿。取消共享保护后的工作簿的名称后将无"共享"字样，如图12-49所示。

图12-49

12.5 使用宏批量更改数据

宏是一个指令集，用来告诉 Excel 完成用户指定的动作。在实际工作中，用户可以使用宏来完成枯燥的、频繁的重复性工作。

假设某企业的月缴费工资有两个档次的数据发生了变化，原来为 1800 的更改为 2000，原来为 3000 的更改为 3300，在数据记录很多的情况下，可以使用宏来完成多个相同数据的更改。

原始文件： 下载资源 \ 实例文件 \ 第 12 章 \ 原始文件 \ 社保交费统计表格 .xlsx
最终文件： 下载资源 \ 实例文件 \ 第 12 章 \ 最终文件 \ 使用宏完成批量更改数据 .xlsx

步骤01 单击"录制宏"选项。打开原始文件，❶在"视图"选项卡下"宏"组中单击"宏"的下三角按钮，❷在展开的下拉列表中单击"录制宏"选项，如图12-50所示。

图12-50

步骤02 设置宏名。在打开的"录制宏"对话框中的"宏名"文本框中输入"批量更改数据"，如图12-51所示，然后单击"确定"按钮。

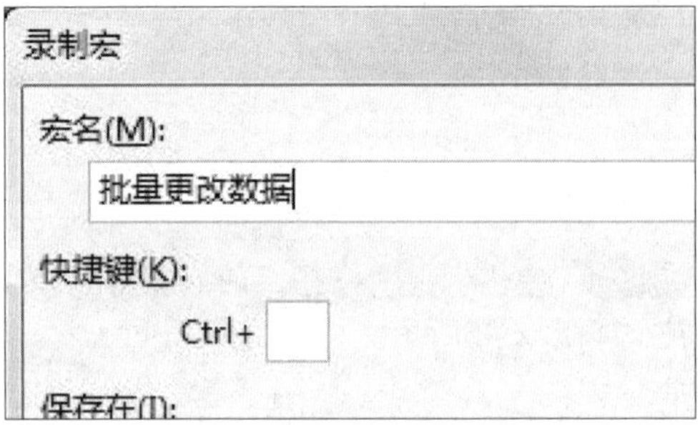

图12-51

步骤03 查找和替换值。❶打开"查找和替换"对话框，设置将数值"1800"替换为"2000"，❷然后单击"全部替换"按钮，如图12-52所示。

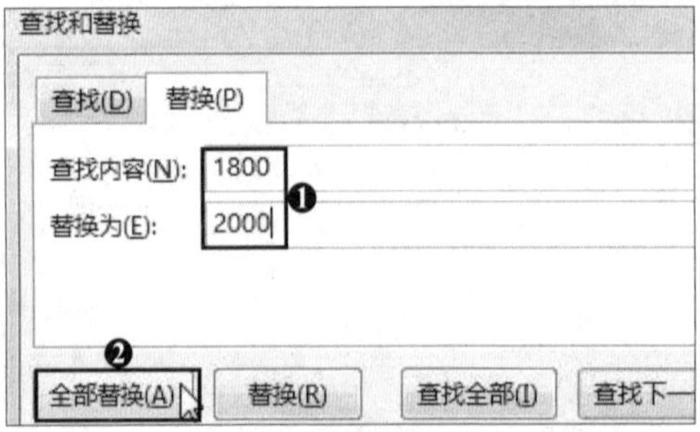

图12-52

步骤04 查找和替换数值。❶设置将数值"3000"替换为"3300"，❷然后单击"全部替换"按钮，如图12-53所示，最后单击"关闭"按钮。

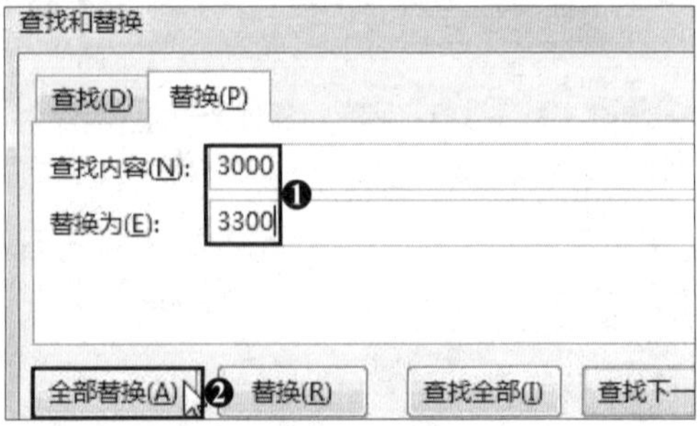

图12-53

步骤05 单击"停止录制"按钮。❶在"视图"选项卡下"宏"组中单击"宏"的下三角按钮，❷在展开的下拉列表中单击"停止录制"按钮，如图12-54所示。

步骤06 单击"查看宏"命令。❶再次单击"宏"的下三角按钮，❷在展开的下拉列表中单击

"查看宏"选项，如图12-55所示。

图12-54

图12-55

步骤07 单击"编辑"按钮。❶在"宏"对话框中单击选择"批量更改数据"，❷单击"编辑"按钮，如图12-56所示。

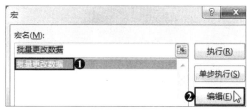

图12-56

步骤08 显示宏代码。此时Excel会打开VBA窗口，并显示所录制宏的宏代码，如图12-57所示，用户如果熟悉VBA，可以直接通过更改代码来修改宏。

图12-57

实例演练 制作公司社保基本数据表

假设某企业规定当员工年龄满50岁时，就不再为其缴纳社保，在"社保性质"栏想要显示"社保到龄！"的字样，可以通过录制宏的方式来实现。

原始文件：下载资源\实例文件\第12章\原始文件\社保基本数据.xlsx

最终文件：下载资源\实例文件\第12章\最终文件\编制VBA提示社保到龄员工.xlsx

步骤01 单击"查看宏"选项。打开原始文件，❶在"视图"选项卡下"宏"组中单击"宏"的下三角按钮，❷在展开的下拉列表中单击"查看宏"选项，如图12-58所示。

步骤02 单击"创建"按钮。打开"宏"对话框，❶在"宏名"文本框中输入"社保到期提示"，❷单击"创建"按钮，如图12-59所示。

图12-58

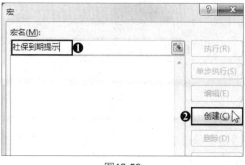

图12-59

步骤03 打开VBA编辑窗口。随后Excel打开VBA编辑窗口，自动创建一个模块并生成如图12-60所示的宏起始和结束代码。

步骤04 输入代码。在开头和结束语句间输入VBA事件代码，如图12-61所示。

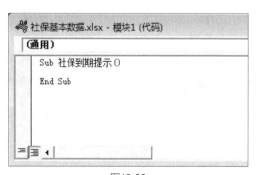

图12-60

```
Sub 社保到期提示()
    Dim i, j, a, b As Integer
    With Application.WorksheetFunction
    j = .CountA(Range("a:a")) - 5
    End With
    For i = 7 To j
        If (Month(Now)) > Month(Cells(i, 3)) Then
            a = Year(Now()) - Year(Cells(i, 3))
        Else
            a = Year(Now()) - Year(Cells(i, 3)) - 1
        End If
        If a >= 50 Then
            Cells(i, 4) = "社保到龄！"
            Cells(i, 4).Interior.ColorIndex = 3
        End If
    Next i
End Sub
```

图12-61

步骤05 单击"执行"按钮。再次打开"宏"对话框，❶选择"社保到期提示"，❷单击"执行"按钮，如图12-62所示。

步骤06 宏运行结果。返回工作表中，宏运行结果如图12-63所示。

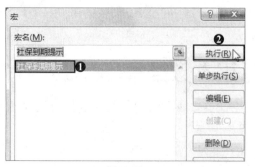

图12-62

员工姓名	社保编号	出生年月	社保性质
林小红	51010019781224711	1955年12月	社保到龄！
张强	51010019821224701	1960年8月	社保到龄！
吴宇光	51010019781224702	1971年12月	续交
李艳	51010019781224703	1980年6月	续交
左明明	51010019781224704	1956年5月	社保到龄！
何小月	51010019781224705	1953年2月	续交
林思诚	51010019781224706	1958年9月	转入
吴红宙	51010019781224707	1982年5月	转入

图12-63

第13章
制作员工综合能力考核表

"一流的企业重视人才，二流的企业重视服务，三流的企业重视产品"，在商业竞争愈演愈烈的现代社会，越来越多的企业都开始重视人才的培养，也投入了大量的财力和精力开设人力资源部门。该部门的职责有很多，其中就有对员工的综合能力进行考核，该考核的目的在于发现人才，提高员工素质，并完成部门的职责目标，从而激励员工的潜力和积极性，增强公司凝聚力。

本章以制作企业员工综合能力考核表为例，综合运用 Word 和 Excel 中的知识，加深用户对这两个组件在实际工作中的运用的认识。

原始文件：无
最终文件：下载资源\实例文件\第13章\最终文件\员工综合能力考核表.docx

13.1 编辑并设置考核表

为了对企业的业绩提升起到进一步的促进作用，同时调动员工的工作积极性，可为员工制作一个考核表。该表主要是对员工的工作业绩、能力、态度及品德等方面进行评价和统计，从而判断员工与岗位的要求是否相称。通常，员工能力考核表中应包含一些员工的基本信息，如姓名、部门、工作岗位、外语等级、计算机等级等。在实际工作中，用户可以结合企业自身的特点，在考核表中增加或删除一些项目。

13.1.1 创建文档并命名

要想在一个文档中进行任何的可行性操作，首先必须创建一个文档，如果想要再次使用或者是查看文档中的内容，还必须将其保存在合适的位置。

步骤01 新建空白文档。启动Word程序，在弹出的窗口右侧面板中单击"空白文档"图标，如图13-1所示。

步骤02 单击"保存"按钮。可看到新建了一个空白文档，单击快速访问工具栏中的"保存"按钮，如图13-2所示。

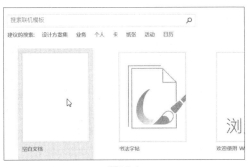

图13-1

图13-2

步骤03 单击"浏览"按钮。❶弹出的视图菜单自动切换至"另存为"面板，❷单击"浏览"按钮，如图13-3所示。

步骤04 设置文件位置和名称。弹出"另存为"对话框，❶设置文件的保存位置，❷设置"文件名"为"员工综合能力考核表"，如图13-4所示，最后单击"保存"按钮。

图13-3

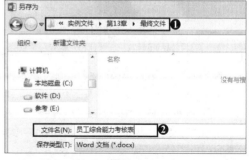

图13-4

13.1.2 缩短考核表的自动保存时间间隔

为了防止在编辑的过程中，因为异常情况导致数据丢失，可以将文档自动保存时间间隔设置得短一些。

步骤01 单击"选项"命令。继续上小节中的操作，单击"文件"按钮，在弹出的菜单中单击"选项"命令，如图13-5所示。

步骤02 设置自动保存时间。弹出"Word选项"对话框，❶切换至"保存"面板，❷勾选"保存自动恢复信息时间间隔"复选框，并设置时间为"5"分钟，如图13-6所示，最后单击"确定"按钮。

图13-5

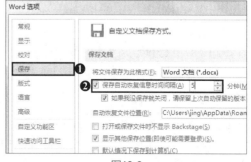

图13-6

13.1.3 输入并编辑考核表标题

设置好文件名称和自动保存时间间隔后，接下来就可以放心地开始创建表格了，在创建表格前，首先输入并编辑好表格的标题，具体操作步骤如下。

步骤01 输入标题文字。继续上小节中的操作，在文档中输入标题文字"员工综合能力考核表"，如图13-7所示。

步骤02 设置字体。选中输入的标题文字，❶在"开始"选项卡下"字体"组中单击"字体"右侧的下三角按钮，❷在展开的列表中单击"黑体"，如图13-8所示。

图13-7

图13-8

步骤03 设置字号和字形。❶在"开始"选项卡下的"字体"组中设置"字号"为"一号",❷单击"加粗"按钮,如图13-9所示。

步骤04 设置居中对齐。在"段落"组中单击"居中"按钮,设置表格标题居中对齐,如图13-10所示。

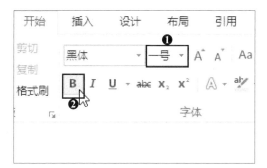

图13-9

图13-10

13.1.4 在文档中创建表格

在编辑好表格的标题后,就可以插入表格了,插入表格的方法不止一种,此处由于要创建表格的行列数比较少,而且比较规则,可以直接使用拖动表格模板选择行列的方式来创建表格。

步骤01 插入表格。继续上小节中的操作,按【Enter】键换行,❶在"插入"选项卡"表格"组中单击"表格"的下三角按钮,❷在展开的列表中拖动鼠标选择"4×4表格",如图13-11所示。

步骤02 显示插入的表格效果。随后,可发现系统自动在文档中插入了一个4行4列的表格,如图13-12所示。

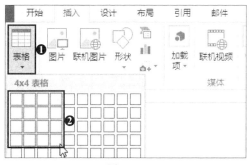

图13-11

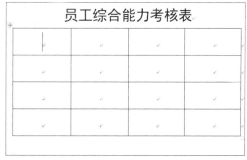

图13-12

步骤03 输入表格项目。选中全部表格，对表格中的字体、字号和字形进行设置后，在表格中输入对应的项目，如“员工姓名”“任职部门”“外语等级”等内容，如图13-13所示。

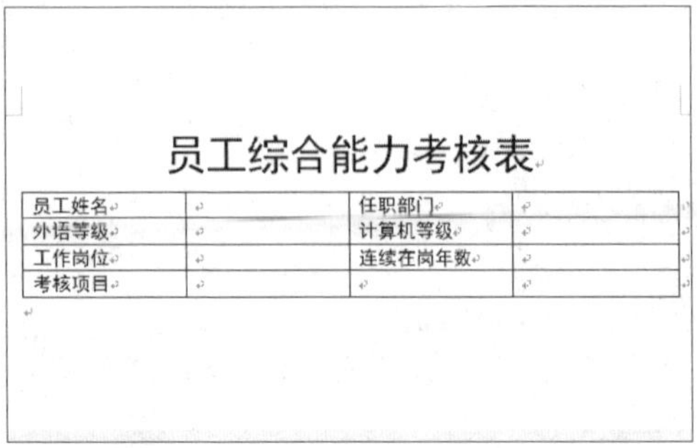

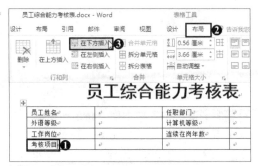

图13-13

步骤04 在末尾插入行。❶将光标定位在“考核项目”单元格中，❷切换至“表格工具-布局”选项卡，❸在“行和列”组中单击“在下方插入”按钮，如图13-14所示。

图13-14

知识点拨 快速插入行的技巧

将光标移至要插入行的表格边框外侧末尾处，按【Enter】键即可在该位置的下方新插入一行。

步骤05 手动调整列宽。❶在插入行的第一个单元格中输入文本内容“评分标准”，❷将鼠标指针指向需要调整的列边框，按住鼠标左键拖动，即可更改列宽，如图13-15所示。

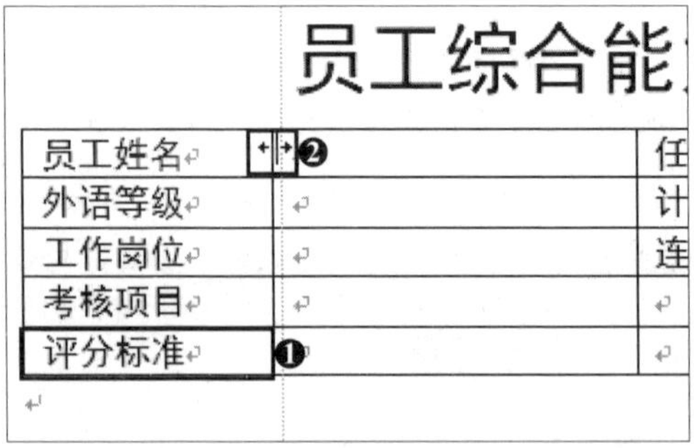

图13-15

步骤06 合并单元格。❶选中要合并的单元格区域，如“考核项目”右侧的单元格区域，❷切换至“表格工具-布局”选项卡，❸在“合并”组中单击“合并单元格”按钮，如图13-16所示。

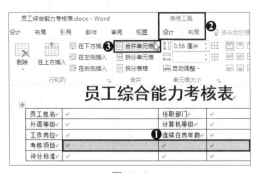

图13-16

步骤07 手动调整行高。将鼠标指针指向“考核项目”行下边框线，向下拖动鼠标增加行高，如图13-17所示。

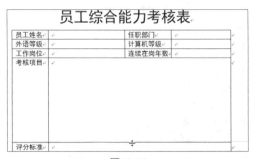

图13-17

步骤08 完善表格项目。在"考核项目"右侧单元格中输入要考核的项目，如"知识、技能""逻辑思维能力"等，在"评分标准"栏输入评分标准，如图13-18所示。

图13-18

步骤09 启动"段落格式"对话框。❶选择考核项目中的内容，❷在"开始"选项卡下的"段落"组中单击对话框启动器，如图13-19所示。

图13-19

步骤10 设置行距。弹出"段落格式"对话框，❶单击"行距"右侧的下三角按钮，❷在展开的列表中单击"1.5倍行距"，如图13-20所示，最后单击"确定"按钮。

图13-20

步骤11 选择编号样式。❶在"开始"选项卡下"段落"组中单击"编号"的下三角按钮，❷在编号库中选择合适的编号样式，如图13-21所示。

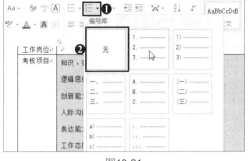

图13-21

步骤12 显示表格效果。随后即可看到插入的表格效果，如图13-22所示。

图13-22

知识点拨 快速撤销自动编号

如果要删除自动编号，是不能通过选中编号文本然后按【Delete】键来删除的，因为插入的编号是无法被选中的。此时需要先选择已使用自动编号的文本，然后单击"编号"的下三角按钮，在展开的下拉列表中单击"无"选项来完成编号的删除操作。

13.1.5 使用样式美化考核表格

创建好表格后，为了使表格更加美观和专业，同时又免去手动设置格式的烦琐，可以套用预设的表格样式来美化表格。

步骤01 选择表格样式。继续上小节中的操作，打开"表格工具-设计"选项卡中的表格样式库，在库中选择合适的表格样式，如图13-23所示。

步骤02 显示表格效果。随后，即可看到套用样式后的表格效果，如图13-24所示。

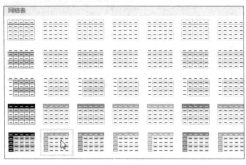

图13-23

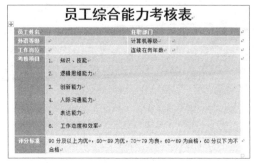

图13-24

13.2 在考核表中插入Excel电子表格

如果用户需要创建比较复杂的表格，或者是希望在表格中进行比较复杂的公式运算，最好还是使用 Excel 电子表格。

13.2.1 在考核表文档中插入电子表格

要想计算每个员工各个项目的成绩和总分，就要使用到函数和公式，在此之前，要在 Word 文档中插入考核项目细则表。

步骤01 单击"对象"选项。继续上小节中的操作，❶定位电子表格的插入位置，❷在"插入"选项卡"文本"组中单击"对象"右侧的下三角按钮，❸在展开的下拉列表中单击"对象"，如图13-25所示。

步骤02 选择对象类型。弹出"对象"对话框，在"新建"选项卡下的"对象类型"列表框中单击"Microsoft Excel工作表"，如图13-26所示，最后单击"确定"按钮。

图13-25

图13-26

步骤03 显示插入的电子表格。返回文档中，即可看到插入的电子表格效果，此时工作表为空白工作表，且自动被激活了，如图13-27所示。

图13-27

13.2.2 在Word环境下输入考核内容并设置表格格式

在将 Excel 工作表插入到 Word 文档中后，还可以直接在 Word 文档中输入和编辑 Excel 电子表格文本内容，具体的操作步骤如下。

步骤01 输入电子表格内容。继续上小节中的操作，在工作表中输入表格内容，主要包括"考核项目""权重""考核要点"和"评分"，如图13-28所示。

步骤02 更改表格列宽。将鼠标指针放置在 A 列的左侧，按住鼠标左键向右拖动，如图 13-29所示，即可增大列宽。

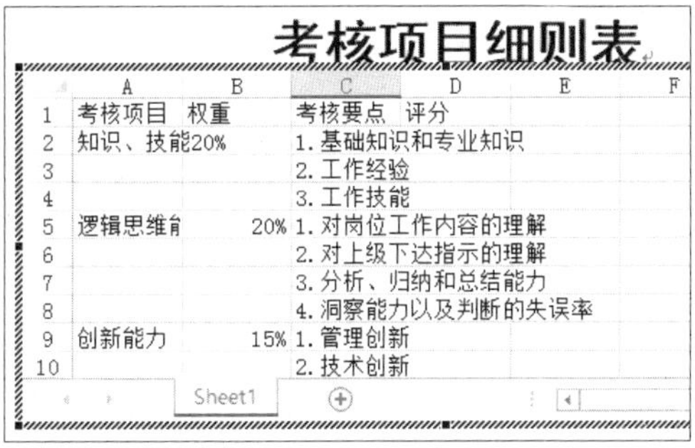

图13-28

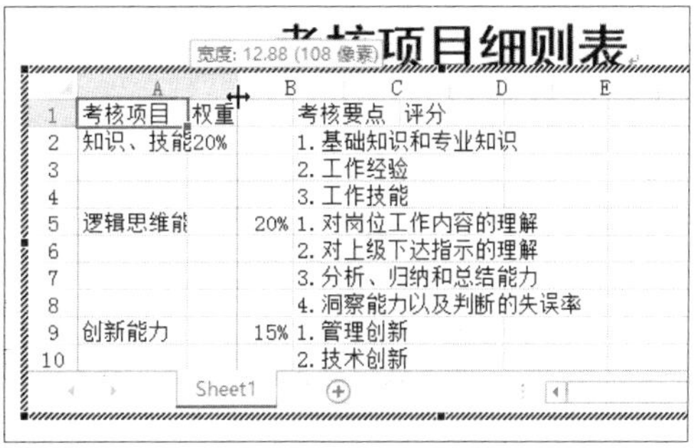

图13-29

步骤03 设置字体格式。❶选中要更改字号的单元格区域，❷在文档中的Excel功能区的"字体"组中单击"字号"右侧的下三角按钮，❸在展开的列表中单击"10"，如图13-30所示。

步骤04 启动"对齐方式"对话框。❶可看到更改字号后的表格内容，❷单击"对齐方式"组中的对话框启动器，如图13-31所示。

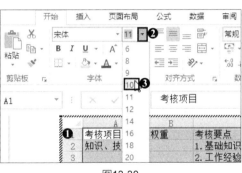

图13-30

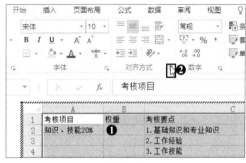

图13-31

步骤05 设置表格边框。弹出"设置单元格格式"对话框。❶切换至"边框"选项卡，❷在"样式"列表框中选择边框样式，❸在"预置"组下单击"外边框"和"内部"图标，❹此时，可在"边框"组下预览添加边框后的效果，如图13-32所示。

步骤06 设置对齐格式。单击"确定"按钮，返回文档中，❶利用【Ctrl】键选中A列、B列和D列及单元格C1，❷在"开始"选项卡下"对齐方式"组中单击"居中"按钮，如图13-33所示。

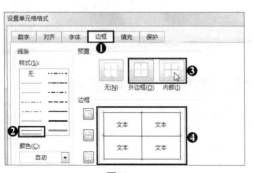

图13-32

图13-33

步骤07 设置填充颜色。❶选择单元格区域A1:D1，❷在"字体"组中单击"填充"的下三角按钮，❸在展开的下拉列表中选择"蓝色,个性色1"，如图13-34所示。

步骤08 显示设置效果。随后即可看到设置边框和填充颜色后的电子表格效果，如图13-35所示。

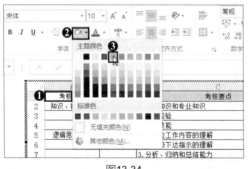

图13-34

图13-35

步骤09 跨越合并单元格。❶选择单元格区域B21:D22，❷在"对齐方式"组中单击"合并后居中"右侧的下三角按钮，❸在展开的列表中单击"跨越合并"选项，如图13-36所示。

步骤10 显示跨列合并后的效果。随后即可看到跨越合并后的表格效果，如图13-37所示。

图13-36

图13-37

13.2.3　调整Excel表格在文档中的显示范围

如果制作好电子表格后，不想要显示某些空白列或者是某些行的内容没有完全显示出来，可以自行调整表格大小。

步骤01　调整电子表格的显示范围。继续上小节中的操作，将鼠标指针放置在电子表格的外侧控点上，当鼠标指针变为双向的黑色箭头时，按住鼠标左键向左拖动，即可向内缩短电子表格，以隐藏不显示内容的列，如图13-38所示。

步骤02　显示调整后的效果。随后应用相同的方法拖动下边框上的控点，将未显示的表格内容显示出来，如图13-39所示。

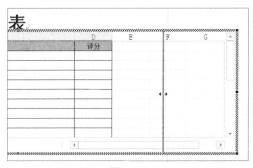

图13-38　　　　　　　　　　　　　　　　　图13-39

13.3　使用公式和函数计算员工的考核成绩

在文档中创建并设置好 Excel 工作表后，就可以在文档中编辑和计算工作表中的数据了。假设某公司在每次考评时，都选拔 5 位评委对每位员工的各项考评项目细则打分，本节将以某位员工的考评为例，详细介绍如何在文档中编辑和计算 Excel 工作表中的数据。

13.3.1　录入员工基本资料和得分情况

要想计算各项成绩和总分，首先需了解该员工的基本资料和考评得分情况，假设员工的考评得分存放在另一工作表中，而且不希望在 Word 文档中显示出来，可通过以下操作来完成。

步骤01　输入员工基本资料。继续上小节中的操作，输入员工姓名、所在部门、工作岗位等基本资料，如图13-40所示。

步骤02　设置字体格式。为了与表项目区别开来，❶同时选中上一步中输入的表格内容，❷单击"字体"右侧的下三角按钮，❸在展开的下拉列表中单击"华文楷体"，如图13-41所示。

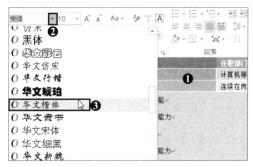

图13-40　　　　　　　　　　　　　　　　　图13-41

步骤03 设置对齐方式。❶选中要设置对齐方式的表格内容，❷在"开始"选项卡下"段落"组中单击"居中"按钮，如图13-42所示。

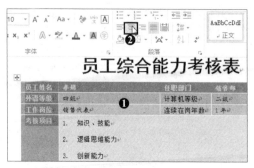

图13-42

步骤04 显示设置后的效果。随后即可看到添加表格内容并设置格式后的表格效果，如图13-43所示。

图13-43

步骤05 单击"编辑"命令。❶右击文档中的Excel工作表，❷在弹出的快捷菜单中单击"'工作表'对象>编辑"选项，如图13-44所示。

图13-44

步骤06 插入工作表。在工作表标签右侧单击"新工作表"按钮，插入一个新工作表，将工作表重命名为"评委打分"，如图13-45所示。

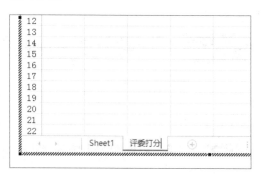

图13-45

步骤07 创建表格。将"考核要点"中的内容输入到表格中，在后续列中继续输入评委打分的工作表内容，并在单元格中输入该员工具体的得分情况，如图13-46所示。

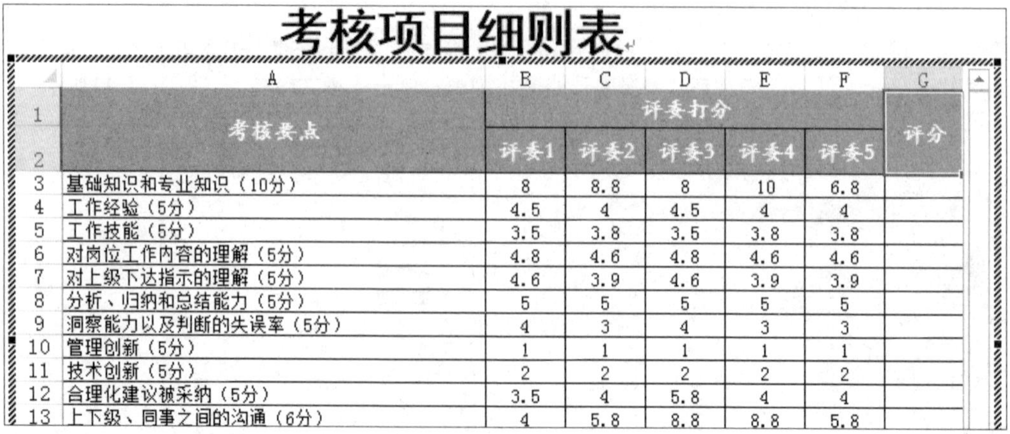

考核项目细则表

	A	B	C	D	E	F	G
1	考核要点	评委打分					评分
2		评委1	评委2	评委3	评委4	评委5	
3	基础知识和专业知识（10分）	8	8.8	8	10	6.8	
4	工作经验（5分）	4.5	4	4.5	4	4	
5	工作技能（5分）	3.5	3.8	3.5	3.8	3.8	
6	对岗位工作内容的理解（5分）	4.8	4.6	4.8	4.6	4.6	
7	对上级下达指示的理解（5分）	4.6	3.9	4.6	3.9	3.9	
8	分析、归纳和总结能力（5分）	5	5	5	5	5	
9	洞察能力以及判断的失误率（5分）	4	3	4	3	3	
10	管理创新（5分）	1	1	1	1	1	
11	技术创新（5分）	2	2	2	2	2	
12	合理化建议被采纳（5分）	3.5	4	5.8	4	4	
13	上下级、同事之间的沟通（6分）	4	5.8	8.8	8.8	5.8	

图13-46

13.3.2　使用公式计算员工考核成绩

　　假如，公司规定员工的各项考核分数取 5 位评委的平均分，而成绩用"优 +""优""良""合格"和"不合格"表示，当总分大于等于 90 时，成绩为"优 +"；当总分在 80 ~ 89 之间时，成绩为"优"；当总分在 70 ~ 79 之间时，成绩为"良"；当总分在 60 ~ 69 之间时，成绩为"合格"；当总分小于 60 时，成绩为"不合格"。通过该规则，使用 AVERAGE 和 SUM 函数在表格中进行计算。

　　依此条件，接下来将在工作表中使用公式和函数完成员工考核成绩的计算。

步骤01　输入公式计算总分。继续上小节中的操作，在单元格 G3 中输入公式"=AVERAGE(B3:F3)"，如图13-47所示。

步骤02　计算结果。按【Enter】键后，单元格中显示出计算结果为8.32，将单元格G3中的公式复制到其他单元格中，如图13-48所示。

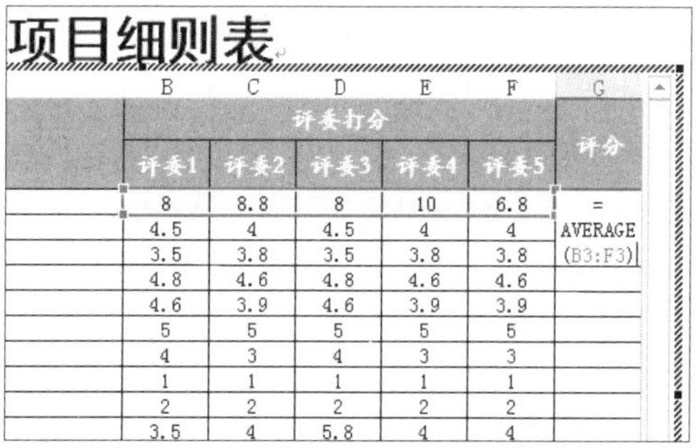

图13-47

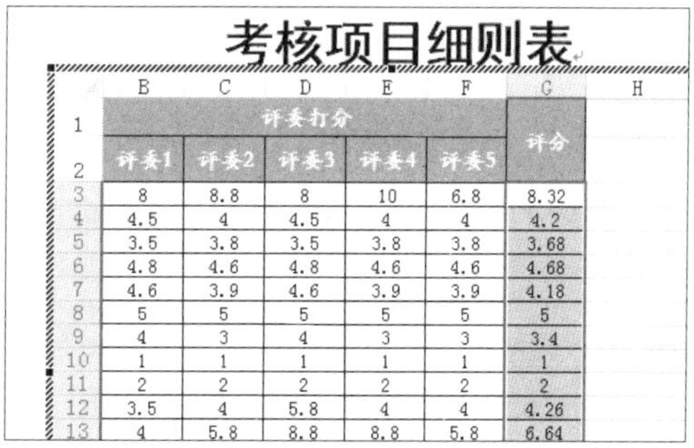

图13-48

步骤03　输入并复制公式。❶切换至"Sheet1"工作表，❷在单元格D2中输入公式"=评委打分!G3"，按【Enter】键即可看到该单元格引用了"评委打分"工作表中单元格G3中的值，❸使用填充柄将单元格D2中的公式复制到其他单元格中，如图13-49所示。

步骤04　输入公式计算总分。在合并的单元格B21中输入公式"=SUM(D2:D20)"，按【Enter】键后，单元格中显示计算结果为76.2，如图13-50所示。

图13-49

图13-50

步骤05　输入公式判定成绩。在合并的单元格B22中输入公式"=IF(B21>=90,"优 +",IF(B21>=80,"优",IF(B21>=70,"良",IF(B21>=60,"合格","不合格"))))"，如图13-51所示。

步骤06　完成表格的计算。按【Enter】键即可看到该员工的成绩，适当调整Excel表格在文档中的显示范围，然后单击表格以外的任意位置，退出Excel表格编辑模式，此时在文档中显示的Excel表格效果如图13-52所示。

考核项目细则表

	A	B	C	D
13			2. 部门之间的沟通与协调	5.52
14	表达能力		口头表达能力	2.16
15	工作态度和效率		1.工作责任感	3.4
16			2.不骄敖自大、聪虚心听取意见	4.4
17			3.工作积极主动	4.68
18			4.工作勿拖拉、效率高	3.68
19			5.以主人翁的精神工作、勤俭、节省公司开支	1.4
20			6.肯学习进取，并带动同事共同进步	3.6
21	总分		76.2	
22	成绩	=IF(B21>=90,"优+",IF(B21>=80,"优",IF(B21>=70,"良",IF(B21>=60,"合格","不合格"))))		
23				
24				

Sheet1　评委打分　⊕

图13-51

考核项目细则表

考核项目	权重	考核要点	评分
知识、技能20%		1. 基础知识和专业知识	8.32
		2. 工作经验	4.2
		3. 工作技能	3.68
逻辑思维能力	20%	1.对岗位工作内容的理解	4.68
		2.对上级下达指示的理解	4.16
		3.分析、归纳和总结能力	1
创新能力	15%	1.预算能力与具阶段的失误率	3.4
		2.管理创新	1
		3.技术创新	2
		4.资源化建议被采纳	4.26
人际沟通能力	15%	1.上下级、同事之间的沟通	6.64
		2.部门之间的沟通与协调	5.52
表达能力		口头表达能力	2.16
工作态度和效率		1.工作责任感	3.4
		2.不骄敖自大、聪虚心听取意见	4.4
		3.工作积极主动	4.68
		4.工作勿拖拉	3.68
		5.以主人翁的精神工作、勤俭、节省公司开支	1.4
		6.肯学习进取，并带动同事共同进步	3.6
总分		76.2	
成绩		良	

图13-52

13.4　制作员工综合能力考核流程图

当企业的员工对绩效考核存在的目的不清楚、对具体的流程不明白时，可制作员工综合能力考核流程图，使员工能够一眼了解公司的大致考核流程。

13.4.1　绘制形状并添加文字

要想在 Word 文档中创建员工综合能力考核流程图，首先要学习形状的绘制操作及文字的添加操作。

步骤01 选择形状。继续上小节中的操作，❶在"插入"选项卡"插图"组中单击"形状"的下三角按钮，❷在展开的列表中选择"圆角矩形"，如图13-53所示。

步骤02 绘制形状。拖动鼠标在文档中合适的位置绘制形状，如图13-54所示。

图13-53

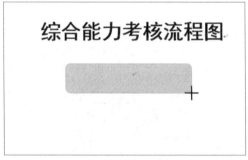

图13-54

步骤03 复制形状并输入文字。按住【Ctrl】键，拖动形状，即可复制该形状，然后在各个形状中输入合适的文字内容，如图13-55所示。

图13-55

步骤04 选择箭头。❶在"插入"选项卡下"插入"组中单击"形状"的下三角按钮，❷在展开的列表中选择"箭头"形状，如图13-56所示。

步骤05 绘制箭头。绘制箭头将各个形状连接起来，如图13-57所示。对于左侧的箭头可通过选择"肘形箭头连接符"来完成设置。

图13-56

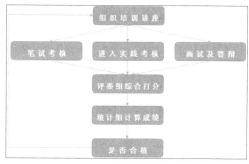

图13-57

13.4.2 编辑形状及设置形状格式

创建好流程图后，为了使流程图更规范和美观，还可以对流程图进一步地编辑和设置。

步骤01 选择图形。继续上小节中的操作，单击流程图中表示条件判断的图形，如图13-58所示。

步骤02 更改形状。❶在"绘图工具-格式"选项卡"插入形状"组中单击"编辑形状"右侧的下三角按钮，❷在展开的列表中单击"更改形状"选项，❸在级联列表中选择"流程图：决策"，如图13-59所示。

图13-58

图13-59

步骤03 更改后的形状。随后即可看到更改后的形状效果，如图13-60所示。

步骤04 选择所有形状。按住【Ctrl】键，选择所有形状和线条，如图13-61所示。

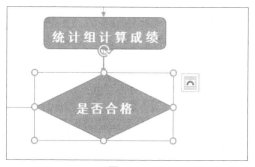

图13-60

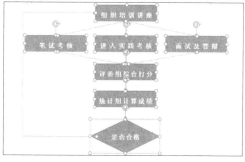

图13-61

步骤05 选择形状样式。在"绘图工具-格式"选项卡下"形状样式"组中单击快翻按钮，展开样式库，选择合适的形状样式，如图13-62所示。

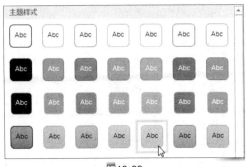

图13-62

步骤06 更改样式后的效果。更改形状样式后的效果如图13-63所示。

图13-63

步骤07 选择所有线条。按住【Ctrl】键，选择所有线条，如图13-64所示。

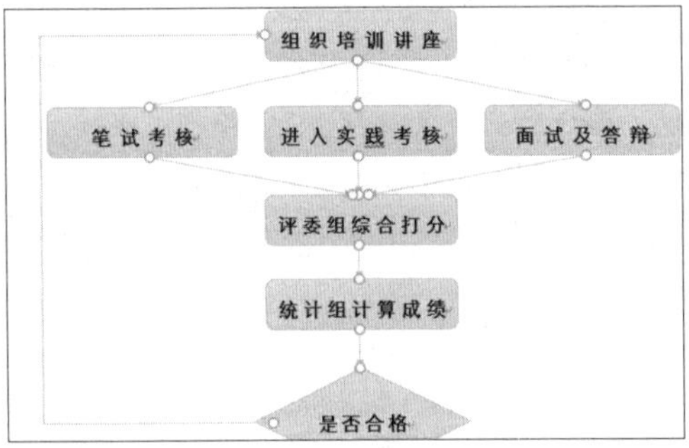

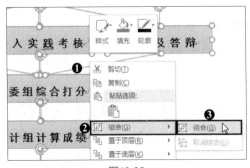

图13-64

步骤08 选择线条样式。单击"形状样式"组中的快翻按钮，在展开的样式库中选择合适的形状样式，如图13-65所示。

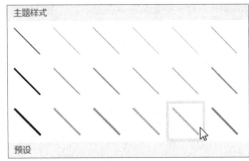

图13-65

步骤09 组合形状。❶按住【Ctrl】键，选择所有的形状和线条，并右击任意位置，❷在弹出的快捷菜单中单击"组合"选项，❸在级联列表中单击"组合"选项，如图13-66所示。

步骤10 流程图的最终效果。组合后，线条和形状组合成一个对象，效果如图13-67所示。

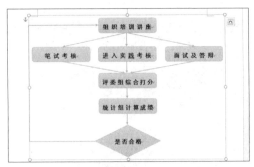

图13-66

图13-67